세계 너머의 세계

세계 너머의 세계

의식은
어디에서 생기고
우리는 어떻게
자유로워지는가

The World *Behind* the World

에릭 호엘 지음 | 윤혜영 옮김

흐름출판

일러두기

— 원문에서 대문자나 이탤릭체로 강조한 단어는 한글의 가독성을 고려해 볼드체로 표기했습니다.

CONTENTS

차례

1장 세상을 바라보는 인간의 두 가지 관점 7

2장 내재적 관점의 발달 19

3장 외재적 관점의 발달 67

4장 혁명이 필요한 신경 과학 83

5장 의식 연구의 두 가지 접근 방식 127

6장 현상학적 의식 이론 159

7장 좀비 데카르트 이야기 229

8장 공주와 철학자 249

9장 의식과 과학적 불완전성 263

10장 과학은 어떻게 특정한 범위를 선택했을까 295

11장 자유의지에 관한 과학적 사례 353

주 • 378

감사의 글 • 403

1장

세상을 바라보는 인간의 두 가지 관점

우리는 모두 이원론자다. 이는 어쩔 수 없다. 문화적으로나 사생활적으로나 인간의 정신은 기계와는 질적으로 다른 유형으로 취급된다. 자동차는 명백히 기계적인 이유로 고장 나지만, 인간의 정신이 고장 났을 때는 우리가 쉽게 시각화하거나 표현할 수 없는, 보이지 않는 조석력(해수면의 높이 차이를 일으키는 힘 - 옮긴이 주)과 마찬가지로 복잡한 심리적인 설명이 필요하다.

우리는 내적인 생각과 감정, 경험으로 가득 찬 유아론唯我論적인 의식의 흐름 속에서 산다고 알고 있다. 황홀하거나 강렬한 신체 활동을 하는 순간에만 정신과 신체는 분리할 수 없는 것처럼 보이고, 그렇지 않으면 그 둘은 최대한 멀리 떨어져 있을 수 있다. 우리는 설거지하는 동안 아무도 기억하려고 하지 않는 고등학교 시절의 창피한 순간을 회상하는 게 어떤 건지 안다. 끊임없이 요동치는 이런 내적 흐름 때문에 어떤 경우에는 낯선 사람에게 관대하고, 또 다른 경우에는 이기적인 악마에게 경고도 없이 관대할 수 있다. 감정이 우리를 뒤흔들고 어지럽

혀서, 때때로 우리는 사랑하는 사람에게 고함치거나, 최악의 순간에 당황하거나, 중요한 상황에서 현명하지 못한 제안에 압도된다.

우리는 의식이 풍부하여 우리 자신이 어떤 사람인지를 표현하는 능력이 넘쳐난다. 우리는 의식을 둘러싼 언어를 가지고 있기에 정신을 유창하게 설명할 수 있다. 우리는 생각과 느낌, 기억, 성향, 감정, 감각, 지각, 혼란, 환각을 자주 언급한다. 이것들은 일상생활의 구성 요소이자 의식 흐름의 세부 요소일 뿐만 아니라, 가장 위대한 예술가와 작가가 예술을 펼치는 소재이기도 하다. 현대인은 이런 개념에 유창하며, 친구와 가족, 적, 자신을 논하는 데 그것들을 효율적으로 활용한다.

이런 정신의 언어는 **내재적 관점**을 취하는 데 기반을 두고 있다. 정신의 대저택 안에서만 일어나는 사건을 논의할 때 우리가 취하는 틀이다. 정신 활동을 표현하고, 묘사하고, 이해하고, 심지어 조종하는 방법이다. 문학에서는 내재적 관점이 절정에 이른다. 아일랜드 작가 제임스 조이스James Joyce는 《율리시스Ulysses》에서 주인공 레오폴트 블룸Leopold Bloom을 소개하면서 이렇게 서술했다.

> 레오폴트 블룸은 짐승과 새의 내부 장기를 맛있게 먹었다. 그는 걸쭉한 내장 수프와 풍미가 그윽한 모래주머니, 속이 꽉 찬 구운 심장, 크러스트 크럼으로 튀긴 간 조

각, 튀긴 대구 어란을 좋아했다. 무엇보다도 은은하게 향기로운 오줌의 기분 좋은 짜릿한 맛을 미각에 선사하는 구운 양고기 신장을 좋아했다.

우리는 여기서 외적 행동을 쉽게 상상할 수 있다. 블룸은 접시 위에 놓인 실제 동물을 게걸스럽게 먹는다. 이미 우리는 그를 감지하고 있다. 그는 약간 폭식을 즐기는 사람이다. 하지만 우리는 조이스가 서술한 블룸의 내적 측면을 어떻게 상상할 수 있을까? 양고기 신장의 '기분 좋은 짜릿한 맛'이란? '기분 좋은 짜릿한 맛'이 어디에서 일어나고 있다고 설명할 수 있을까? 그의 혀일까? 우리가 그 맛을 상상할 방법은 전혀 없고, 그 맛에 따르는 행동도 없으며, 블룸이 말로 나타낸 기록도 없다. 그렇다 하더라도 우리는 양고기 맛이 어떤지 상상할 수 있고, 심지어 블룸이 어떤 사람인지도 상상할 수 있다. 그뿐만 아니라 어떻게 사람이 무언가를 어렴풋이 연상시키는 역겨운 맛을 좋아할 수 있는지, 어떻게 그 맛이 맛을 보는 사람에게 최소한 짜릿함을 안겨줄지 개념화할 수 있다. 우리는 즐거움과 관련하여 때때로 감각이 그저 시럽 같은 단맛을 주기보다는 약간의 자극이나 마찰을 일으키는 것이 더 예술적이라고 알고 있다. 내재적 관점은 이와 같은 정신의 세부 요소를 이해하는 데 영향을 준다. 무언가를 경험하는 게 어떤 것인지를 상상하는 능력은 우리가 평생을 개발하는 데 쓰는 능력이다.

가끔 우리는 해서는 안 되는 것에 내재적 관점을 취한다. 이상한 소리를 내는 자동차를 비난하는 사람은 이 관점에서는 틀렸다. "왜요?" 우리는 괜히 회유하거나 협상해보지만 아무 소용이 없다. 결국 정비공은 단순히 고장 난 부품을 발견한다. 내재적 관점을 인간과 절친한 동물 친구 이외에 적용하는 것이 유용하지 않다는 사실은 명백하기 때문이다.

대신에 자연을 바라볼 때, 인간은 내재적 관점과 정반대인 **외재적 관점**을 취하는 것이 매우 유용하고 유익하다고 알게 된다. 세상을 바라볼 때 외재적 관점을 취한다는 것은 세상을 기계와 기구, 형식적 관계, 확장, 신체와 요소, 상호작용으로 구성된 것으로 간주한다는 뜻이다. 복잡한 상황은 원자까지 계속 이어진다. 외재적 관점은 우리가 도구를 사용하거나, 세상을 항해하거나, 가장 복잡한 경제학에서 가장 단순한 배관까지 어떻게 일부 체계가 인과적으로 기능하는지를 이해하려고 할 때마다 작동한다. 과학에서는 외재적 관점이 절정에 이른다. 고대 로마 시인 루크레티우스Lucretius는 기원전 1세기에 출간한 시 《사물의 본성에 관하여On the Nature of Things》에서 어쩌면 결국 과학에서 중심이 될 외재적 관점에 관해 역사적으로 가장 선견지명이 있는 설명을 해준다.

그래서 모든 자연은 자립적이며,
그들이 위치한 곳에서, 그리고 그들이 이동하는 곳에서

두 가지 사물, 신체와 공간으로 구성된다.

물론 외재적 관점은 루크레티우스 시대 이후로 진화했다. 이제 우리는 파형 붕괴, 운동과 움직임, 항성 요람 영역, 점막, 수압, 녹는점, 인장 강도를 언급한다. 외재적 관점은 세상을 꿰뚫어 보는 망원경으로 발달했다. 외부 세계뿐만이 아니다. 우리가 내부 세계의 세포와 유전자, 단백질도 언급하기 때문이다. 우리는 신체 역학에서 얻은 약물을 복용한다. 우리는 알약을 삼킨다. 흔히 그 알약은 효과가 있고, 자동차와 마찬가지로 우리에게 더 복잡하고 신비한 청사진이 존재한다는 인상을 남긴다.

하지만 주장하건대, 이런 관점은 적어도 현재 발달한 형태가 아니므로 인간에게 자연스럽지 않다. 오히려 발달한 내재적 관점과 외재적 관점은 때때로 수천 년에 걸쳐 구성되어야 한다. 내재적 관점과 외재적 관점을 완전히 발달시키려면 두 가지 발견, 즉 문학의 관점과 과학의 관점이 필요하다. 인간은 단지 우주를 바라보는 기본적 관점에서 시작했으며, 수렵 채집인에게 유용한 모든 것으로 구성되었다. 영장류의 원시적 관점은 오로지 개인적 이득을 얻기 위한 도구 사용과 사회계급 조작 정도에만 관심을 가졌다. 따라서 우주를 '외부에서' 외재적 관점으로 바라볼 수 있는 것은 문명의 업적이다. 또한, 우주를 '내부에서' 내재적 관점으로 바라볼 수 있는 것도 문명의 업적이다. 내재적 관점과 외재적 관점은 수 광년 떨어진 은하계를 관찰하는 능력과 마찬가지로 가장 위대한 업적의 원천이며, 우리가 이야기한 우아하고 멋진 사례이기도 하다. 우리가 묘사할 수 있는 경이로운 기술적 업적은 아니지만, 내재적 관점과 외재적 관점은 경이로운 **개념적** 업적이며, 가장 위대한 기관과 건축물을 만드는 것만큼 지적인 작업이 필요하다. 풍부한 창조력으로 판단한다면, 내재적 관점과 외재적 관점은 세상을 바라보고 인식하는 경이로운 업적이다.

이 두 관점의 역사와 이들의 궁극적인 관계가 의식 과학 형식으로 전개된다는 점이 이 책에서 다루는 주제다. 현대 의식 과학에서 내재적 관점과 외재적 관점이 정점에 이르기 때문이다.[1 2 3] 물론 단 한 권의 책으로 이 이야기를 풀어낸다는 것은 (현대 의식 과학과 관련하여 내재적 관점과 외재적 관점의 관계를 타당하게 논하기가 어렵고) 확실히 불가능한 일이다. 내가 여기서 이 이야기를 풀어내려고 시도하면서도 완벽하게 풀어내지 못하는 것은 어쩌면 그럴 만한 이유가 있을 것이다. 따라서 나는 전적으로 필요에 따라 단순화, 심지어 오류와 실수와 누락도 발생할 수 있다는 사실을 미리 인정하고자 한다. 이 이야기를 좀 더 쉽게 풀어내기 위해서는 솔직히 가끔 편향적으로 범위를 좁게 한정지어 '서양사 연구 자료'에만 중점을 둘 것이다. 하지만 그런 식의 초점은 명확하게 윤곽을 드러낸다. 이를테면 고대 이집트 시대에 내재적 관점이 부족한 현상부터 파악하고, 고대 그리스 문명 시대에 내재적 관점이 궁극적으로 발전한 상황을 추적하고, 고대 로마 시대에 내재적 관점이 완전히 절정에 이르는 상태를 살펴본다. 그 다음, 인간이 의미 있게 고대인의 지혜를 능가하기 시작하면서 내재적 관점이 되살아나고 계몽주의 시대에 문학과 소설이 발달하면서 내재적 관점이 절정에 이를 때까지, 문학이 또다시 내재적 관점을 거의 적용하지 않던 중세 암흑시대에 내재적 관점이 쇠퇴하는 양상을 자세히 들여다본다.

흥미롭게도, 외재적 관점은 내재적 관점과 비교되는 윤곽을 드러낸다. 인류 역사 초기에는 정신과 목적, 목적론, 신으로 가득 차 있었다. 내재적 관점과 외재적 관점의 이런 혼란스러운 조합은 고대 로마인의 지적 활동이 최고조에 달할 때도 지속된다. 계몽주의 시대에 외재적 관점이 되살아나기 전과 고대 로마가 함락된 이후에도, 중세 암흑시대에는 세상을 바라보고 이해하는 외재적 관점이 거의 쇠퇴하지 않았다.

이탈리아 과학자 갈릴레오 갈릴레이Galileo Galilei는 내재적 관점을 외재적 관점에서 분리해야 하는 중요성을 완전히 이해하면서 과학 자체에 외재적 관점만을 명확하게 적용했다. 하지만 그때 이후로 줄곧 진전을 보였으나, 과학이 내재적 관점을 무시할 수 없다는 사실은 점점 더 명백해진다. 신경 과학과 심리학은 보이지 않는 벽에 부딪치고, 우리는 뇌를 겨우 부분적으로만 이해하게 된다. 의식 과학으로 내재적 관점과 외재적 관점을 다시 통합하는 것은 우리 세대에게 남겨진 과제다.

역사뿐만 아니라 문학과 신경 과학, 철학, 수학을 포함하는 범위로 이 책을 저술하는 나는 누구인가? 사실 이런 범위 내에서 책을 저술하기란 불가능하다. 하지만 내가 아니면 누가 할 수 있을까 하는 의문이 든다. 나는 수년간 내재적 관점과 외재적 관점으로 편안하게 살아왔으며, 개인적으로 내재적 관점과 외재적 관점의 역설적인 관계에 긴장감을 느낀다. 나는 어머니가 독립적으로 운영하시는 서점에서 성장했고, 나중에 소설가가 되었다. 또한, 숙련된 과학자이기도 하다. 신경 과학 대학원 시절에는 소규모 팀을 구성하여 선두적인 과학적 의식 이론을 연구했다.

이 책은 내가 인식론적 혼합 구역에서 생활하며 학습한 내용을 명확하게 표현한다. 앞쪽 장들은 고대 이집트에서 계몽주의 살롱까지의 연구 자료를 바탕으로 내재적 관점과 외재적 관점의 역사를 다루고, 어떻게 인간이 내재적 관점과 외재적 관점을 오늘날의 모습으로 만들었는지를 보여준다. 그런 다음, 현재로 접어들어 내재적 관점을 의도적으로 무시하는 상황에 따라 신경 과학이 직면한 문제와 위험성을 논의하고, 어떻게 이런 실수가 신경 과학 자체를 위협하는 과학적 위기와 발달 부족 현상으로 이어졌는지를 검토한다. 뒤따르는 장들은 내재적 관점과 외재적 관점을 조합하려고 시도하면서 의식 연구의 성장을 설명한다.

결국 이 책은 과연 내재적 관점과 외재적 관점을 실제로 조합할 수 있을지, 미국 수학자 쿠르트 괴델Kurt Gödel이 불완전성 정리를 증명한 것처럼 과학이 반드시 불완전하게 남아 있을지에 관한 전면적인 문제들을 제시한다. 내가 그동안 연구한 신경 과학과 인과관계, 정보 이론을 바탕으로, 어떻게 우리가 외재적 관점의 발달 과정을 인식하여 발달된 외재적 관점으로 '정상 과학의 인과적 창발성'에 관한 과학적 정의를 명확히 밝혀냈는지, 또한 개념을 자기 스스로 변화시키는 자유의지도 확인했는지를 설명한다.

2장

내재적 관점의 발달

1976년 의식에 관심이 있던 미국 심리학자 줄리언 제인스Julian Jaynes는 당시 프린스턴대학교 교수 시절 일부 대중에게 고전으로 자리 잡게 될 책을 출판했다. 그 책은《의식의 기원: 옛 인류는 신의 음성을 들을 수 있었다The Origin of Consciousness in the Breakdown of the Bicameral Mind》였다.《의식의 기원》은 오늘날까지도 많은 독자들이 찾는 책이다. 나는 어린 시절 그 책을 읽고 반하게 되었다. 제인스는 그 책에서 급진적 이론을 제안한다. 이 책이 제안한 급진적 이론이란 기원전 1200년경 이전에 '인간은 자신이 무엇을 했는지 인지하지 못할 정도로 의식이 완전히 결여된 로봇 같은 사람'이었다는 것이다. 게다가 제인스는 의식 자체가 뇌의 두 반구 사이에서 복잡해지는 통신을 통해 발생하고, 뇌의 두 반구 사이에서 그 통신이 완전히 통합되기 전의 초기 의식이 근본적으로 흔히 신의 계명으로 해석되는 환청의 형태를 구성한다고 제안했다.

급진적 이론은 터무니없는 이론이다. 제인스가 자신의 이론을 입증하고자 제시한 증거는 고대 그리스 작가 호메로스 Homeros의 서사시 《일리아드Iliad》 원문을 면밀하게 분석한 내용뿐이었다. 《일리아드》에 자극받은 제인스는 행동 방법을 결정하거나 도덕적 갈등을 논의할 때처럼 고대 그리스인이 의식을 논의하기 위한 대역으로 신을 자주 활용한다고 언급했다. 제인스는 이렇게 서술한다.

> 일반적으로 《일리아드》에는 의식이 없다. (…) 따라서 의식이나 정신 작용을 대신할 단어가 없다. 후세에 정신적인 부분을 의미하게 되는 《일리아드》의 단어들은 모두 한층 더 구체적으로 다른 의미를 지닌다. 나중에 영혼이나 의식적인 정신을 의미하게 되는 심령이라는 단어는 대부분 혈액이나 호흡과 같이 생명을 유지하는 핵심적인 단어다. 죽어가는 전사는 쓰러질 때까지 피를 흘리며 심령을 땅으로 쏟아 내거나 마지막까지 숨을 헐떡이면서 호흡한다. (…) 심령이라는 단어는 매우 독특하다. 《일리아드》와 관련하여 인간에게 주관적인 의식이나 정신, 영혼, 의지가 없다면, 무엇이 행동을 일으킬까?[1]

고대문학을 예리하게 관찰해보면 사람들의 내적 정신생활을 표현하는 묘사가 부족하다. 하지만 《의식의 기원》이 출판된 이후로 비평가들은 두 가지 문제점을 지속적으로 지적했다.

비평가들이 지속적으로 지적한 첫 번째 문제는 호메로스 시대 이전 사람들에게 의식이 없었다는 실질적인 증거가 《의식의 기원》에 담겨 있지 않다는 것이다. 따라서 생명 활동을 지배하고 진화하는 뇌에 관해 우리가 확신하는 모든 것을 고려해 볼 때, 고대 그리스 신화에 등장하는 지혜의 여신 아테나Athena가 신들의 왕 제우스Zeus의 머리에서 태어난 것처럼 의식의 이런 가설은 거의 확실하게 진실이 아니다. 지난 수천 년간 인간 유전체가 일부 변화했지만, 인간 유전체는 주로 색소, 영양 섭취량, 신체 측정치 정도로 구성된다.[2] 그래서 의식이 때때로 기록된 역사 현장에 불쑥 나타났다는 생각은 가장 빈약한 증거만으로 뒷받침되기에 그저 너무 공상적인 주장에 불과하다.

비평가들이 지속적으로 지적한 두 번째 문제는 제인스가 《일리아드》 원문을 바탕으로 제시한 증거를 훨씬 더 합리적으로 해석하고, 고대부터 진화해 온 의식을 이해했어야 했다는 것이다. 의식이 없었던 때는 고대 그리스 시대가 아니라, 적어도 폭넓게 보면 역사적으로 의식을 더 상세하게 해석하는 이해력이 발달하고 《일리아드》 원문을 분석하는 방법을 찾기 시작할 무렵이다. 제인스가 《의식의 기원》을 출판한 직후인 1977년, 미국 철학자 네드 블록Ned Block은 일간지 〈보스턴 글로브Boston Globe〉에서 《의식의 기원》을 이렇게 논평했다.

> 그러나 제인스가 양원적 문학을 옳다고 가정하더라

도, 이 '자료'를 더 잘 설명한 부분이 있다. (…) 그들이 사고와 관념의 기본 과정에 관하여 특이한 이론을 적용했지만, 그런 사고와 관념의 기본 과정이 우리와 유사하다고 가정하는 것은 훨씬 더 그럴듯하다. 실제로 《의식의 기원》 전반에 걸쳐, 제인스는 사람들이 지닌 본질적인 사고 과정의 본성과 이론적인 사고 과정의 본성을 혼동했다.[3]

제인스의 주장이 존재 자체보다 정신 상태 표현에 적용된다는 이런 역제안은 지금까지도 여전히 후속 학술 연구와 논평에서 지적받고 있다.[4][5][6] 설명이 부족한 제인스의 이런 가설은 덜 극단적이라는 이점에 따라 설명이 뛰어나지는 않지만 더 흥미롭다. 결국 제인스의 이론이 과학적으로 광범위하게 인정받지 못한 이유는 제인스가 그럴듯하게 뛰어난 설명을 강하게 고집했기 때문이다. 제인스는 인상적인 《일리아드》 원문의 증거를 모아 우아하게 저술했으나, 과학적으로 의식을 연구하는 사람들에게 인정받지 못하고 신기한 사람이나 종달새로 취급되었다. 가끔 제인스의 이런 연구를 비평하는 사람들은 제인스가 칭하는 '의식'을 '마음 이론'으로 언급하기도 한다. 당연히 '마음 이론'을 확실하게 설명해야 하지만, 전통적으로 과학에서 '마음 이론'은 사람들이 무언가를 인지하거나 믿고 있기에 특정한 방식으로 행동할 것이라고 확신했을 때와 마찬가지로, 사람들의 정신적 지식을 이해하여 그들의 행동을 예측한다는 의미다.[7] 마음 이론은 확실히 시간이 흐르면서 발달했다.

앞으로 알게 되겠지만, 고대인들도 마음 이론을 적용했다. 그러나 고대 문헌을 조사해보면, 고대인들은 '마음을 못 보는' 것이 아니라 단지 내적인 부분을 대수롭지 않게 여겼을 뿐이었다. 많은 학자는 놀랍게도 고대 문헌에서 정신생활을 거의 설명하지 않고, 시간이 흐르면서 정신생활이 다소 변화한다는 데 동의한다.[8] 시간이 흐르면서 정신생활이 다소 변화한다는 사실은 제인스가 출판한《의식의 기원》보다 먼저 인식된 부분이다.[9] 인간은 잘 발달된 내재적 관점이 마음속에 자리 잡지 않아도 마음 이론을 인식하기 시작했고, 행동과 관련이 있을 때나 없을 때도 자신과 타인의 내적인 부분을 표현하고, 다루고, 이해하는 방법을 서서히 더 잘 학습하는 것 같다. 또한, 미국 철학자 토머스 네이글Thomas Nagel이 '어디에서도 찾아볼 수 없는 관점'으로 여겼고[10] 현재 우리가 과학으로 간주하는 관점인 외재적 관점이 내재적 관점과 실제로 정반대이며 상호 보완적인 관계라는 점도 마찬가지다.

그럼, 다시 처음으로 돌아가보자. 모든 역사는 그저 한눈에 보이는 전경일 뿐이고, 아주 높은 곳에서 바라봤을 때 아이들이 갖고 노는 장난감과 같은 모습이고, 지도상에서 겨우 선으로만 구분 짓는 나라일 뿐이며, 단지 세기로 나눈 단락에 불과하다고 이해 범위를 축소한다면, 우리는 문명의 발달이 기본적으로 두 가지 정반대 관점인 내재적 관점과 외재적 관점에서 세상을 이해하는 인간의 과장된 이야기라는 점을 알게 될 것이다. 사실, 우리가 현재 '문명'이라고 의미하는 부분도 그저 완전히 발달된 내재적 관점과 외재적 관점으로 획득한 사회이고, 내재적 관점과 외재적 관점 사이에서 자신에게 맞춰 바꿀 수 있는 사회이며, 우리가 각각 개별적으로 거의 당당하게 자유 시간을 가지면서 눈에 띄지 않게 움직이는 행동일 뿐이라는 점은 논쟁의 여지가 있다. 하지만 항상 그렇지는 않았다. 우리는 우리가 잊었던 타고난 재능을 곧잘 받아들이고 혜택을 받는 수혜자다.

고대 이집트

고대 이집트인들이 우리와 얼마나 달랐는지는 아무리 강조해도 지나치지 않는다. 고대 이집트 여왕 클레오파트라는 기자 피라미드를 세운 사람들보다 우리 시대와 더 가까이 살았다. 박물관에서 겸손한 자세로 익숙지 않은 도상을 바라보며 석관을 살펴볼 때도, 우리는 직접 이런 거리를 느낄 수 있다.

물론 다른 면에서 살펴보면, 고대 이집트인들은 우리와 똑같았다. 일반적으로 고대 이집트인의 집에는 주방이 있고, 침대가 놓여 있으며, 남편과 아내와 자식이 살고 있었을 것이다. 고대 이집트는 상점과 무역, 고급 모시, 아름다운 도자기, 학교, 심지어 우편 제도도 갖추고 있었다. 또한, 아이라이너부터 몸에 칠하는 바디 페인트까지 남녀 모두가 사용했던 화장품과 장식품에 관해 말하자면, 고대 이집트인들은 오늘날까지 우리가 기술적으로 뛰어넘지 못한 최고 수준에 달했다. 오늘날과 마찬가지로, 고대 이집트인들은 이미 문화가 끝났다고, 말이든 행동이든 더 이상 할 게 없다고, 모든 위대한 인물은 과거에 존재했다고 불평하고 있었다.

> 조상들이 이미 표현하고 말했던 아주 오래된 단어가 아니라, 잘 알려지지 않은 새로운 언어로 표현하고 말하는 단어, 반복해서 말하지 않고 아직 사라지지 않은 단어가 과연 존재할까.

이런 단어들은 성직자 케케페레 손부Khekheperre-Sonbu가 썼으며, 4,000년 이상 지속되었다.[11] 여러 면에서 문명은 처음부터 그곳에 존재했고 완전히 인식할 수 있었다.

하지만 다른 면에서 고대 이집트인들은 거의 어린아이처럼 순진했다. 고대 이집트 미술은 개념적으로 소실점(원근법상 평행선들을 투시도상에서 멀리 연장했을 때 하나로 만나는 지점-옮긴이 주)이 없었다. 크기는 일정한 시점에서 멀고 가까운 정도를 느낄 수 있도록 원근법으로 평면 위에 표현하는 것이 아니라 단순히 중요도를 나타냈다.[12] 겉으로 드러나 보이는 이런 피상적인 표현은 인간 정신의 개념을 포함했다. 어떤 면에서 고대 이집트인들은 여전히 미술과 (흔히 절반은 동물이고 절반은 인간이었던) 신들에 내재된 동물에서 인간을 분리하고 있었다. 독일 화가 고트프리트 리히터Gottfried Richter는 미술과 인간 의식에서 스핑크스를 이렇게 서술한다.

> 인간의 머리는 동물의 몸에서 벗어나려고 안간힘을 쓰고 있다. 이집트는 인간의 머리가 여전히 수평 자세로 힘껏 웅크리고 앉아 있는 동물의 몸에서 존재적으로 가장 위대한 부분을 차지하는, 압도적인 우주력의 호흡과 맥박에 완전히 몰두했다.[13]

제인스가 지적한 것처럼, '압도적인 우주력'과 연결된 이런 연관성은 흔히 고대 이집트 문학작품에서 정신의 내적 작용이 신이나 영혼과 나눈 대화로 각색되었음을 의미했다. 가장 유명한 고전문학 중 하나이자 중기 고대 이집트 왕국(기원전 2040~1782년)에서 쓰였을 것으로 추정되는 고대 이집트 지혜 문학(파라오 문학 장르)인 《인간과 그의 바 사이의 분쟁Dispute Between a Man and His Ba》을 생각해보자. '바Ba'는 고대 이집트인들이 사람의 머리를 가진 새의 모습을 관념적으로 표현한 영혼과 정신이다. 또한, 적어도 바는 물질적인 면과 정신적인 면 사이를 가로지를 수 있는 부분인 영혼과 정신의 일부다. 이런 식으로 시는 인간이 스스로에게 죽음의 필연성과 보편성을 언급하는 경우가 매우 많다. 하지만 흥미롭게도 인간의 정신은 육체에서 분리된 완전히 다른 인간에게 말을 건넨다.

> 그러나 보라! 나의 바는 나를 속이겠지만,
> 나는 바의 말을 신경 쓰지 않는다.
> 나는 잠시 아직 시기가 다가오지 않은 죽음에 내몰린다.
> 나의 바는 내게 고통을 안겨주려고
> 나를 불속으로 내던진다. (…)
> 나의 바는 시기가 다가오지 않은 죽음으로 나를 내몰고,
> 인생에서 극심한 고통을 업신여길 정도로 어리석다.
> 그렇다 하더라도 서쪽 세계는 내게 기쁨을 안겨줄 것이다.
> 서쪽 세계에는 슬픔이 없기 때문이다.
> 그런 것이 인생의 과정이고,
> 심지어 나무도 반드시 쓰러진다.
> 그렇게 나의 환상을 짓밟기에 나의 고통은 끝이 없다!
> 나의 바는 내게 이렇게 말했다.
> "그대는 인간이 아닌가? 적어도 그대는 살아 있다!
> 하여, 그대가 무덤의 주인처럼 인생을 곰곰이 생각한다면
> 그대는 무엇을 얻겠는가?
> 이 세상에서 인생을 살아가는 사람에게
> 누가 말을 건네겠는가?
> 사실, 그대는 스스로를 통제하지 못하고,

그저 정처 없이 헤매고 있을 뿐일지니."[14]

신이 말한 것처럼, 내재적인 부분과 외재적인 부분을 관련지어 생각하는 이런 경향은 줄리언 제인스가 주장한 대로 의식 자체가 아직도 막 생겨나고 있거나 근본적으로 계속 분열하고 있었다는 증거로 확인된다. 또한, 제인스는 고대 메소포타미아부터 고대 이집트까지 이런 광범위한 원문적 증거를 거듭 검토한다. 하지만 그 과정에서 제인스는 번역가들이 뜻하지 않게 내재적 관점의 이해를 많이 끌어들였기 때문에 고대 문헌에 실린 의식의 증거가 오역의 결과라는 생각에 크게 기운다. 제인스는 번역으로 발생한 그런 변화를 '현대의 정신적 기만'이라고 표현한다.

그러나 적어도 가장 엄격한 형식에서 제인스의 이론은 일단 고대문학의 번역문을 조금이라도 신뢰하면 흥미로운 방식으로 허물어지는 것 같다. 정신을 외재적 관점으로 나타내는 이런 경향에도 불구하고, 고대 이집트 문학작품을 살펴본다면 당시 사람들이 '사회적 자아'를 매우 잘 알고 있다고 여겨지기 때문이다. 고대 이집트인들은 대다수의 시선으로부터 존경받는다면 (혹은 존경받지 않는다면) 자신들이 다른 사람들에게 어떤 인상을 줬는지를 이해했다. 우리는 특히 고대 이집트인들의 삶과 유산, 업적, 다음 생에 불멸과 부활을 바라는 기도문, 다시 말해서 비석에 새긴 비문을 강조하는 방식으로 이미 고대 이집트 제

6왕조(기원전 2345~2181년) 때 화려하고도 평범한 문체를 구사한 고대 이집트인의 '자서전'에서 이 사실을 관찰할 수 있다. 이런 자서전은 주로 외재적 사건과 사람들의 행동에 관한 내용을 담고 있지만, 동시에 다른 사람들을 인식하여 얻게 된 의식을 강조했다. 여기서는 (규모만 놓고 본다면) 대영박물관에 소장된 더 유명한 전기 중 하나인, 재무장관이자 국왕의 시종관이던 트제트지Tjetji의 비석을 살펴보려 한다. 이 비석은 국왕들의 위대한 총애를 받았던 재무장관인 트제트지의 인생을 전한다. 비석에 새겨진, 트제트지를 묘사한 비문은 이렇다.

> 나는 부유한 인물이다. 나는 위대한 인물이다. 나는 국왕의 총애를 받았기에, 위엄 있는 국왕이 내게 부여한 재산으로 나 자신을 이루었다. (…) 내 능력이 매우 뛰어나서 국왕은 내 게서 결점을 찾지 못했다.[15]

다음의 내용이 보여주듯이, 고대 이집트인들은 다른 사람들, 심지어 통치하는 사람들이 자신의 행동을 어떻게 생각하는지를 뚜렷하게 인식하고 있었기 때문에, 국왕의 마음을 얻는 총애를 중요하게 인지했다. 기원전 2300년경 고대 이집트 제6왕조 때 테티Teti의 국무장관이자 국왕의 집무실을 관리하고 문서를 감독했던 세시Sheshi도 마찬가지다. 세시의 무덤 벽면에 만들어진 벽감에는 이런 비문이 새겨져 있다. (벽감은 흔히 자서전에 활용되었다.)

나는 고대 이집트의 도시에서 내려왔다.
나는 고대 이집트의 노모스(주)에서 내려왔다.
나는 국왕을 위해 정의를 실현했다.
나는 국왕이 좋아하는 것으로 국왕을 만족시켰다.
나는 진심으로 말했고, 올바르게 행동했다.
나는 정직하게 말했고, 공정하게 반복했다.
나는 사람들에게 호감을 얻기 위해,
적절한 순간에 기회를 포착했다.
나는 강한 자와 약한 자를 만족시키도록 두 사람 사이에서 심판했다.
나는 내 능력만큼 뛰어난 국왕과는 달리
강한 자에게서 약한 자를 구했다.
나는 배고픈 자에게 빵을 주었고, 벌거벗은 자에게 옷을 주었다.
나는 배가 다니지 않는 육지로 배를 끌어올렸다.
나는 세자가 없는 국왕의 매장식을 거행했다.
나는 배가 없는 국왕을 위해 배를 만들었다.
나는 아버지를 존경했고, 어머니를 기쁘게 했다.
나는 아이들을 양육했다.[16]

웨니Weni의 자서전이나 하르쿠프Harkhuf의 자서전(고대 이집트 제6왕조 시대의 파라오인 테티Teti와 페피 1세Pepi I, 메렌라 1세Merenra I의 치세에 걸쳐 하급 관리에서부터 상이집트 총독으로까지 승진한 공직 생활기를 담아낸 웨니의 자서전과 메렌라 1세Merenra I와 페피 2세Pepi II를 섬기며 군대 장군이자 상이집트 총독직을 수행한 하르쿠프의 자서전을 가리킨다 – 옮긴이 주)과 같은 유사한 사례는 많이 존재한다.[17] 하지만 일반적으로 꽤 단순한 이런 번역문이 어떻게 모두 '현대의 정신적 기만'이 될 수 있는지는 분명하지 않다.

번역문은 그저 외재적 업적을 위장한 목록에 불과하지만, 그런 번역문의 원문은 고대 이집트인들이 실제로 자신을 포함하여 다른 사람들의 '마음을 못 보는' 것이 아니었다는 사실을 입증한다. 확실히 고대 이집트인들은 마음 이론을 적용했고, 어머니를 기쁘게 하려고 마음을 썼고, 국왕을 위해 정의를 실현했으며, 사람들에게 호감을 사려고 신경 썼다. 이런 사실은 놀라운 일이 아니다. 결국 우리 영장류는 인기가 많은 사람이든 인기가 없는 사람이든, 다른 사람들의 의견과 가십을 매우 중요하게 받아들이는 환경에서 진화했다.[18] 하지만 다른 사람들이 사회적 자아를 지닌 우리의 의견과 마음을 받아들이고 있다고 이해하는 것은 그런 사람들이 잘 발달된 내재적 관점을 취하고 있다고 이해하는 것과는 다르다. 고대 이집트인들은 특징적인 반응, 심지어 감정적인 반응도 평면적이고 단순하며 행동에 가깝게 표면적으로 드러난다. 고대 이집트인들은 정신이 얼마나 뜻깊은

지 모르는 것 같다. 고대 이집트인들에게 부족한 것은 현상학의 내부 구조에 적합하도록 미묘한 정신을 세밀하게 표현하는 훌륭한 언어였다.

정신 철학에는 '현상적 의식은 접근적 의식을 넘어선다'라는 격언이 있다. '현상적 의식과 접근적 의식'은 다름 아닌 철학자 네드 블록이 소개한 용어다. 네드 블록은 정신을 지니는 본성과 정신을 설명하는 능력을 제인스가 혼동한다고 지적하면서 최초로 《의식의 기원》을 논평한 철학자다.[19] '현상적 의식은 접근적 의식을 넘어선다'라는 격언은 경험(현상적 의식, 우리가 어떤 사람인지)이 의식의 일부를 표현할 수 있는 능력보다 더 복잡하다는 의미다. 이런 전문용어를 활용한다면, 우리는 발달된 내재적 관점으로 우리와 다른 사람들이 의식을 지니고 있다는 사실을 이해한다기보다 인간이 선사 시대부터 이런 사실을 잘 알았다는 점을 확인할 수 있다. 인간이 의식을 지녔다는 사실을 선사 시대부터 잘 알았기 때문에, 인간은 또한 제인스가 주장한 대로 신에게 이리저리 마구 휘둘리지 않고 자신의 행동을 스스로 책임졌다. 인간은 현상적 의식에 점점 더 가까이 다가가는 능력이 발달했다. 즉, 발달된 내재적 관점은 발달된 접근적 의식이 오늘날 우리가 자신을 발견하는 상황인 발달된 현상적 의식에 접근하기 시작했다는 개념과 언어가 진화하는 과정이었다. 또한, 발달된 내재적 관점에 따라 적어도 우리가 고대 이집트 문헌으로 판단한다면, 그 당시 고대 이집트인들을 비롯해 다른 사람들은 자신의 의식을 깊이 이해하는 것이 부족해 보였다.

고대 이집트의 시는 아직 발달하지 않았으며 발달하려고 준비하는 매우 초기 단계였지만, 실제로 내재적 관점을 넌지시 알려준다. 고대 이집트에서 가장 정신적인 감정을 불러일으키는 서술적 묘사 중 일부는 여성(최소한 여성의 관점으로)이 지은 사랑 시에 담겨 있다. 여기서 예로 든 사랑 시는 남성 화자와 여성 화자가 서로 번갈아 부르는 사랑 노래에서 발췌한 부분이다. 이 사랑 시는 다소 발달된 문학적 서술 기법을 활용했다는 것, 지금까지 이 책에 수록한 원문들보다 1,000년 정도 가까운 시기에 지어졌다는 것에 주목할 만하다(고대 이집트 제19왕조와 제20왕조 시기, 기원전 1292~1077년). 또한, 이 시는 《기쁨의 노래the Songs of Delight》 시리즈 도입부에 속하며, 대영박물관에 소장되어 있다. 여기서 소개하는 이 사랑 시의 번역문은 100년이 넘은 것이다. 이 번역문은 내 결혼식에서 낭독되었는데, 나는 이 번역문을 듣고 고대 이집트인들의 정신을 이해하고 탐구하는 일에 처음으로 자극받았다.

> 그리고 달콤한 향기가 나는 온갖 허브와
> 꽃을 심은 정원처럼
> 당신은 내게 예술적인 대상입니다.
> 서늘한 북풍이 불어올 때
> 나는 바람 따라 물결치는 운하를 가리켰고,

그때 당신은 바람 따라 물결치는 차가운 물에
손을 살짝 담갔을지도 모릅니다.
우리가 산책하는 아름다운 장소에서,
당신의 손이 내 손 안에 머물러 있을 때는
배려하는 마음과 기쁜 마음으로 가득 찹니다.
우리가 함께 걸어가기 때문입니다.[20]

이 시에서는 내재적 관점을 몇 가지 방식으로 살펴볼 수 있다. 가령, '배려하는 마음'처럼 감정을 약간 더 명확하게 드러내는 표현법은 말할 것도 없고, 사랑하는 사람을 정원에 비유하는 표현법(내부적인 감정을 지형으로 넌지시 내비치는 표현법)처럼 감각적인 경험을 수반하는 생생함과 차가운 물에 손을 살짝 담그면서 느끼는 감격스러운 기쁨 등을 표현한 것이 그렇다. 그런 시를 읽으면서도, 독일 철학자 니체가 주장한 대로 사랑이 음유 시인의 발명품이었다고 믿기란 불가능하다.

하지만 여기에 내재적 관점의 증거가 명백하더라도, 제인스는 손을 번쩍 들면서 이의를 제기할 것이다. 이 시가 바로 제인스가 '현대의 정신적 기만'이라고 강조한 번역문 중 하나일까? 제인스는《의식의 기원》에서 이렇게 서술한다.

"현대 번역가들은 자신의 작품이 문학적으로 우수한 평가를 받기 원하므로, 흔히 원문을 사실 그대로 번역하지 않고 현대적인 용어와 주관적인 근본 개념을 활용하여 번역하는 경우가 많다."

본질적이고 심지어 눈에 띄지 않는 방식으로 세상을 바라보는 관점인 내재적 관점을 취하는 번역가들은 문학 자체를 원문 그대로 번역하면서 원문에 드러나지 않은 감정과 정신 상태, 시적 감정으로 읽지 않는 것이 불가능하다는 사실을 알게 된다. 제인스가 강조한 요점을 확인하려면, 더 최근에 같은 시를 다른 번역가가 번역한 문장을 살펴보자.

땅을 구분하여 달콤한 향기가 나는 허브와
꽃을 심은 정원처럼
나는 당신에게 속해 있어요.
상쾌한 북풍 속으로,
당신이 손을 찔러 넣으면,
그 속에서 달콤함이 흘러나오죠.
천천히 거니는 사랑스러운 곳에서,
당신의 손이 내 손 안으로 들어오네요.
우리가 함께 걸어 다닐 때,
내 몸은 성장하고, 내 마음은 한없이 기쁩니다.[21]

이 사랑 시는 결혼식에서 낭독하기에는 별로 좋지 않은 것 같다. 이 번역문에는 내재적 관점이 훨씬 덜 담겼다. 이 시는 사랑하는 사람을 소유물처럼 땅을 나눈 정원에 비유하는 표현법으로 시작한다. 사실 이 사랑 시에서 내재적 관점을 넌지시 드러내는 표현은 오로지 "내 마음은 한없이 기쁩니다'뿐이다. 이 표현조차 저자가 은유적으로 표현한 마음이 개념적으로 정신을 상징했는지, 아니면 몸을 상징했는지 설명하기가 명확하지 않다.

그렇다면 훌륭한 번역문에는 내재적 관점이 대략 얼마나 담겨야 할까? 아마도 정답은 보는 사람의 관점에 따라 달라질 것이다. 제인스의 주장이 옳았다. 번역은 예술이다. 그리고 번역문은 우리의 판단을 흐리게 하며, 어쩌면 실제 원문보다 내재적 관점을 더 많이 적용하면서 읽도록 우리에게 편견을 품게 할 것이다. (이를테면 근본적으로 기준에서 벗어난 번역문을 의심하며 회의적으로 바라봐야 한다는 뜻이다.)

하지만 이런 번역문이 해결할 수 없는 애매모호한 상태이더라도, 우리는 최소한 이렇게 설명할 수 있다. 적어도 현대 문학작품과 비교해보면, 고대 이집트 문학작품에는 내재적 관점이 거의 담겨 있지 않고, 일반적으로 정신생활에 관한 묘사가 아주 살짝 담겨 있는 것 같다. 얼마나 많은 원문이 해석과 번역의 대상으로 계속 남아 있을까? 최소한 우리가 접하는 문학작품에는 사라지지 않고 남아 있던 낭만적인 사랑 시와 같은 작품들이 불쑥 등장한다.

이 설명은 정말 멋지다고 생각한다. 그렇지 않은가? 그것은 우리의 정신이 얼마나 깊은 사랑을 경험하는지 우리가 처음으로 이해하기 시작했다는 것일까?

고대 그리스

고대 그리스의 초기 문헌에 내재적 관점이 담겨 있지 않다는 우세한 증거는 《의식의 기원》에서 찾아볼 수 있다. 줄리언 제인스가 주장하듯이, 고대 그리스 문학의 가장 오래된 서사시 《일리아드》는 고대 이집트인의 자서전과 매우 유사하며, 전반적으로 외재적 행동과 행위에 중점을 두고 있다.

> 《일리아드》에 등장하는 인물들은 앉아서 무엇을 해야 할지를 생각하지 않는다. 그들은 우리처럼 의식적인 정신을 갖추고 있지 않고, 물론 자기 성찰도 하지 않는다. (…) 《일리아드》는 행동에 관한 내용을 담고 있고, 행동으로 가득 차 있으며, 끊임없이 행동을 다룬다. 《일리아드》는 실제로 고대 그리스 신화에 나오는 영웅인 아킬레스의 정신이 아니라, 아킬레스의 행동과 행동에 따른 결과를 다룬다.[22]

하지만 제인스가 주장하듯이, 고대 그리스의 서사시 《오디세이Odyssey》는 이미 일리아드와 매우 다르다. 그래서 제인스는 오디세이와 일리아드의 작가가 다르고, 오디세이가 수백 년 후에 쓰였다고 의심한다.

> 《일리아드》 이후에 《오디세이》가 등장한다. 그리고 이런 시들을 읽는 사람들은 그것이 정신에서 얼마나 거대한 부분을 차지하는지를 계속 새롭게 이해하게 된다! (…) 그것은 정신적 기만의 여정이다. 그것은 바로 교활한 속임수의 발견이자, 음흉한 속임수의 발명과 기념이다. 그것은 기만과 변장과 속임수, 변화와 인식, 약물과 건망증을 노래하고, 다른 사람들의 입장에서 사람들을 노래하고, 이야기 속에서 이야기를 노래하며, 사람들 속에서 사람들을 노래한다.[23]

수 세기가 지나면서, 잘 발달된 내재적 관점의 증거가 점점 더 많이 늘어났다. 특히 고대 그리스에서는 시인 사포Sappho나 핀다로스Pindaros나 시모니데스와 같은 서정 시인들이 잘 발달된 내재적 관점을 취했다. 서정시에서 잘 발달된 내재적 관점은 심지어 독일 극작가 고트홀트 레싱Gotthold Lessing이 '그리스의 볼테르Voltaire'라고 불렀던 고대 그리스 시인 시모니데스 드 세오스Simonides de Ceos(기원전 556~468년)의 문학적 서술 기법에 기반을 둔 최초의 '내재적 기법' 중 하나로 묘사될 수밖에 없도록 이끌었다.[24] 역사에 가장 강한 영향력을 미친 시모니데스의 공헌은 정신적 이미지에 완전히 의존하는 기억 증진 기법인 '기억술'의 발명이었다.

이야기에 따르면, 시인으로서 연회에 참석한 시모니데스는 연회 주최자뿐만 아니라 뱃사람의 수호신인 쌍둥이 신 카스토르Castor와 폴룩스Pollux에게도 감미로운 찬사를 받았다. (그리고 세인트 엘모가 배를 타고 폭풍을 통과할 때 배의 돛대 맨 끝에 나타난 불을 보고 수호신이 선원들의 간절한 기도에 응답한 징후로 여겼듯이, 뱃사람의 수호신인 쌍둥이 신 카스토르와 폴룩스에게 찬사를 받은 시모니데스는 치명적으로 심각한 비행기에 세인트 엘모의 불St. Elm's fire[뇌우가 발생할 때 탑의 꼭대기나 피뢰침, 선박의 돛대, 항공기의 날개와 같이 공중으로 솟아 있는 뾰족한 물체 끝부분에 대기 전기가 방전되면서 나타나는 불꽃 – 옮긴이 주]을 거짓으로 꾸며 달고는 생명을 걸고 여행하곤 했다.) 이에 화가 난 연회 주최자는 시모니데스에게 합의한 사례금의 절반만 지불할 테니, 나머지 절반은 시모니데스를 칭찬했던 신들에게 받으라며 행운을 빌겠다고 말했다. 얼마 지나지 않아서, 시모니데스는 메시지를 받았다. 듣자 하니, 아무래도 두 젊은이가 연회장 밖에서 자신들과 함께 만나자고 요청한 것 같았다. 신비로운 두 젊은이는 이미 사라졌지만, 시모니데스가 연회장 건물을 떠나자마자 지진이 발생했고, 연회장 건물 지붕은 거대한 탁자 위에 비극적으로 무너져 내렸다. 유일하게 생존한 이는 시모니데스뿐이었다. 연회에 참석한 손님들의 시신은 으스러져 신원을 전혀 확인할 수 없었으므로 적절한 장례 절차를 거쳐 시체나 유골을 매장하기는 불가능했다. 하지만 시모니데스는 당시 탁자 주변에 앉아 있던 손님들 각각의 공간적인 위치에 집중한다면 손님들을 하나하나 명확하게 기억할 수 있다는 사실을 깨달았다.[25]

이때부터 시모니데스는 정신적인 눈으로 바라본다면 손님들의 공간적인 위치를 쉽게 기억할 수 있다는 사실을 창의적으로 활용하기 시작했다. 이런 기억술은 일반적으로 자신이 잘 아는 장소인 '기억 장소'로부터 시작한다. 연설할 때 특별히 다루고 싶은 요점을 절차에 따라 자세하게 설명하듯이, 구체적으로 명확하게 기억하고 싶은 것들을 정신적으로 자세하게 알려줄 수 있는 다양한 장소에 부분적으로 '배치'해놓는다. 종이 가격이 저렴해지고 책이 풍부해진 이후로 기억술은 대부분 사라졌고, 기억술의 유용성도 사라졌지만, 고대 그리스식의 텔레프롬프터는 수 세기 동안 문화 전반에 걸쳐 수사학의 도구로 사용되었다. 대학 시절 인지 과학 교수가 학생들에게 긴 시를 암송시킬 목적으로 고대 그리스의 기억술을 가르쳐줬는데, 나는 그때 고대 그리스의 기억술을 학습했다. 놀랍게도 나는 단 하루 만에 긴 시를 학습하고 암송했을 뿐만 아니라, 내가 순서대로 설정한 기억 장소를 거꾸로 돌아오면서 긴 시를 거꾸로도 한 줄 한 줄 암송할 수 있었다. 지금까지도 미국에서는 카드 뭉치와 길게 나열된 숫자를 빠르게 기억하는 방식으로 매년 기억술 대회를 개최하며, 여전히 시모니데스의 기억술을 활용한다.[26]

'내재적 기법'의 증거는 변화를 말한다. 그 무렵 고대 그리스에서 많은 것이 발전했듯이, 수사학과 철학처럼 우리가 현대적이라고 인식하는 학과목을 실행하고 가르치는 특정 유형의 교사인 소피스트의 시대와 아테네 주변에서는 내재적 관점이 빠르게 발달했다.

우리는 고대 그리스 문학에서 발달된 내재적 관점을 명백하게 확인할 수 있다. 기원전 480년경에 태어난 에우리피데스는 고대 그리스 시대의 가장 위대한 비극 시인이자 극작가, 지식인으로 활동했다. 전하는 바에 따르면, 그는 철학자 소크라테스와 유사한 범죄를 저질러 노년에 망명의 길을 떠났다. 에우리피데스가 신화적인 인물들을 마치 공감대를 불러일으키는 생각과 추진력을 갖춘 사람처럼 다루는 방식은 곧 신화적인 인물들을 마치 우리와 같은 정신을 지닌 사람처럼 다루었음을 의미했다. 에우리피데스의 초기 비극 작품이자 서양 문학의 고전인 《메데이아Medeia》는 내재적 관점을 듬뿍 담고 있다. 메데이아는 자신을 배신하고 외도를 저지른 남편에게 복수를 시작한다. 《메데이아》는 배신당한 메데이아를 괴팍하고 폭력적인 인물로 이끄는 반응인 감정적인 반응으로 이야기를 펼친다.

그렇기에 극 중에서 메데이아는 의식적인 이유로 분노를 표출하며 승리를 논한다. "나는 내가 어떤 범행을 저지르려고 하는지 잘 알아요. 하지만 내 분노는 이성보다 강해서 사람들에게 가장 큰 고통을 일으키죠."[27] 독일 작가 브루노 스넬Bruno Snell

은 1946년 《정신의 발견The Discovery of the Mind》에서 "메데이아는 다름 아닌 인간 영혼의 산물로서 오직 인간의 언어로 생각과 감정을 묘사하는 최초의 문학적인 인물이다"라고 서술했다.[28]

고대 그리스 아테네 문학에서 전성기를 이룬 내재적 관점은 단지 어떤 다른 원작에서 적용했던, 발달된 내재적 관점을 반영한 것일까? 아니면 내재적 관점이 문학에서 인간의 삶으로 이어진 것일까? 아마도 내재적 관점은 에우리피데스와 같은 초기 극작가들이 공식적으로 처음 발달시켰으며, 그 후 대중화되었을 것이다.

나는 그런 지식을 확실하게 주장할 수 없다. 하지만 고대 그리스 아테네의 아크로폴리스 기슭에 세워졌으며 에우리피데스의 연극이 공연되던 디오니소스 극장의 석재 의자, 다시 말해서 내재적 관점이 빠르게 발달했던 곳에 지금도 앉을 수 있다는 사실은 잘 안다. 조용한 그곳에 앉아 있으면, 나는 스스로가 가면을 쓴 배우들이 야외에서 공연을 시작하기를 기다리는 사람처럼 느껴진다. 때때로 오래 기다린다면, 아크로폴리스를 정처 없이 떠돌아다니는 수많은 길 잃은 개들 중 한 마리를 볼 수도 있다. 상처 부위가 온통 딱지로 뒤덮인 상태에서 다리를 절뚝거리는 개가 무대와 가까운 길을 택해 내려가는 모습을 지켜보면서 나를 제외한 다른 모든 이에게는 눈에 띄지 않는 비극을 매정하고 거대한 석재 무대에서 한 번 더 연출할 수도 있다.

고대 로마와 중세 암흑시대

고대 로마 문학을 읽는다면, 완전히 현대적인 느낌에 강한 충격을 받게 될 것이다. 고대 로마에서 적용한 내재적 관점의 상태를 조사해보면, 적어도 식자율(전체 국민 중 글을 아는 사람들의 비율)이 높은 지식인 계층과 엘리트 계층 사이에서 내재적 관점의 상태가 완벽에 가깝다는 사실을 발견하게 된다. 지식인 계층과 엘리트 계층은 오늘날의 우리와 마찬가지로 편지를 쓸 때 내재적 관점을 많이 담았다고 말할 수 있다. 여기서는 고대 로마의 집정관이자 웅변가로 권위주의 통치하에서 로마 공화국의 변호사로 활동했으며, 결국 독재정치를 펼친 왕 마크 안토니Mark Antony에게 희생된 마르쿠스 키케로Marcus Cicero를 살펴보자. 로마에서 추방당한 동안 키케로는 여전히 로마에 남아 있던 가족에게 편지를 썼다. 편지에서 키케로는 자신이 로마에서 추방당한 동안 가족이 받을 수치스러운 대우를 한탄한다.

> 내가 다른 사람에게 긴 편지를 쓴다고는 생각하지 마시오. 누군가가 내게 특별히 긴 편지를 써 보내서 내가 틀림없이 답장할 수밖에 없다고 생각되는 경우가 아니라면 말이오. 나는 편지에 쓸 내용이 전혀 없고, 로마에서 추방당한 이런 때에 이만큼 더 힘들고 어려운 일이 없기 때문이오. 게다가 사랑하는 당신과 소중한 툴리올라Tulliola에게

많은 눈물을 흘리지 않고서는 편지를 쓸 수가 없다오. 내가 그런 겁쟁이가 아니었다면 반드시 의무적으로 누렸어야 할 행복, 그 행복을 언제나 가장 완벽하게 누리길 원했던 바로 그 사람인 당신이 가장 힘든 고통으로 약해진 것을 잘 알기 때문이오.[29]

또한, 키케로는 (당시 많은 사람이 그랬듯이) 수사학을 연구할 목적으로 시모니데스의 기억술을 활용했다. 시각이 다른 감각보다 얼마나 더 기억술에 중요한지를 이해해야 하는 것처럼, 키케로가 시모니데스의 기억술을 검토하는 동안 의식 내에서 감각에 따른 기억술의 차이를 확실하게 이해해야 한다는 사실은 명백하다.

시모니데스나 다른 사람들이 현명하게 인식하거나 발견한 사실은 기억술을 활용할 때 마음속으로 기억하고 싶은 것들의 정신적 이미지를 가장 선명하게 형성해야 한다는 것이다. 그런 다음, 기억하고 싶은 것들과 관련지어 형성한 그 정신적 이미지를 감각으로 마음에 새긴다. 하지만 이때 모든 감각 중 기억술에 가장 뛰어난 감각은 시각이다. 또한, 결과적으로 시각 외에 청각이나 촉각 등 다른 감각으로 받아들이는 인식이 시각의 매개체로 마음에 새겨진다면, 그 인식은 가장 쉽게 유지될 수 있다.[30]

우리는 플루타르코스Ploutarchos의 《플루타르코스 영웅전Parallel Lives》에서도 내재적 관점을 주의 깊게 살펴볼 수 있다. 《플루타르코스 영웅전》은 외재적인 역사적 사건을 기록하고 분석했을 뿐만 아니라, 인간 본성에 대한 연구가 이루어진 최초의 역사적인 인물 전기 중 하나다. 친구에게 보내는 편지에서, 플루타르코스는 평정심을 유지하고 평온한 마음을 얻는 데 도움이 되는 기술을 이렇게 서술한다.

> 다시 반대로, 피부에 궤양이 생긴 것처럼 "내가 끔찍한 일을 저질렀다고 의식하므로, 양심"은 그 후 마음속에 후회를 남기면서도 계속 마음에 상처를 입히고 아프도록 마음을 찌른다. 다른 고통은 이성으로 사라지게 할 수 있지만, 후회는 이성 자체가 발생시키기 때문이며, 감정적으로 후회와 수치심이 함께 느껴진다면 마음은 그것만으로도 찌르는 듯이 아프고 스스로를 심하게 꾸짖기 때문이다. (…) "나 자신 외에는 아무도 이런 잘못을 비난하지 않는다"라고 내면에서 소리치는 것 같지만, 한탄스러운 후회는 감정적으로 느끼는 수치심 때문에 훨씬 더 고통스럽게 마음을 아프게 한다.[31]

흥미롭게도 플루타르코스가 친구에게 보낸 이 편지에서 인용한 문장들은 고대 그리스 비극 시인 에우리피데스의 작품

《오레스테스Orestes》에 쓰인 것이다. 플루타르코스는 악랄한 죄를 논의하는 수단으로 초기 비극 작가의 작품을 직접 활용했다. 편지에서 적용한 그런 세련된 문장은 고대 로마 문학에 반영된다. 오직 고대 로마의 시에서만 호라티우스Horatius나 오비디우스Ovidius, 카툴루스Catullus와 같은 시인들이 잘 발달된 내재적 관점을 명확하게 드러낸다. 특히 사랑 시에서는 전적으로 잘 발달된 내재적 관점과 내재적 관점의 개인적인 모순과 사소한 오류를 확인할 수 있다. 시인 카툴루스가 사랑하는 연인 레스비아Lesbia를 대상으로 집필한 시는 다음과 같다.

> 나는 미워하고 사랑합니다.
> 내가 왜 이러는지, 아마 당신은 물을 테지요.
> 나는 모르지만, 그런 감정을 느끼고 극심한 고통에 시달립니다.[32]

그런 시들을 읽다 보면, 고대 로마인들이 우리와 같다고 느껴질 것이다. 아니 오히려, 우리가 고대 로마인들과 같다고 느껴질 것이다. 이 표현이 과장되었다고 여겨진다면, 뒤에 어떤 설명을 했는지 살펴보고 그 의미를 깊이 생각해보길 바란다. 로마의 멸망은 거의 1,000년 동안 지속되었던 세계적인 제국의 종말이었다. 마치 유엔 전체가 전쟁으로 쇠퇴하고 분열한 것처럼 로마 제국의 경제와 종교, 지식인 계급이나 단체가 어떻게 좋지 못한 결과로 이어졌는지 간략하게 설명하기는 어렵다.

내재적 관점은 로마 제국이 몰락한 탓에 극심한 타격을 받았다. 고대 로마 초기에 폭발적으로 발달한 내재적 관점이 고대 그리스 비극 문학에서 발달하고 대중화된 내재적 관점을 반영했다면, 퇴보한 내재적 관점은 로마 제국의 몰락 전후에 새로운 기독교 지도자들의 통치를 받은 극문학에서 소리도 없이 조용하게 저하된 내재적 관점을 반영했다. 초기 기독교인들은 극문학과 기독교 이외의 종교를 바로잡을 수 없는 관계라고 생각하고, 극문학의 허구적인 내용이 도덕적으로 종교적인 신앙을 어지럽히고 부패하게 만든다고 주장했다. 어느 시점부터 교회의 공식적인 정책은 종교상의 축제일에 극문학을 접하는 사람들에게 신도로서의 자격을 빼앗고 교회에서 내쫓는 파문을 선고했으며, 기독교 성찬식에 참여하지 못하도록 공포했다. 결국 기독교를 믿었던 황제들 중 한 명인 유스티니아누스 1세Justinian I는 6세기에 마지막으로 고대 로마 극문학을 금지하는 명령을 내렸다.[33]

로마 제국이 몰락한 후, 살아남은 문학작품은 주로 기독교에 집중되어 있었다.[34] 사학자 브라이언 워드 퍼킨스Bryan Ward-Perkins는《로마 제국의 몰락과 문명의 종말The Fall of Rome and the End of Civilisation》에서 이렇게 서술한다.

고대 로마 시대 이후에 등장하는 문학작품 중 우리

가 참조할 수 있는 거의 모든 문학작품은 (법률이나 조약, 헌장, 과세 대장과 같이) 지속성을 유지해야 하는 공문서나 사회적 지위가 매우 높은 계층들 사이에서 교환했던 편지들이다. (…) 가장 흥미로운 사실은 고대 로마 시대에 아주 폭넓게 발견된 유형으로서 유적의 벽이나 기둥 따위에 그림이나 문자로 무심하게 대충 그려 놓은 낙서가 거의 완전히 사라졌다는 점이다.[35]

그런 변화는 아무리 강조해도 지나치지 않는다. 심지어 서기 79년 비극적으로 잘 보존된, 고대 로마의 작은 도시인 폼페이Pompeii(화산 분화로 인해 도시 전체가 파괴되었으나 화산재와 분석에 의해 파괴된 도시의 모습이 그대로 보존되어 유적으로 남았다 – 옮긴이 주)에서도 벽에 새겨진 낙서 사례가 1만 1,000건 이상 존재하기 때문이다.[36]

일부 학자들은 중세 시대 작가들이 정신 상태에 관심이 부족했음을 가리키면서 중세 시대 문학작품에서는 등장인물들이 흔히 감정이나 생각과 같은 내면적인 상태를 오로지 직접적인 말과 몸짓, 즉 외재적인 행동만으로 표현하는 경우가 많다고 지적했다. 이와 더불어 중세 시대 문학에서 정신은 물리적인 독립체와 거의 유사하다고 주장했다.[37] 한 전문가가 논평한 대로, 중세 시대 문학작품들은 "끊임없이 계획하고, 기억하고, 사랑하고, 두려워하지만, 저자가 이런 정신 상태에 관심을 끌어내지 않기에 이런 내면적인 상태를 어떻게든 외재적인 행동으로 표현하려는 등장인물들로 가득 차 있다."[38]

고대 이집트 시대에 거의 존재하지 않던 내재적 관점이 낭만적인 사랑 시에는 담겨 있는 경우가 많았듯이, 중세 암흑시대에는 내재적 관점이 종교적인 경험에 집중되었고, 때로는 심지어 종교적인 경험을 묘사한 문학에 담겨 있기도 했다. (라자루스Lazarus처럼 죽은 상태에서 예기치 않게 기적적으로 다시 살아나 아내를 제외한 모든 사람을 놀라게 했던) 스코틀랜드 남성의 죽음과 가까운 사후 세계 경험을 묘사한 몽상가 '드라이헬름Dryhthelm의 서술 방식'과 같은 문학 사례가 8세기경부터 등장했다. 그런 서술 방식을 적용한 후, 드라이헬름은 아내와 아들들, 경제적으로 궁핍한 사람들에게 자신의 재산을 나눠준 다음 수도사가 되었다. 드라이헬름이 적용한 이런 서술 방식은 먼 훗날 이탈리아 시인 단테가 지옥과 연옥, 천국을 여행하는 형식으로 인간의 욕망과 죄악, 운명과 영혼의 구원을 심오하게 그려낸 서사시인 《신곡Divine Comedy》과 매우 유사하다. 단테가 버질Virgil에게 안내를 받았듯이, 드라이헬름은 천사에게 안내를 받았다. 다음 구절은 천국이 아니라 영혼들이 기다리다 들어갈 수 있는 아주 훌륭한 장소를 묘사한다. 드라이헬름이 이끌린 곳은 이렇다.

> 그가 나를 행복한 사람들 한가운데로 인도했을 때,
> 나는 이곳이 어쩌면 내가 자주 들어왔던 천국일 수도 있겠

다는 생각이 들기 시작했다. 그는 내가 생각한 대로 말하자 이렇게 대답했다. "이곳은 당신이 상상한 천국이 아닙니다."

그가 내게 이렇게 대답했을 때, 나는 그곳에서 행복한 사람들과 달콤하고 아름다운 장소를 보고 매우 기뻤기 때문에 다시 내 몸으로 돌아가기가 너무너무 싫었다. 하지만 행복한 사람들 사이에서 갑작스럽게 활력이 넘쳐나게 되는 그동안, 나는 감히 그에게 용기 내어 질문하지 못했다.[39]

정신이 다소 표면적으로 다루어지지만, 교회 밖에서는 영웅 서사시《베오울프Beowulf》와 같은 문학 사례가 내재적 관점의 증거를 일부 보여준다.[40] 흥미롭게도《베오울프》에 등장하는 인물들은 기독교인이 아니라, 기독교 이외의 종교를 믿는 이교도들이다. 게다가 우리가 접한《베오울프》의 최초 필사본은 서기 1000년경으로 거슬러 올라간 중세 암흑시대의 끝 무렵이므로,《베오울프》가 출간된 정확한 날짜는 알려지지 않았다.

중세 암흑시대에 내재적 관점은 (최소한 식자율이 높은 지식인 계층과 엘리트 계층에서) 고대 그리스 시대 이전의 수준으로 사라지지 않았지만, 발달된 내재적 관점의 범위는 훨씬 더 다양해졌다. 고대 그리스 시대와 고대 로마 시대에 전성기를 이룬 발달된 내재적 관점의 범위와 비교해보면, 적어도 종교 밖에서는 정신을 묘사하는 서술 방식을 수백 년 동안 다시 한번 더 억누르기 때문에 중세 암흑시대에 전성기를 이룬 발달된 내재적 관점의 범위는 줄어든 것으로 보인다.

소설의 부흥

로터리오는 안셀모가 제안한 글을 읽고 놀라서 충격에 휩싸였다. 안셀모가 서론부터 그렇게 장황하게 쓴 목적을 추측할 수 없었기 때문이다. 또한, 자신이 어떤 욕망으로 자신의 친구를 그렇게 괴롭힐 수 있을지 상상하려고 애썼지만, 추측은 진실과 완전히 동떨어졌다. 이런 당혹스러운 제안 때문에 내면에서 발생하는 불안감을 완화하기 위해, 로터리오는 내면에 가장 깊숙이 숨겨진 생각들을 안셀모에게 넌지시 털어놓을 방법을 찾으면서 위대한 우정을 확인하는 데 노골적으로 부당한 행위를 하고 있다고 안셀모에게 고백했다. 로터리오는 안셀모가 내면에 가장 깊숙이 숨겨진 생각들을 전환하도록 조언하거나, 그 생각들을 효과적으로 실행하도록 도와주기를 기대할 수도 있다고 스스로 익히 알고 있었기 때문이다.

스페인 소설가 미겔 데 세르반테스Miguel de Cervantes의 《돈

키호테Don Quixote》[41] 속 한 장면이다. 이 장면은 처음부터 포스트모더니즘(20세기 모더니즘을 부정하여 고전적이고 역사적인 양식이나 기법을 채택하려 했던 예술운동－옮긴이 주)에 적합하다. 책 속에서 한 남성은 (돈키호테와 충성스러운 산초를 포함하여) 군중에게 완전히 다른 책을 읽어준다. 이 책은 이탈리아 피렌체에 있는 두 친구, 안셀모와 로터리오에 관한 내용을 담고 있다. 이 구절은 로터리오가 자기 아내의 충실한 마음을 시험해보자는 안셀모의 제안에 로터리오가 복잡하게 드러낸 반응을 추적한다.

이런 구절들은 소설이 궁극적으로 내재적 관점을 표현하는 이유를 보여준다. 실제로 르네상스와 계몽주의 시대에 전성기를 이룬 내재적 관점을 추적 관찰한다면, 실질적으로 이런 질문을 던질 수 있다. 장르 소설이 적용한 발달된 내재적 관점은 언제 전성기를 이루었을까? 개인적인 생각으로 답변하면, 아마도 '심리적 사실주의'라는 새로운 소설 기법이 등장한 1850년에서 1950년 사이에 전성기를 이루었을 것이다. 소설가 조지 엘리엇George Eliot의 대표작인《미들마치Middlemarch》에서 전형적인 사례를 확인할 수 있다.《미들마치》는 흔히 내재적 관점을 깊이 탐구하는 사례로 이용되는 경우가 많다. 다음 구절은 데이비드 허먼David Herman이 편집한《정신의 출현The Emergence of Mind》에서 강조된다.

실리아는 마음속으로 생각했다. "도로시아는 제임

스 체텀 경을 아주 경멸해. 난 도로시아가 제임스 체텀 경을 받아들이지 않을 거라고 믿어." 실리아는 이 감정을 연민이라고 느꼈다. 하지만 준남작 제임스 체텀 경이 관심 대상으로 현혹된 적은 없었다. 사실, 가끔 실리아는 도도가 어쩌면 사물을 바라보는 자신만의 방식에 따르지 않는 남편을 행복하게 해주지 않을 거라고 생각했으며, 여동생이 가족의 편안함을 빌기 위해 너무 종교에 의지한다고 느끼면서 불편한 감정을 마음속 깊은 곳에서 억눌렀다. 관념과 양심은 쏟아져 떨어지는 바늘과 같아서 걸어 다니거나, 앉아 있거나, 심지어 음식을 먹는 것도 두려워하게 만들었다.[42]

물론, 다른 작가들도 찾아볼 수 있다. 소설가 제인 오스틴Jane Austen은 감정을 고조시키는 극문학을 창작하기 위해 등장인물들의 마음을 묘사하는 서술 기법을 활용하는 초기 작가의 사례로 매우 중요하게 여겨진다. 이안 와트Ian Watt는 1957년에 출간한 고전문학《소설의 발생The Rise of the Novel》[43]에서 영국의 소설 장르를 확립한 대니얼 디포Daniel Defoe와 새뮤얼 리처드슨Samuel Richardson, 헨리 필딩Henry Fielding의 시대를 '진정한' 소설의 발생으로 규정한다. 시대적 순서를 주관적으로 고려한다면, 디포와 리처드슨, 필딩의 시대는 확실히 시대적 범위에 따라 세르반테스의 시대 이전으로 거슬러 올라간다. 하지만 이런 시대적 범위에도 불구하고, 등장인물들의 마음을 묘사하여 감정을 고조시키는 문학적 서술 기법은 시간이 흐를수록 객관적으로 두드러진다. 작가들은 문학의 이런 측면을 스스로 명확하게 언급하기 시작했다. 영국의 모더니즘 작가 버지니아 울프Virginia Woolf도 마찬가지로 에세이 《현대 소설Modern Fiction》에서 문학적 선언문처럼 이렇게 포괄적으로 분명하게 다루었다. "쉴 새 없이 쏟아져 내리는 무수한 원자들이 마음에 밀려들지만 그 원자들을 떨어지는 순서대로 기록하듯이, 외견상으로는 연결이 끊어지고 일관성 없게 앞뒤가 잘 맞지 않아 보이지만, 사방에서 밀려드는 수많은 시각이나 사건들을 각각 의식에 기록해놓도록 하자."[44]

어쩌면 울프가 추구하는 것만큼이나 의식을 상세하게 묘사하도록 소설의 방향을 설정하는 명확한 단계는 작가가 극문학을 외면하는 소설 기법을 활용하는 단계였을 것이다. 우리가 이미 확인했듯이, 내재적 관점을 독창적으로 표현하는 문학적 서술 기법은 흔히 무대 공연이나 상영을 목적으로 크게 소리 내어 읽어야 하는 희곡이나 각본, 시나리오 따위의 극문학에 적용되는 경우가 많았다. 심지어 고대 그리스와 고대 로마에서도 문학의 목적은 보통 문학작품을 크게 소리 내어 읽으면서 문장이 나타내는 행위를 수행하는 데 있었다. 실제로 물리적인 사건 자체는 관객 앞에서 펼치는 무대 공연처럼 항상 외재적인 측면을 드러냈다. 소설은 그렇게 외재적으로 과시하는 요소들을 완전히 외면한다. 소설은 관객 앞에서 공연하기 위한 수단이 아니라, 오로지 마음속으로 페이지에 적힌 단어와 문장을 읽는 수단으로만 이용된다. 그러므로 아마도 소설은 내재적 관점이 가장 순수하게 표현될 수밖에 없는 문학으로 간주되었을 것이다.

게다가 소설은 철학자들이 제기하는 '타인의 마음의 문제'를 해결한다. 이를테면 우리는 타인이 무엇을 생각하고 있는지 확실하게 인식할 수 없다. 그렇기에 타인의 마음의 문제는 타인이 적어도 마음을 가지고 있다면 어떻게 우리가 타인에게 정신 상태를 부여하고, 형이상학적인 관점에서 타인의 행위를 추론하고, 추측하며, 짐작해야 하는지를 다룬다! 하지만 소설은 타인의 마음의 문제가 존재하지 않는 가상 세계에서 펼쳐지며, 가상 세계에서 격렬한 분노나 쓸쓸한 감정과 같은 정신 상태는 탁자와 의자를 지칭하는 것처럼 직접적으로 언급될 수 있다.[45] (《의식의 기원》이 출간된 지 불과 몇 년 만인) 1978년에 작가 도리트 콘Dorrit Cohn이 출간한 《투명한 마음Transparent Minds》도 마찬가지로 이런 가상 세계에서 펼쳐지는 소설 이론을 완전히 강조한다. 도리트 콘은 《투명한 마음》에서 이렇게 강조한다. "소설가는 뛰어난 재능을 갖춘 능력자이자 인간의 내면세계를 마음대로 드러내 보일 수 있는 창조자다."[46] 또한, 다른 학자가 주장한 대로 "소설을 읽으면 마음을 읽는 능력이 발달한다."[47]

이런 능력은 어떤 표현 수단으로도 모방할 수 없다. 실제로 소설은 전통적인 예술 형식으로서 타당한 이유를 계속 제시한다. 소설과 우리 세대에서 가장 유명한 장르인 영화를 비교해 보자. 영화는 세상을 바라볼 때 반드시 외재적 관점을 취한다. 작가 톰 울프Tom Wolfe는 자신이 출간한 에세이《나의 바보 삼총사My Three Stooges》에서 이렇게 서술한다.

> 하지만 관람객이 등장인물의 머릿속을 들어다보게 하려면 (…) 영화는 난처한 상태에 빠진다. 내재적 관점을 적용하여 영화를 제작하려고 도전할수록, 영화는 내레이터를 활용하여 화면에 나타나지 않고 목소리만으로 등장인물의 생각을 해설하는 방법부터 배우가 영화 속 한 장면을 연출하는 와중에 카메라 쪽을 향해 돌아서서 자신이 말은 등장인물의 생각을 간단하게 말하는 동안 그 대사를 화면 한쪽에 자막으로 처리하는 방법까지 모든 영화 제작 기술을 시도한다. (…) 그런데도 계획대로 전혀 이루어지지 않는다. 영화 제작 기술은 사실주의 소설처럼 관람객이 다른 인간의 머리와 피부, 중추 신경계 속을 들여다볼 수 있게 하는 방법이 없기 때문이다.[48]

기묘하게도 영화 제작자들이 '등장인물 중심의 영화'를 심오하게 제작하는 방법으로 등장인물의 마음을 묘사하는 데 가장 심혈을 기울일 때, 우리는 흔히 영화를 단순한 오락물이 아니라 기교가 뛰어난 예술품으로 생각하는 경우가 많다. 이를테면 영화 제작자들이 영화를 소설과 거의 유사하게 제작하려고 시도할 때 우리는 영화를 기교가 뛰어난 예술품으로 판단한다는 뜻이다. 하지만 이런 표현은 사실 모순적이다. 이는 영화 제작자들이 소설의 발달된 내재적 관점을 완벽하게 처리할 수 없기 때문이다.[49]

내가 갖는 편견은 여기서 분명해진다. 나는 어머니가 독립적으로 운영하시는 서점에서 성장했고, 책장에 빽빽이 꽂힌 책들 속에서 성년이 되었고, 10대 때 어머니의 서점에서 고객들에게 소설을 판매했다. 그때 소설이 무언가 특별하다는 느낌을 받았다. 나는 이런 변화가 심리학을 이해하도록 나 자신을 바꿔놓았다고도 생각한다. 예를 들어, 심리학자 프로이트는 항상 영화와 드라마에서 사건에 따라 유발되는 등장인물들의 행동을 개념적으로 가장 중요하게 다뤘다. 프로이트의 진보적인 많은 관념들 중 오늘날까지도 가장 인기 있는 관념은 심리적 외상이 사람들의 행동을 설명하는 데 중요한 역할을 한다는 개념이다. 이 개념은 우리 문화에 스며들고 있다. 하지만 연구 결과에 따르면, 일상생활 속에서 생생하게 경험했던 끔찍한 지진이나 재난처럼 극도로 충격적인 사건들도 소름 끼치도록 무서운 사건을 경험한 희생자들 가운데 단지 소수에게만 외상 후 스트레스 장애Post Traumatic Stress Disorder, PTSD와 같이 예측할 수 있는 부정적인 심리적 결과를 유발한다. 또한, 끔찍한 사건을 겪은 사람들은 그 사건을 경험하기 이전의 성격이 어떠했는지에 따라 부정적인 결

과가 발생할지 여부에 강한 영향을 받는다.[50]

이 연구 결과는 심리적 외상이 끔찍한 사건을 경험한 사람들의 행동에 실제로 영향을 미치지 않는다는 의미가 아니다. 그래서 나는 심리적 외상이 사람들의 행동을 설명하는 데 중요한 역할을 한다는 프로이트의 가장 인기 있는 개념을 감안하여 심리적 외상이 외재적 사건 때문에 발생했을 수도 있다고 생각한다. 이때의 외재적 사건은 영화로 제작될 수 있고, 겉으로 분명하게 드러나 보일 수 있으며, 결국 전달하고 싶은 사실과 의미를 강조하여 그야말로 영화에서 과거 장면으로 상영될 수 있는 사건을 가리킨다. 나는 심리적 외상이 사람들의 행동을 설명하는 데 중요한 역할을 한다는 프로이트의 가장 인기 있는 개념이 전통적인 예술 형식으로서 우세한 소설의 문학적 서술 기법과 외재적 사건을 등장인물 중심의 영화로 심오하게 제작하는 방법, 영화의 외재적 관점을 소설의 내재적 관점으로 대체하는 방법과 정확히 일치한다는 사실은 우연이 아니라고 판단한다.

물론 영화는 믿어지지 않을 정도로 대단하고 아름답게 표현하는 영화 제작 기술을 시도한다. 하지만 그저 단조롭게 당구대에 공을 놓고 당구 큐대를 앞뒤로 흔들며 당구를 치듯이 외재적 사건에 따라 발생하는 등장인물들의 감정적인 반응을 간단하게 처리하는 경향이 있다. 오로지 소설만이 외재적 사건에 따라 발생하는 등장인물들의 감정적인 반응을 완전히 단순하게 축소하지 않고, 인간의 의식 속에서 소용돌이치듯이 서로 뒤엉켜 요란스럽게 일어나는 복잡한 감정을 심오하게 묘사할 수 있다. 이런 소설을 읽는 사람들은 결국 외재적 사건을 사실 그대로 설명하는 페이지를 제외하고, 페이지에 적힌 단어와 문장들을 서로 조합하여 외재적 사건에 따라 소용돌이치듯이 서로 뒤엉켜 요란스럽게 일어나는 등장인물들의 복잡한 감정을 각자 자신만의 방식으로 파악하고 느낀다.

내재적 관점의 전체적인 윤곽

내재적 관점이 어떻게 진화했는지를 보여줄 수 있는 가장 오래된 사례는 고대 이집트 중왕국 시대(기원전 2040~1782년)까지 거슬러 올라가는 '조난당한 선원 이야기'다. '조난당한 선원 이야기'의 원본은 필경사였던 아멘나Amenaa가 그 이야기를 파피루스 종이에 그대로 옮겨 적고 서명한 가장 오래된 문서다. 이 문서는 너무 오래되어서 기네스 세계 기록을 보유하고 있다.[51] '조난당한 선원 이야기'에서 직무상 원정을 떠났던 선원은 배를 타고 되돌아오면서 폭풍우를 만나 섬으로 떠밀려가게 된 유일한 생존자다. 그 섬에서 선원은 미래를 말해주는 뱀을 만난다. 하지만 흥미롭게도 선원이 이 신비한 동물을 보고 어떤 방식으로 감정적인 반응을 드러냈는지는 전해진 바가 없다.

> 얼굴을 가리듯이 푹 눌러 쓴 모자를 벗었을 때, 나는 커다란 뱀이 내게 다가오고 있다는 사실을 알게 되었다. 길이가 무려 15미터 정도나 되는 매우 커다란 뱀이었다. 뱀의 수염은 길이가 1미터보다 더 길어 보였다. 몸은 황금으로 덮어씌워져 있었다. 눈썹은 실제로 감청색의 불투명한 보석인 청금석으로 장식되어 있었다. 뱀은 앞으로 몸을 구부렸다. 내가 엎드린 채로 기어서 뱀에게 다가가자, 뱀은 나를 향해 입을 열었다. 뱀은 내게 이렇게 물었다. "누가 당신을 이 섬으로 데려다주었습니까? 누가 일반인인 당신을 이 섬으로 데려다주었습니까? 당신은 바다에서 누구 옆에 있었으며, 바다에서 누가 당신을 이 섬으로 데려다주었습니까?"[52]

'조난당한 선원 이야기'에서 이처럼 선원이 기이한 섬에 착륙한 후 괴물같이 거대한 뱀과 언쟁을 벌이는 상황은 고대 그리스 작가 호메로스의 영웅 서사시 《오디세이》에도 등장한다. 《오디세이》에서는 트로이 전쟁을 승리로 이끈 영웅인 오디세우스Odysseus가 휘하 장병들과 함께 풍랑을 만나 바다를 떠돌다가 낯선 섬에 상륙하여 우연히 사이클롭스 동굴Cyclops Cave을 발견한다. 여기서는 오디세우스와 휘하 장병들이 괴물 같은 짐승을 보고 극심한 공포를 느낀 감정이 자연스럽게 사실적으로 드러난다.

> 하지만 그가 분주하게 일하다가 다시 불을 피우더니, 우리를 흘끗 보고 물었다. "처음 보는 사람들이군, 당신들은 누굽니까? 당신들은 바다 어디에서 항해한 겁니까? 그리고 어떤 일로 항해한 겁니까? 또한, 당신들은 해적들이 정처 없이 떠돌아다니며 다른 나라 사람들에게 해악을 끼치고 생명을 위태롭게 하는 데도 바다를 여기저기 마구잡이로 헤매며 항해한 겁니까?" 그렇게 그가 질문하자, 우리는 덩치가 괴물같이 무시무시하게 큰 그의 모습과 굵고도 꽤 낮은 목소리 자체만으로도 극심한 공포에 사로잡혔기 때문에 가슴속에 불태웠던 정신이 혼미해졌다. 그래도 나는 그에게 대답했다.[53]

인간과 짐승 사이에 맞닥뜨린 충돌을 묘사하는 문학적 서술 기법은 오늘날까지도 계속 활발하게 적용되고 있으며, 작가 제임스 조이스가 《오디세이》를 매우 현대적으로 다시 쓴 소설 《율리시스》에서도 마찬가지로 사용된다. (사이클롭스 동굴에 우연히 들어간 오디세우스가 괴물같이 거대한 폴리페모스Polyphemus에게 자신의 이름을 우티스Outis라고 대답하는데, 이때 오디세우스가 필명으로 쓴 이름 '우티스'의 의미인 '무명인nobody'과 매우 유사하듯이) 이름이 없는 내레이터는 결국 술집에서 펼쳐지는 '에피소드 12'라는 줄거리나 장면의 내용을 해설한다. 《율리시스》에서 '에피소드 12'를 다룬 12장은 '사이클롭스'라고도 알려졌으며, 바니 키어넌Barney Kiernan의 술집이 사이클롭스 동굴 역할을 한다. '사이클롭스 동굴'은 (한쪽 눈에 안대를 착용한 거인) '사이클롭스'가 '괴물'같이 거대한 개와 함께 지키고 있다. 이름이 없는 내레이터는 '사이클롭스'와 '괴물'같이 거대한 개를 중심으로 줄거리나 장면의 내용을 긴장감 있게 해설한다.

> 그래서 우리가 바니 키어넌의 술집으로 들어갔더니 아니나 다를까 구석에서 시민 '사이클롭스'가 피비린내 나는 불결한 잡종개 게리오웬과 다양한 주제로 활발한 대화를 나누고, 술을 마시면서 하늘에서는 무엇이 떨어질지 기다리고 있었습니다.
>
> 나는 말합니다. 그가 저기 있다고….
>
> 피비린내 나는 잡종개 게리오웬이 그에게 투덜대며 불평을 털어놓는다면, 당신은 오싹해지는 느낌이 들 겁니다. 하지만 누군가가 피비린내 나는 잡종개의 생명을 빼앗아간다면 고마운 일을 해준 상대에게 신체적인 일로 자비를 베풀어보세요. 나는 사실 한때 산트리Santry 지역에서 파란 종이에 기재된 면허증을 들고 찾아왔던 한 경찰관의 한껏 올려 입은 짧은 바지 상당 부분을 그가 먹었다는 이야기를 전해 들었습니다.[54]

가장 신비한 동물을 보고 감정이 없는 반응을 드러낸 사례부터 그저 평범한 개와 개 주인만을 보고 내적 반응을 환상적으로 온전히 드러낸 사례까지, 이와 같은 여정만큼 역사적으로 발달해 온 내재적 관점을 잘 요약할 수 있는 사례는 없을 것이다. 마음의 깊이를 찾아내면서 인간은 문학을 통해 내적인 삶을 극적으로 표현하는 방법을 학습하고, 평범하고 일상적인 상황을 괴상하고 놀라운 상황으로 묘사하는 방법을 학습했다.

3장

외재적 관점의 발달

외재적 관점이 어떻게 발달하기 시작했는지 혹은 적어도 외재적 관점의 최종 형식인 과학이 어떻게 발달하기 시작했는지는 더 일반적으로 이야기된다. (특히 의식 과학을 적용하여 외재적 관점 안에 내재적 관점을 포함하려는 현재의 과학적 시도를 나중에 주의 깊게 고려한다면) 외재적 관점의 발달을 파악하기 위해서는 역사적으로 외재적 관점이 어떻게 내재적 관점에서 분리되었는지가 중요하다.

폭넓게 말하자면, 외재적 관점과 내재적 관점이 시기적으로 동시에 엄청나게 발달했기에 외재적 관점이 드러낸 윤곽은 내재적 관점이 드러낸 윤곽과 매우 유사하다. 때때로 외재적 관점과 내재적 관점은 꽤 단단히 연결되어 있다. 물리학자 아인슈타인은 1905년에 시공간에서 벌어지는 사건들을 바라보는 새로운 기하학적 관점을 소개했다. 스페인 작가 피카소는 1907년에 모든 형상을 입체적으로 표현하려는 예술 양식인 입체파 작품을 선보였다. 아마도 그런 일이 동시에 발생한 이유는 그저 상관관계가 있기 때문일 것이다. 그렇지 않으면 아마도 인과관계가 성립되기 때문일 것이다. 아인슈타인과 피카소는 프랑스 수학자 앙리 푸앵카레Henri Poincaré가 1902년에 출간한 도서《과학과 가설Science and Hypothesis》에 영향을 받았다.[1] (아인슈타인은 《과학과 가설》을 흥미롭게 읽었고, 피카소는 친구에게《과학과 가설》에 관하여 설명을 들었던 것 같다.)[2] 특히《과학과 가설》에는 4차원을 가장 잘 이해할 수 있을 뿐만 아니라 표현할 수도 있는 방법을 깊이 생각하고 연구한 내용이 담겼다. 아인슈타인에게 4차원은 시간 그 자체로서 수학적으로 표현되었고, 피카소에게 4차원은 시간을 초월하여 입체파의 관점을 쌓게 했다.[3]

상관관계나 인과관계 때문에 외재적 관점과 내재적 관점이 함께 발달하든 혹은 함께 쇠퇴하든 간에 관계없이, 우리는 최소한 간단하게라도 외재적 관점의 이야기를 따로 검토해야 한다. 하지만 고대 이집트 시대에서는 외재적 관점을 거의 살펴볼 수 없다. 대신에 신의 종교적 계시와 가르침을 따르는 아주 특별하고 마법 같은 사회를 확인할 수 있다. 당시 의학적 문제는 여전히 주로 악령 때문에 발생한다고 생각했다. (식물과 광물 등으로 개발한) 약리학적 치료법은 존재했으나 이를 효과적으로 시행하기 위해 특정한 의식을 치르면서 준비해야 했다. 모든 기관은 특정 신의 영역으로 구성했다. 그런 환상적인 유령과 영혼의 세계에서 우리는 동물의 몸을 다시 살펴본다. 인간의 머리는 오직 영혼이 깃든 몸에서만 서서히 생겨날 뿐이다. 하지만 무슨 일이 일어나든 그 일을 풀어 나갈 수 있는 실마리는 존재한다. 고대 이집트 건축물의 인상적인 공학적 기술은 정확한 기하학적 계산 방법이 필요했다. 놀랍게도 잘 발달된 일부 기하학적 계산 방법은 원의 지름에 대한 원둘레의 비율을 나타내는 수학 상수인 원주율 파이(π)를 그저 원래 근삿값(약 3.14)에서 약간 벗어난 약 3.17로 정하는 것처럼 수학적 지식을 적용하는 것 같다.[4]

어떤 면에서는 환경 자체가 고대 이집트인들에게 이런 수학적 지식을 적용한 기하학적 계산 방법을 개발하도록 강요했다. 나일강의 수면은 예측이 가능한 상승과 하강을 통해 주변 땅에 물을 끌어다 댔다. 이런 이유로 나일강은 아마도 역사상 세계에서 가장 관대한 강으로 여겨질 것이다. 사학자 윌 듀런트 Will Durant는 자신의 저서 《문명 이야기The Story of Civilization》에서 이렇게 서술한다.

> 변동하는 나일강에 의존하는 고대 이집트인의 삶은 나일강의 수위가 상승하고 하강하는 정도를 세심하게 기록하고 계산하는 상황으로 이어졌다. 측량사와 필경사들은 나일강이 범람하여 경계선이 사라진 토지를 계속 다시 측정했고, 이렇게 다시 측정한 토지는 확실히 기하학의 기원이 되었다.[5]

고대 그리스인들은 고대 이집트인들이 수학을 발명했다고 믿었다. 사학자 헤로도토스Herodotos는 고대 그리스 철학자 피타고라스가 고대 이집트에서 성직자들에게 수학을 소개받으며 시간을 보냈다고 주장했다.[6] 또한, 고대 그리스 철학자 탈레스가 물을 만물의 근원이라고 정의하며 만물이 근본적으로 물로 이루어졌다고 주장했을 때와 마찬가지로, 고대 그리스에서는 자연계를 외재적 관점으로 설명하려는 시도가 초기에 다소 있었다.[7]

하지만 다른 측면에서는 외재적 관점이 고대 그리스에서 잘 발달되지 못했다. 발달된 외재적 관점으로 세상을 바라볼 때는 마음이 존재하지도 않고, 사물이 실제로 정신적 특징을 지니지도 않는다. 그러나 고대 그리스 철학자 아리스토텔레스가 주장한 바에 따르면, 세상의 구조는 경쟁적인 두 가지 세계관, 즉 본질적으로 신체와 신체의 구성 요소가 목적을 가지고 자연적인 위치를 향해 움직인다는 목적론적 세계관과 세상에 실제로 존재하는 것은 마음뿐이며 세상의 근본을 정신에서 찾는 경향이 있는 유심론적 세계관으로 유지되었다.[8] 데모크리토스Democritos와 같은 고대 그리스 철학자들은 거의 외재적 관점만을 취하며 모든 것이 그저 원자와 공간으로만 구성된다고 주장했다.[9] 하지만 아리스토텔레스의 철학인, 자연에 존재하는 모든 만물은 목적을 가지고 움직인다는 목적론적 세계관은 1700년대까지 줄곧 대학에서 우위를 차지했다.

1700년대 이후에야 르네상스와 계몽주의 시대의 초기 과학자들은 아리스토텔레스의 목적론적 세계관에 중점을 두었던 철학을 저버리고, 중세의 물리학 개념을 앞세우기 시작했다.[10] 우리는 모두 이 이야기를 잘 안다. 이 이야기는 수 세기 동안 비평적이고 중대한 과학적 사고가 펼쳐지고 발달되었던 유럽에서 발생했다. 또한, 이 이야기는 많은 경우에 말 그대로 세상을 움직이는 엔진과도 같은 태양중심설(지동설)과 미적분학, 중력, 펌프 같은 심장, 일정한 온도에서 기체의 압력과 부피가 반비례한다는 보일의 법칙, 굴절의 법칙, 빛의 스펙트럼, 전기, 망원경, 산업 기계, 경험론 등 당시에 이례적일 정도로 우수한 과학적 사고가 발달되는 과정에서 살펴볼 수 있다.

그렇다면 이 이야기는 왜 유럽에서 발생했을까? 왜 그때 당시에 발생했을까? 왜 고대 로마에서 발생하지 않았을까? 왜 지폐와 인쇄술, 화약 제조법이 발달한 중세 시대의 중국 송나라에서 발생하지 않았을까? 정답은 모든 차이를 만들어내는 작은 차이들 중 하나인 역사적 변칙 때문일 가능성이 크다. 다시 말해서 행운이었다. 유럽에서는 수 세기 동안 지속된 공동체이자 편지를 통해 형성된 가상 사회가 존재했기 때문이다. '편지 공화국Republic of Letters'은 16세기부터 18세기 사이에 유럽과 미국에서 멀리 떨어진 지식인들이 서로 편지를 주고받으며 지식과 감성의 공감대를 형성해 온 문화적 공동체를 지칭하는 표현을 따서 지은 말이다. '편지 공화국'은 1400년대에 네덜란드 기독교 신학자 에라스무스Erasmus와 같은 초기 인문주의자들이 설립하기 시작했으며, 이동식 살롱(과거에 상류층 가정의 응접실에서 열리던 사교 모임 – 옮긴이 주) 역할을 했다. 추후에 이 네트워크에서 중심이 되는 주요한 인물들 가운데 한 명인 프랑스 계몽주의 작가 볼테르Voltaire는 자신이 저술한 역사 작품《루이 14세 시대Age of Louis XIV》에서 이렇게 서술한다.

> 편지 공화국은 당시에 기하학의 황금기를 이끌었다. 고대 이집트와 아시아의 왕들이 서로에게 수수께끼를 보내고 답변을 듣는 방식과 마찬가지로, 수학자들은 흔히 서로에게 의문을 제기하는 도전들, 다시 말해서 풀어야 할 문제들을 보냈다. 이런 기하학자들이 제안한 문제들은 본질적으로 고대 이집트의 수수께끼보다 훨씬 더 어려웠지만, 독일이나 영국, 이탈리아, 프랑스 중 어느 나라에서도 답변을 듣지 못한 채 계속 기다리는 경우는 없었다. 전 세계적으로 이 시기만큼 철학자들이 서로 서신을 널리 주고받으며 상응 관계를 유지한 적은 없었고, 독일 수학자 라이프니츠Leibniz도 이런 상응 관계를 유지하도록 권장하며 편지 공화국을 수립하는 데 적지 않게 기여했다. (하나 더 강조하자면) 편지 공화국은 가장 완강한 전쟁이 한창일 때 유럽에서 서서히 확립되었고, 다양한 종교, 예술, 과학 등 이들 협회 모두가 상호간에 서로 도움을 주고받으며 편지 공화국을 형성하는 데 공헌했다.[11]

편지 공화국은 공예가와 기술자뿐만 아니라, 국가와 초기 대학, 유력한 통치자들이 후원하는 일자리에 기대어 경쟁하는 지식인들 사이에서도 널리 퍼졌다. 당시 유럽에서는 정치적 분열 때문에 여러 정치 분야에서 경쟁적으로 후원하는 일자리가 많이 생겨났다.[12] 후원자를 구하는 사람들이 다른 정치 분야에서 후원하는 다른 직업으로 넘어갈 수 있었기 때문에, 이런 분위기는 일반적으로 지식을 내놓는 시장을 창출했다. 편지 공화국은 특히 문화를 선도하는 지식인들이 교류하던 살롱을 관리한 살로니에르salonnière 여성들에게 도움을 받아 확립되었으며, 분산된 네트워크에 활력을 불어넣고 조직적으로 체계를 바로잡았다.[13] 이런 살로니에르 여성들은 흔히 정치적 사상에 중대한 영향을 미친 프랑스 문학가 살로니에르 부인 프랑수아즈 드 그라피니Françoise de Graffigny의 《페루 여인의 편지Letters from a Peruvian Woman》와 같은 소설과 수필, 논문 형식으로 각자 편지 공화국을 수립하는 데 공헌하는 경우가 많았다.[14] 당시에 네덜란드 인문학자 에라스무스가 살지 않았거나, 상황적으로 유럽의 정치가 덜 분열되었거나, 귀족 여성이 살롱을 관리하는 관행이 귀족적인 덕목에 사로잡히지 않았다면, 아마도 과학의 역사는 꽤 달라졌을 것이다.

지금까지도 과학은 계속 이렇게 사회적 관습과 행동 강령, 증거 기준으로 편지 공화국을 확립하는 데 기여한다. 과학적인 '논문'이 '편지형 논문'이라고 불리곤 했다는 사실은 기억할 만하다. 편지 공화국은 이제 일자리를 후원하는 주요한 대학교들이 함께 전 세계를 아우르는 가상 사회로 바뀌었다.

과학 철학자들은 과학을 명백하게 발달하는 학문 분야로 만들 '비법'을 오랫동안 연구했다. 어쩌면 과학 철학자들은 그런 '비법'이 현실과 직접적으로 관련이 있거나 실증적인 증거를 바탕으로 반증 이론이 전개된다고 판단할 것이다. 하지만 다른 학문 분야들도 '현실과 직접적으로 관련'이 있지 않을까? 한편, 현대 과학은 정기적으로 관찰할 수 없는 것을 추론한다.[15] (논란의 여지가 많은 이론이지만) 과학자들이 자신들의 이론을 논평하는 유일한 사람이라 하더라도, 모든 유형의 방법을 적용하여 이론을 논평할 수 있다. 그뿐만 아니라 이론을 논평하는 데 쓸모없는 방법들도 무수히 많이 존재한다. 그래서 실증적인 증거는 이론을 논평하는 데 높은 평가를 받게 하는 요소이지만, 과학을 명백하게 발달하는 학문 분야로 만들도록 동기를 부여하는 유일한 요소는 아니다. 과학은 편견 없이 참여하는 공개 토론이나 논쟁, 냉철한 회의, 전적으로 믿지는 않지만 과학 자체를 명백하게 발달하는 학문 분야로 만들 수 있다는 이성적인 믿음과 같은 과학 공동체의 기준에 따라 활발하게 추진된다. 무엇보다 가장 중요한 사실은 과학이 항상 살롱에서 저녁 만찬을 즐기며 사교적인 모임을 갖는 동안 추진되었던 것처럼 합리적으로 문명화된 담론을 벌이는 분위기 속에서 추진된다는 것이다. 이런 분위기는 과학을 탄생시킨 귀족 계층에게 물려받은 유산이다.

외재적 관점이 발달하는 과정을 살펴보면, 외재적 관점은 갑자기 매우 급진적으로 발달한 측면이 있다. 영국 철학자 프랜시스 베이컨Francis Bacon이 실험하고 논평하는 과학의 관행을 아주 오랫동안 고집했을 당시에 발생한 상황이 자주 인용되지만, 나는 실제로 그때보다 더 중대한 시기가 있다고 생각한다. 그 시기는 내재적 관점이 과학에서 명확하게 분리되었던 때였고, 의식이 과학적 연구와 따로 구별되어야 한다고 선언되었던 때였다. 심지어 과학을 외재적 관점으로만 설명하는 입장을 고수하는 방식이 과학을 성공으로 이끄는 근본 원인이 된다고 주장한 때이기도 하다. 내재적 관점을 외재적 관점에서 분리하는 이런 방식은 다름 아닌 바로 이탈리아 철학자 갈릴레오 갈릴레이가 수행했다. 갈릴레오 갈릴레이는 주로 천체들의 움직임이나 고체와 유체의 회전 등 과학적 원리를 연구했다. 한편, 그는 다른 기존의 천문학자나 철학자들을 우회적으로 비판한 풍자와 해학을 담아서 1623년 《시금 저울The Assayer》이라는 책을 출간했는데, 여기서 이렇게 서술한다.

> 철학은 우리가 계속 노골적으로 바라보고 있는 우주라는 이 위대한 책에 쓰여 있다. 하지만 이 책은 우선 작성된 글을 읽고 특정 방식의 언어를 인식하는 법을 학습하지 않는다면 이해할 수 없다. 이 책은 수학의 언어로 쓰였고, 수학의 언어는 일반적으로 삼각형과 원, 다른 기하학적인

도형의 특성을 나타낸다. 수학의 언어를 인식하지 못한다면 인간적으로 수학의 언어 중 한 단어도 이해할 수 없다. 다시 말해서 수학의 언어를 인식하는 법을 학습하지 않는다면 어두운 미로 속을 하염없이 헤매게 된다.[16]

갈릴레오 갈릴레이는 과학을 수학의 언어로 표현해야 한다는 입장을 옹호했다. 그는 온전히 수학적으로 공식화할 수 있는 물질의 네 가지 특성인 크기와 모양, 위치, 운동에 중점을 두어야 한다고 주장했다. 또한, 외부 세계를 복잡하게 기능하는 그런 외재적 특성으로만 바라보며, 우주 전체를 묘사하는 데 적합하도록 오직 외재적 관점으로만 과학을 바라보고 이해해야 한다고 선언하면서 최초로 외재적 관점을 완전히 공식화했다.[17] 그 이후로 과학은 측정하고 계산할 수 있는 것을 가장 중요하게 여겼고, 두말할 필요도 없이 놀랄 만한 성공을 거두었다. 이런 상황은 처음부터 과학을 바라보고 이해하는 관점에서 의식을 제거해야 한다는 주장에 근거를 두고 그 입장을 고수했기에 과학이 대단한 성공을 거두었다는 사실을 의미한다.

물론 철학자와 사상가들은 내재적 관점을 외재적 관점에서 따로 분리해야 한다는 갈릴레오 갈릴레이의 주장을 주의 깊게 살폈다. 실제로는 심지어 내재적 관점을 외재적 관점에서 정확히 따로 분리하려고 시도하며 특정 전문용어도 개발하기 시작했다. 미국 철학자 찰스 퍼스Charles Peirce는 1800년대에 어떻게든 "결합적으로 기능하는 모든 감각에도 독특한 특질이 있고 (…) 각각의 개별적인 나날과 각각의 주에도 특유한 특질이 있으며, 모든 개인적인 의식에도 특별한 특질이 있다"라고 언급하며 '특질quale'이라는 전문용어를 소개했다.[18] '특질'은 '본질'에서 비롯되며, 어떤 사물에 존재하는 보편적인 본질을 의미한다. 미국 철학자 윌리엄 제임스William James도 같은 용어를 사용했다. 지금도 오스트레일리아 철학자 데이비드 차머스David Chalmers 같은 현대 철학자들은 '의식'이나 '경험', '현상학', '주관적 경험' 등에 존재하는 본질을 나타낼 때 특질과 비슷한 전문용어인 '감각질qualia'을 사용한다. 여기서 '감각질'은 어떤 특정한 것을 지각하면서 느끼게 되는 기분이나 떠오르는 심상을 의미하며, 주관적인 특성이 있어 객관적으로 관찰하거나 말로 표현하기 어려운 특질을 나타낸다.[19]

갈릴레오 갈릴레이는 수백 년 동안 의식적인 경험을 따로 분리해야 한다고 주장했다. 하지만 현대 과학, 특히 우리가 과학 나무의 가지라고 칭하는 신경 과학은 당연하게도 의도적으로 외재적 관점에 내재적 관점을 포함시키려고 시도했다. 이를테면 외재적 관점 측면에서 내재적 관점을 설명하려고 시도했다. 또한, '감각질'을 설명하려고 시도했다.

매우 흥미롭게도 이런 시도는 갈릴레오 갈릴레이를 당황하게 만들었다. 갈릴레오 갈릴레이는 우주의 중심이 지구이고 모든 천체가 지구를 중심으로 공전한다는 천동설을 전면적으로 부정하며 교회와 극심한 갈등을 겪었지만, 결국에는 종교인이 되었다. 갈릴레오 갈릴레이는 영혼을 믿었고, 전능한 신이 설계하고 계획한 세상을 바라보고 이해하는 일이 바로 과학이라고 생각했다. 갈릴레오 갈릴레이의 입장에서는 (우리가 '감각질'이라고 칭하는) '본질'을 완전히 외재적 관점으로 설명하려는 과학적인 시도가 근본적으로 잘못된 노력이라고 생각할 수도 있다. 영국 현대 철학자 필립 고프Philip Goff는 이렇게 상상한다.

> 갈릴레오 갈릴레이가 의식을 물리적으로 설명하기가 어렵다고 주장하는 우리의 의견을 들어보려고 오늘날로 시간 여행을 온다면, 갈릴레오 갈릴레이는 아마도 "물론 당신의 주장이 옳습니다. 그래서 나는 **질**이 아닌 **양**을 다루는 물리학을 연구했습니다"라고 답변했을 것이다.[20]

다시 말해서 갈릴레오 갈릴레이는 영혼을 직접 연구하지 않는 한, 과학 연구가 매우 훌륭한 일이라고 주장할 수도 있다. 이를테면 문화와 종교를 바라보고 이해하는 일은 과학을 연구하는 능력을 훨씬 넘어선다. 갈릴레오 갈릴레이는 내재적 관점과 외재적 관점을 따로 분리해야 하고, 절대로 이 두 관점을 통합하지 말아야 한다고 강력히 강조할 수도 있다.

어쩌면 갈릴레오 갈릴레이가 주장할 수도 있는 이런 의견은 아직 밝혀지거나 알려지지 않았으나 우리가 털어놓고 싶어

하는 사실보다 월등히 더 진실성이 강할 것이다. 그래서 흔히 현대 과학자들은 아직 밝혀지거나 알려지지 않은 사실을 공개적으로 과장해서 주장하는 경우가 많다. 사실 모든 과학 분야는 내부적으로 살펴보면 그리 인상적이지 않아 보인다. 이런 점에서 신경 과학도 물론 예외가 아니다. 하지만 신경 과학에는 특별한 문제가 있어 보이기도 한다.

솔직히 말하면 신경 과학은 유전체학이나 바이러스학, 분자 생물학이 신속하게 발달한 것처럼, 밀접하게 관련된 다른 생물학 분야와 같은 방식으로 발달하지 못했다. 아마도 우리는 현대 신경 과학에 무리한 것을 요구할 수도 있다. 우주를 바라보는 매우 다른 두 관점, 또한 수천 년 동안 문명을 정반대 방향으로 개선해 온 두 관점, 즉 내재적 관점과 외재적 관점을 조합하려고 시도하는 부담을 견디고 있기 때문이다. 갈릴레오 갈릴레이가 주장한 바에 따라, 우리는 숫자로 나타낼 수 없는 모든 특성과 목적론적 추론, 본질적인 토론을 머릿속에 자리 잡고 있는 1.5킬로그램짜리 물체로 밀어 넣었다. 이런 현상은 과학이 아무 방해를 받지 않고 발전하여 명백하게 대단한 성공을 거둘 수 있도록 뒷받침해주었다. 하지만 신경 과학을 바라보고 이해하는 일은 다른 과학들과 다르다. 신경 과학에서는 내재적 관점과 외재적 관점을 조합한다. 존재론과 인식론은 흔들리기 시작하고, 특징적으로 분석할 수 있도록 나눠지기 시작하고, 크기도 길이도 폭도 두께도 없고 말로 표현하기 어려운 무언가로 통합되기 시작한다.

이런 식으로 넌지시 드러나는 현상을 자세히 살펴보면, 우리는 뇌 연구가 점점 더 극복할 수 없는 문제에 직면한다는 사실을 알 수 있다. 나는 신경 과학 대학원 시절에 뇌 연구가 극복할 수 없는 이런 문제들을 처음으로 인식하게 되었다. 당시 나는 신경 과학 분야가 대중과 다른 과학자들의 시야 밖에서 비밀리에 내재적 관점을 이해하려고 간신히 시도하며, 우리가 요구하는 대로 정신과 의식을 설명하려고 시도했지만 실패했다는 점을 발견하고 충격에 휩싸였다. 은밀하게 시도했으나 실패한 신경 과학 분야의 이런 상황은 매우 충격적이면서도 불명예스러운 평판을 부채질한다.

4장

혁명이 필요한 신경 과학

1990년대 초 이탈리아 파르마에서 이탈리아 신경 과학자 팀이 우연히 과학적 돌파구를 연구하는 방법에 관여하게 되었다.[1] 신경 과학자 팀은 점심을 먹으며 이 연구 방법에 몰두했다. 이들 건너편에는 질투심 많고 배고픈 마카크 원숭이가 앉아 있었다. 마카크 원숭이는 신경 과학자 팀이 실험 연구를 진행하던 도중에 실험 연구 대상자로 참여했다.

마카크 원숭이의 뇌 우측 전운동 피질에는 뉴런들이 발화하는 상태를 각각 파악할 수 있는 기록 전극이 삽입되어 있었다. 그런 상황에서는 뉴런이 발화하는 상태가 흔히 화면에 나타나거나, 심지어 소리도 발생하는 경우가 많다. 영장류 마카크 원숭이의 뉴런들이 **펑! 펑!** 하며 서로 이야기하는 소리를 듣게 된다면, 나처럼 신경 과학자 팀도 마카크 원숭이의 뉴런들이 내는 그 이야기 소리를 애써 해석하려고 노력할 수밖에 없게 된다. **펑! 펑!** 그 소리들은 무엇을 표현한 것일까? 불평? 경고? 관심의 변화? 눈의 움직임? 마카크 원숭이의 신성한 검은 눈이 신경 과학자 팀에게 묻는다. "당신들은 여기서 무엇을 발견하기를 바라나요?" 마카크 원숭이의 신성한 검은 눈은 싱긋 웃으며 말한다. "여기서는 당신들이 생각하는 방식대로 흘러가지 않을 겁니다."

여전히 신경 과학자 팀은 점심을 먹는다. 마카크 원숭이의 신성한 검은 눈이 그렇게 말했을 때, 이탈리아 신경 과학자 팀은 주목할 만한 무언가를 발견했다. 신경 과학자 팀이 음식을 한 입 베어 먹을 때마다 마카크 원숭이의 뉴런들이 펑! 펑! 하는 소리를 냈던 것이다. 신경 과학자 팀이 샌드위치를 들어 올린 다음, 스피커를 재생했을 때 마카크 원숭이의 뉴런들이 내는 소리가 폭발적으로 생생하게 퍼져 나오는 상황이 전반적으로 전개되었다. 하지만 마카크 원숭이는 움직이지 않았다. 기록 전극이 삽입된 마카크 원숭이의 뇌 우측 전운동 피질은 단지 신경 과학자 팀이 손을 움직일 때만 제한적으로 움직이는 것 같았다. 어찌된 일인지 움직임을 조절하는 데 관여하는 전운동 피질의 뉴런들은 마카크 원숭이가 손을 움직일 때 반응하는 것이 아니라, 신경 과학자 팀이 포크를 들어 올려 마카크 원숭이가 갈망하는 음식을 먹을 때 반응을 보였다(원숭이 종들은 모든 생물 가운데 음식을 가장 많이 갈망하는 동물이기 때문이다).[2] 아하! 움직임을 조절하는 뇌 영역은 기능적으로 시간을 공유하면서, 같은 유형으로 움직이는 다른 종들의 행동을 이해하는 (심지어 다른 종들과 같은 유형으로 움직이는 또 다른 종들의 행동도 이해하도록) 신경 기반을 형성하는 부차적인 목적도 가져야 한다.

신경 과학자 팀이 마카크 원숭이로부터 발견한 뉴런은 '거울 뉴런mirror neurons'이라고 불렸다. 거울 뉴런은 말 그대로 다른 개체의 특정한 행동을 보고 거울처럼 그 행동을 자신에게 투사하여 직접 행동하지 않아도 똑같은 반응을 보이는 뉴런을 일컫는데 가끔 일부 뉴런에서 관찰되었다. 거울 뉴런은 30년 이상의 세월에 걸쳐 신경 과학을 이끈 흥망의 서사를 구현했다. 웹사이트 펍메드PubMed에서 '거울 뉴런'을 검색하면 2013년에 관심도가 최고조에 달한 다음, 논문 붐이 가라앉으면서 관심도가 떨어진 수천 개의 연구 결과가 나온다. 신경 과학자이자 베스트셀러 작가인 V. S. 라마찬드란V. S. Ramachandran은 2000년에 전 세계 다양한 분야의 석학과 전문가들이 모여 토론하는 사이트인 '에지Edge.org'에 거울 뉴런을 활기차게 홍보하면서 이렇게 서술했다.

> 원숭이의 대뇌 전두엽에서 거울 뉴런을 발견했고, 거울 뉴런이 진화하는 인간의 뇌와 잠재적으로 관련되어 있다는 이 논문은, 짐작하건대 지난 10년 동안 '알려지지 않은'(혹은 최소한 대중적으로 공개되지 않은) 단 하나의 가장 중요한 역사적인 진술일 것이다. 나는 염색체를 구성하는 DNA가 생물학에 기여했듯이 거울 뉴런이 심리학에 기여할 것이라고 예측한다. 거울 뉴런은 통합적인 체계를 제공하고, 지금까지도 신비에 싸여 있어서 과학적인 실험 연구

에 접근하기 어려운 수많은 정신 능력을 설명하는 데 도움을 줄 것이다.[3]

2000년에 라마찬드란이 거울 뉴런 논문을 에지 홈페이지에 올리자마자, '거울 뉴런' 문구를 인용하는 논문들이 급격하게 증가하기 시작했다. 라마찬드란은 TED 강연회에서 '문명을 형성해 온 뉴런들The Neurons That Shaped Civilization'이라는 제목으로 성공적인 연설을 펼치며 거울 뉴런 논문의 집필과 발표를 계속 이어 나갔다. 하지만 거울 뉴런 문구를 인용하는 논문들이 급격하게 증가하던 초창기부터, 의심스럽고 명확하지 못한 거울 뉴런 가설들이 난무하여 서서히 곤경에 빠져들었다. 사실 거울 뉴런 가설은 역사적인 진술로 거의 남아 있지 않기에 시기적으로 매우 많이 거슬러 올라가게 된다. 의심스럽고 명확하지 못한 거울 뉴런 가설들은 아무것도 설명하지 못한다. 심지어 연구원들이 거울 뉴런 가설을 탐구할 때도 항상 극소수 뉴런들만 거울과 같은 행동을 보이는 상황이 발생했다. 일부 뉴런들은 매우 명확하게 관찰된 특정 행동에 민감한 반응을 보였지만, 일부 다른 뉴런들은 거의 모든 행동에 반응을 보였다. 많은 실험 연구를 진행하는 동안 모든 거울 뉴런 가설은 뉴런들이 시야각(눈으로 볼 수 있는 각도)에 따라 극심한 반응을 보이고 반응이 쉽게 바뀔 수 있는 특징을 지니는 경우, 혹은 다른 많은 사례를 포함하는 경우 등 수많은 교란 요인이 작용했다.[4][5][6][7][8] 또한, 거울 뉴런이 인간에 관하여 특별하거나 독특한 무언가를 설명한다는 개념은 구체화되지 못했다. 거울 기능을 수행하는 거울 뉴런은 심지어 인간이나 영장류에게만 특별히 존재하는 것이 아니며, 쥐[9][10]와 새에게서도 확인되었다.[11]

라마찬드란과 다른 연구원들이 '자폐증은 거울 뉴런이 부족해서 발생한다'[12]라고 주장하는 거울 뉴런 가설은 누구나 쉽게 이해할 수 있는 가설처럼 보일 수도 있으나, 항상 증거가 부족하다.[13] 자폐증이 있는 사람들과 자폐증이 없는 사람들의 뇌 영역 활동은 일단 행동을 할 때와 행동을 지켜볼 때가 다르지 않다.[14] 심각할 정도로 다른 사람들의 행동을 이해하기가 어려운 중증 자폐증 환자들이 다른 사람들과 마찬가지로 기능적인 거울 뉴런을 여전히 가지고 있다면, 이 거울 뉴런 가설은 이론적으로 거짓임이 입증된 것이 아닐까? 그리고 기능적으로 시간을 공유하는 거울 뉴런이 다른 사람들의 행동을 진정으로 이해하도록 도와준다면, 특정 행동을 수행하기에는 서투르지만(심지어 특정 행동을 수행할 수도 없지만) 다른 사람들이 특정 행동을 수행할 때 바로 그 행동의 의미를 이해할 수 있는 뇌 손상 환자가 어떻게 존재할 수 있을까?[15] 마치 특정 행동을 수행하는 기능과 다른 사람들이 수행하는 특정 행동의 의미를 이해하는 기능은 거의 완전히 연관되지 않고 서로 분리된 것 같다.

그렇다면 결국 우리는 어떤 거울 뉴런 가설을 설정할 수 있을까? 처음에는 복잡하지 않고 쉽게 이해할 수 있는 이야기,

즉 무엇이 인간의 뇌를 그렇게 특별하게 만드는지에 관한 커다란 질문에 관해 이야기를 풀어갈 수 있을 것 같았던 거울 뉴런 가설은 결국 사라졌다.

초기에 거울 뉴런을 관찰할 때는 이해나 인과관계나 통제에 따라 거울 뉴런을 개념적으로 쉽게 일반화하려고 하지 않았다. 다시 말해서, 초기에 거울 뉴런을 관찰할 때는 단지 흥미로운 상관관계에 따라서만 거울 뉴런을 개념적으로 쉽게 일반화하려고 했다.

이 모든 의견을 반응적으로 무시하는 사람들은 확실히 신경 과학이 의심스럽고 명확하지 못한 거울 뉴런 가설들을 피할 수 없고, 그런 일이 발생한다면 상황상 안 좋은 결과로 이어진다는 사실을 인정한다. 하지만 의심스럽고 명확하지 못한 거울 뉴런 가설을 최대한 스스로 수정하면서 결국에는 완전히 훌륭한 거울 뉴런 가설이라고 주장할 수도 있다. 그렇지 않은가? 극단적으로 낙천적인 이런 관점이 널리 인정된 거울 뉴런 가설이 틀렸거나 거짓임을 입증하고, 모든 사람이 적절한 방식으로 나아갈 수 있었던 사례가 있다면 사실 올바른 관점일 수도 있다. 하지만 의심스럽고 명확하지 못한 거울 뉴런 가설을 개념적으로 지지하는 사람들은 뇌에 관하여 자신들이 제시한 거울 뉴런 가설에 따라 이런저런 증거들에 기반을 두고 마음속으로 구성한 복잡하게 뒤얽힌 생각들을 그저 자신만의 관점으로 불합리하게 설명할 뿐이다.[16] 그 모습은 마치 고대 그리스 천문학자이자 천동설 신봉자인 프톨레마이오스Ptolemaios와 같다. 그는 태양계 모든 천체의 겉보기 운동 속도와 방향 변화를 설명하는 데 사용되는 기하학적 모델인 에피사이클Epicycle(주전원)로 머릿속이 가득 찬 상태에서 우주의 중심이 지구이고 태양계의 모든 천체가 지구를 중심으로 공전한다는 천동설의 회전 궤도를 정당화했다. 그러기 위해 천체의 궤도상에 가상의 점을 설정하고 이 점을 중심으로 또 다른 가상궤도를 만든 다음, 천체가 이 궤도를 따라 회전한다는 억지를 써야 했다. 그러고 나서야 프톨레마이오스는 천동설로 설명되지 않는 행성들의 운행을 대략적으로라도 설명할 수 있었다.

올바르게 바로잡히지 않고 완전히 죽지 않은 좀비처럼 살아가는 거울 뉴런 가설은 여전히 인용되고 있지만, 뇌가 작동하는 방법을 사실적으로 이해한 가설로 이어지지는 못한다. 신경과학자로서 실험 연구에 몰두하는 동안, 나는 의심스럽고 명확하지 못한 이런 가설이 특정한 입장에서 계속 반복적으로 설명을 늘어놓는 것을 확인했다. 처음에 주장한 가설(거울 뉴런! 뇌의 공간 인지 시스템을 구성하는 격자 세포! 수면 중에 재생하는 기억력! 주의력을 발휘하는 동안 작은 실수에서 비롯되는 잘못된 의사결정!)들은 실험 연구를 되풀이하기가 어려워지거나, 더 일반적으로는 죽일 수 없지만 전혀 쓸모없고 기체처럼 확실한 형태가 없어져 특정 절차를 따르라는 경고를 받으며 개념적으로 매우 복잡하게 뒤얽혀 수년간 원하는 결과를 달성하려는 과정에서 뒷걸

음질 치는 상황이 잇따라 발생했다. 어떻게 수년간 신경 과학자와 정신과 전문의들은 세로토닌 수치의 화학적 불균형이 우울증을 유발한다고 공개적으로 주장했을까? 하지만 수십 년간 조사 연구를 철저하게 진행해 온 결과에 따르면, 우울증과 세로토닌 수치 사이에 입증된 연관성은 존재하지 않는다.[17] 신경 과학자와 정신과 전문의들이 내세운 그 주장은 그저 중세부터 내려와 현대 화학 시대에 적합하게 부활한 유머일 뿐이다. 신경 과학은 반쯤 죽은 좀비 같은 개념으로 가득 차 있다. 이런 현상은 신경 과학 자체에 뭔가 잘못된 점이 많다는 사실을 암시한다.

커지는 의혹

2015년쯤에 나는 신경 과학 분야에서 가장 훌륭한 기관 중 하나인 미국 앨런 뇌과학연구소Allen Institute for Brain Science의 연구소장과 이야기를 나누었다. 맥주를 마시며 연구소장은 내게 "기본적으로 학계에서 나오는 신경 과학 연구 내용 대부분이 과장되었다는 사실은 제약 연구의 고위 관리자들 사이에서 널리 알려진 비밀"이라고 털어놓았다. 제약 회사들은 약제 연구 논문을 정확히 그대로 복제하여 의약품을 만드는 데 어려움을 겪는 것만은 아니었다. 많은 경우에는 제약 회사들은 ('거울 뉴런' 논문과 마찬가지로) 그저 쓸모가 없는데도, 심지어 잘못된 정보조차 없는 것처럼 무익한 약제 연구 논문들을 보다 더 중요하게 여겼다. 그리고 실제로 많은 제약 회사들은 2000년대 초반부터 신경 과학 분야에 대한 투자를 철수하고 자신들이 직접적으로 성공할 수 있는 부분에서 손을 뗐다. 이런 일은 아주 이례적인 사건이다. 1972년 이후로 수많은 제약 회사들이 신경 과학과 관련하여 선택적 세로토닌 재흡수 억제제 계열의 항우울제를 개발하고 시장에 내놓으면서 성공을 거두었기 때문이다. 이를테면 미국 일라이 릴리 앤드 컴퍼니Eli Lilly and Company는 항우울제 프로작Prozac을, 미국 화이자Pfizer는 항우울제 졸로푸트Zoloft를, 영국 글락소스미스클라인GlaxoSmithKline은 항우울제 팍실Paxil을 개발하여 시장에 내놓으면서 상업적 성공을 거두었다. 또한, 스웨덴 아스트라Astra와 영국 제네카Zeneca의 인수 합병을 통해 설립된 다국적 제약회사 아스트라제네카AstraZeneca나 미국 브리스톨 마이어스 스퀴브Bristol Myers Squibb, 미국 암젠Amgen과 같은 제약 회사들도 마찬가지로 상업적 성공을 거두었다. 2000년대를 그저 실패한 기간으로만 설명할 수밖에 없는 일련의 이례적인 사건들에 뒤이어, 이제 아스트라제네카와 브리스톨 마이어스 스퀴브, 글락소스미스클라인, 화이자, 암젠은 신경 과학적 약물을 개발하는 데 너무 많은 자원을 쏟아 붓는 상황에서 서서히 뒤로 물러났다.[18 19 20] 암젠이 신경 과학의 연구 결과를 전반적으로 반영하여 조현병과 알츠하이머병 약물을 개발하기 위한 프로그램을 포기했던 2019년 당시, 연구 개발 책임자는 자신들이 조현병과 알츠하이머병 약물 개발 프로그램을 포기한 이유가 그들의 신경 질환에 대한 이해가 '상당히 초보적'이었기 때문이라고 고백했다.[21]

조현병과 알츠하이머병의 약물을 개발하는 데 지나치게 많은 자원을 쏟아붓지 않고, 오히려 자원 손실을 줄이는 이런 현상은 신경 과학 연구만으로 조현병과 알츠하이머병의 약물을 개발할 수 없다는 현실적인 견해를 명확하게 드러냈다. 그런 사례를 하나 살펴보자. 1996년 미국 과학 학술지《사이언스Science》에 발표된, 이른바 유명한 유전적 분석 연구 결과에 따르면 우울증에 시달리는 사람들(혹은 우울증에 시달리는 사람들 중 적어도 일부)은 세로토닌의 세포막 투과 수송에 관여하는 단백질에 대한 염기 서열 정보를 지닌 유전자인 세로토닌 수송체 유전자5-HTTPLR를 가지고 있었다.[22] 1996년 이후 10년 동안 이 유전적 분석 연구는 유전자와 유전적 변이에 관한 수백 개의 유전적 분석 연구로 이어졌다. 개인의 세로토닌 수송체 유전자 상태를 설명하기 위해 항우울제의 적용을 수정하려는 논의까지 잇따라 계속되었다. 세로토닌 수송체 유전자는 '난초 유전자'라고 불렸고, 필연적으로 미국 공영 라디오 방송국인 내셔널 퍼블릭 라디오National Public Radio, NPR나 미국 잡지《디 애틀랜틱The Atlantic》과 같은 주요 매체에서 흥미롭게 다뤄졌다.[23][24] 연구원과 언론인들에 따르면, 세로토닌 수송체 유전자는 아름답지만 성장하기 어렵기로 유명하고 환경에 따라 매우 민감하게 변화하는 식물인 난초만큼이나 섬세하여 독특하게 유전자적 변형이 일어나기 때문에 '난초 유전자'라고 이름이 지어졌다. 지금쯤이면 이미 그 이야기의 결말을 추측할 수도 있을 것이다. 유전적 분석 연구가 발달하고 유전적 분석 연구에 활용할 수 있는 표본의 범위가 훨씬 더 광범위하게 넓어지자, 잇따른 유전적 분석 연구는 세로토닌 수송체 유전자의 유전적 변이가 우울증에 조금이라도 영향을 미쳤는지에 관하여 진지하게 의구심을 제기했다.[25 26] 수십 년간 전반적으로 유전자의 유전적 변이와 정신 질환의 관계를 조사하고, 알려진 대로 대부분 긍정적인 연구 결과를 보여준 수백 개의 유전적 분석 연구가 어떻게 잘못된 연구로 밝혀질 수 있었을까?

의생명과학 분야에서 임상 연구 결과를 둘러싸고 복제 문제[27]들이 증가하고 있다는 사실은 잘 알려졌다. 추측하건대 실질적으로 실험에 개입하고 의생명과학적 실험 연구 결과를 자주 보여준 모든 과학 연구팀 중 대략 절반 정도는 다른 과학자팀이 독립적으로 실험 연구를 진행할 때 일단 실험을 전혀 반복하지 않았다. 미국 암젠이나 독일 바이엘Bayer과 같이 자본이 걸린 제약 회사들은 실제로 실험을 반복하고 실험 연구 결과를 명확하게 보여줄 수 있는 종양생물학 논문들 중에서 충격적일 정도로 낮은(11퍼센트 정도의 비율로 낮은) 수의 논문만을 참고했으며, 그 논문에서 설명하는 대로 정확히 복제하여 의약품을 만드는 시도를 했다.[28] 실험을 반복하여 실험 연구 결과를 제시한 경우에도 실험 연구 결과의 규모(실제로 의학 실험에 반복해서 개입하고 실험 연구 결과를 분명하게 보여준 정도)는 흔하게도 매우 감소했다.[29]

심리학도 유사한 위기를 겪고 있다. 이를테면 지난 10년간 수많은 실험실에서 연구원들은 대규모로 실험을 반복하고 실험 연구 결과를 보여주었지만, 그런 실험 연구 결과들 중 기껏해야 50퍼센트 정도만이 실험 연구 결과의 규모가 증가했고, 나머지 50퍼센트 정도는 거의 항상 실험 연구 결과의 규모가 감소했다.[30][31] 정신적 에너지가 소진되어 자아 통제 능력이 상실된 상태를 확인하는 '자아 고갈 실험'[32]이나 자신도 모르게 수행하는 어떤 행동이 다음 행동에 영향을 미친다는 '행동 점화 효과 실험'[33]이나 1971년에 70명의 지원자 중 대학생 24명이 선발되어 죄수와 교도관 역을 맡고 스탠퍼드대학교 심리학 건물 지하에 있는 가짜 교도소에서 생활했던 심리학 실험인 '스탠퍼드 교도소 실험'[34] 등은 심리학의 기본 원리와 원칙에 따라 여전히 심리학 교과서를 펼치면 실험 연구 결과를 찾아볼 수 있다. 하지만 이런 실험들은 돈이 많이 들기 때문에 반복해서 실행할 수 없거나 실험 연구 자료가 적절하게 분석되면 오직 소수의 실험 연구 결과만을 제시할 수밖에 없다.[35][36][37] 심지어 주어진 특정 분야에서 지식이나 경험이 낮은 사람들은 자신들의 전문 지식을 지나칠 정도로 과대평가하고, 지식이나 경험이 높은 사람들은 자신들의 전문 지식을 엄청나게 과소평가하는 현상을 확인한 '더닝 크루거 효과Dunning-Kruger Effect 실험'[38]도 마찬가지라고 생각한다. 추정하건대 더닝 크루거 효과 실험의 연구 결과는 실험 연구 자료의 통계적 인공물일 수도 있다.[39 40]

이런 현상은 신경 과학자들에게 매우 심각한 악영향을 미칠 것이다. 결국 신경 과학은 그저 뼈의 벽 뒤에 완진히 숨겨져 있고, 정기적으로 심리학적 문제를 다루지 않아도 되며, 극도로 복잡한 체계를 구성하는 정역학적이고 동역학적인 기관인 뇌에 기반을 두려 하는 한층 더 복잡한 유형의 심리학일 뿐이다. 이렇게 설명하는 이유는 신경 과학이 다양한 기법을 사용해서 직간접적으로 뇌의 구조나 기능, 약리학 구조를 영상화하는 신경 영상에 심하게 의존하기 때문이다. 하지만 신경 영상은 단지 심리학 분야에서 이미 자세히 알고 있는 통계적 변동성과 불투명성의 근거를 더 많이 추가할 뿐이다. 인간이 이용하는 대부분의 신경 영상은 심지어 신경 활동을 즉시 분석하지도 않지만, 여러 단계로 제거한다. (기능적 자기공명영상Functional magnetic resonance imaging, fMRI은 실제로 발화하는 뉴런이 아닌, 뇌혈관에 흐르는 혈액에서 산소를 운반하는 헤모글로빈의 농도 변화를 감지하여 뇌 신경세포의 활동 정도를 측정하는 검사다.) 또한, 전기 생리학을 통해 신경 활동을 즉시 측정할 수 있다면 천문학적으로 작은 비율의 뇌 신경세포 활동 정도만 측정한다. 이런 현상은 실험 연구 결과의 규모와 분석 연구에 활용할 수 있는 표본의 범위를 둘러싼 모든 유형의 문제들은 말할 것도 없고, 실험 연구 결과나 분석 연구 결과를 이해하는 데 여러 문제를 제기한다.[41] 하지만 이해하기가 불가능해 보이더라도 보고된 실험 연구 결과나 분석 연구 결과들은 신빙성을 부여한다. 2009년에 진행된 악명 높은 실험 연구에서,[42] 연구원들은 죽은 연어를 기능적 자기공명영상 판독 장치에 넣고, 사회적 상황에 놓인 인간을 묘사한 사진을 '살펴보는' 표준적인 유형의 기능적 자기공명영상 작업을 수행했다. 아주 부득이하게도 죽은 연어는 일반적인 분석 과정에 따라 통계적으로 중요한 반응을 드러냈다.

훨씬 더 근본적으로, 신경 과학에서 그다지 논의되지 않았지만 보고된 거의 모든 실험 연구 결과들은 평균적인 뇌 활동 범위를 기반으로 산출된다. 왜 그럴까? 신경 영상을 활용하여 단 한 번만 시행한 실험에서 얻은 연구 분석 자료는 본질적으로 항상 완전히 엉망진창인 상태이기 때문이다. 이런 이유 때문에 신경 과학적 실험 연구를 실행한 뒤 결과를 추정하는 데 필요한 배경지식은, 평균적인 뇌 활동 범위를 기반으로 판단하면 뇌의 거듭되는 소음을 잠재울 수 있다는 것이다. 또한, 각각의 자극에 드러내는 뇌의 반응이 주로 소음과 똑같아 보이지만, 평균적인 뇌 활동 범위를 기반으로 뇌의 수많은 반응을 판단하면 신경 활동의 '실제' 구조가 실험 대상자들에게 나타날 수 있다는 것이다. 그렇듯이 평균적인 뇌 활동 범위는 대다수 신경 과학 논문에서 매우 많이 논의되고 보고되는 부분이다. 하지만 한 가지 문제점이 있다. 뇌 자체는 평균적인 뇌 활동 범위를 전혀 신경 쓰지 않는 것 같다! 평균적인 뇌 활동 범위는 실험 연구 결과에 영향을 주는 데 별 차이가 없다. 오히려 이는 과학자들이 논문을 작성하기 위해 여러 출처에서 연구 자료를 따와 엮은 추상적이고 이론적인 개념에 불과하며, 뇌 **활동**에 관한 연구에 활용되지 않는다. 결국 평균적인 뇌 활동 범위는 그저 과학자들이 만들어낸 인공물일 뿐이다. 이제는 평균적인 뇌 활동 범위에 문제가 있다는 인식이 증가하고 있다. 2021년에 연구원들은 뇌가 평균적인 뇌 활동 범위를 신경 쓴다면 다음과 같은 두 가지 기준이 사실로 드러나야 한다고 주장했다.

- **신뢰성:** 뉴런 반응은 특정 자극에 대한 단일 실험 반응에 따라 지속적으로 반복하며, 아래로 줄줄이 이어지는 영역까지 계속 인식할 수 있는 평균 반응 모형과 서로 관련된다.
- **행동 관련성:** 단일 실험 반응과 평균 반응 모형이 매우 유사하다면, 이런 상황은 동물이 적절한 자극이나 행동을 더 쉽게 식별할 수 있도록 만들 것이다.[43]

즉, 연구원들은 (a) 각각의 뉴런 반응이 특정한 평균 반응 모형에 속한다고 확실하게 밝힐 수 있는지, 또한 (b) 각각의 단일 실험 반응과 평균 반응 모형이 아주 비슷하다면, 동물이 적절한 자극이나 행동을 더 잘 식별할 수 있는지를 알아본다. 하지만 연구원들이 실험 연구를 진행한 결과에 따르면, 그 두 가지 기준이 모두 사실로 드러나지 않았다. 쥐의 뇌에 삽입한 전기 생리학적 기록 전극을 쥐의 행동과 연관시키기 시작했을 때, 연구원들은 두 가지 사실을 발견했다. 이를테면 특정 자극에 대한 단일 실험 반응에 따라 지속적으로 반복하는 뉴런 반응은 평균 반응 모형과 관련된다고 판단하기가 어려웠다. 또한, 뇌의 단일 실험 반응과 평균 반응 모형이 아주 비슷한 경우에도 쥐가 적절한 자극이나 행동을 잘 식별하지 못했다. 실험 연구 결과에 따라 그 두 가지 기준은 명확하게 틀렸다. 마치 우리가 태양의 일주 운동 때문에 생기는 수직 물체의 그림자 길이와 그림자의 위치 변화를 이용해 시간을 재는 실험을 진행하며 해시계를 이해하려고 노력하는 것처럼, 신경 과학 논문을 작성하는 데 이용된 통계적 인공물이 실은 실험 연구를 수행하며 뇌 자체를 이해하려고 노력할 때 부수적으로 생겨나는 현상적인 부산물이라는 사실을 보여준다.

실험 연구를 진행하는 과정에서 현상적인 통계적 인공물이 극심하게 악화하는 상황은 주로 신경 과학의 상관관계를 기반으로 현상적인 통계적 인공물을 훌륭하게 예측하는 데 실패하는 순간 갑자기 발생한다. 예를 들어, 우리는 논문에서 흔히 사용되는 신경 영상에 근거하여 행동 양상(인간의 여러 가지 행동 유형이나 행동 부문)을 예측할 수 있어야 한다. 심지어는 일단 신경 영상 데이터를 기계적으로 학습하고, 신경 과학의 유용한 모든 상관관계를 활용하여 다양한 행동 양상을 구별할 수 있는지 살펴보며 예측 기준을 낮출 수도 있다. 구체적인 사례를 들어서 설명하자면, 단순히 신경 영상 데이터만으로 우울증이 있는 사람과 우울증이 없는 사람의 차이점을 설명할 수도 있다. 하지만 1,000명 정도 참가한 실험 연구와 마찬가지로, 차별적으로 뚜렷하게 구별되는 특징을 지니고 분석 연구에 활용할 수 있는 표본의 범위가 매우 광범위하게 넓더라도, 신경 영상을 활용한 예측은 그다지 정확하지 않다고 밝혀졌다.[44] 게다가 신경 과학 연구원들이 마치 규율에 복종하듯이 완전히 관습적인 '소규모' 방식으로 실험 연구를 계속 진행했기 때문에, 신경 영상에 근거한 예측은 사실 중대한 문제가 있다. 이런 현상은 신경 과학 교수들이 기능적 자기공명영상 판독 장치를 활용하여 실험실에서 5~6명 정도 되는 학부생들을 대상으로 기능적 자기공명영상을 수십 번 촬영한 다음, 대충 판독한 실험 연구 결과를 어떻게든 논문에 기재한다는 사실을 의미한다. 이 사실은 신경 과학자들이 신경 영상에 근거하여 산출한 대부분 실험 연구 결과에 해당한다. 즉, 이런 실험 연구 결과가 신경 과학 논문 자체의 대부분을 구성한다. (말하자면 이런 실험 연구 결과는 최소한 각각의 뉴런을 분석하는 분자 기계 능력보다 오히려 인간의 인지 능력에 중점을 둔 측면이 있다.) 이 때문에 평균적인 뇌 활동 범위와 신경 영상을 기반으로 산출된 실험 연구 결과들은 25여 명의 참가자들을 대상으로 진행한 실험 연구 결과와 마찬가지로 분석 연구에 활용할 수 있는 표본의 범위가 다소 좁은 편이다. 정확한 실험 연구 결과를 산출하려면 실제로 실험을 계속 반복해야 한다고 주장하는 만큼 분석 연구에 활용할 수 있는 표본의 범위가 넓은 측면에서, 몇 백만 명 정도까지는 아니더라도 사실 수천 수만 명 정도의 참가자들을 대상으로 실험 연구를 진행해야 한다고 생각하는 데는 나름대로 합당한 이유가 있다. 하지만 나는 대학원 시절에 (교수님들이 심하게 짜증낼 정도로) 이런 의견에 격하게 반대했다. 그 사이 몇 년 동안 이 문제는 연구원들이 수천 명의 참가자들을 대상으로 실험을 거듭 반복하여 뇌의 폭넓은 상관관계를 명확하게 밝혀낸 실험 연구 결과에 따라 입증되고 확인되었다.[45] 이런 상황은 대부분 신경 영상을 기반으로 실험 연구 결과를 산출하는 연구원들에게 장애가 되지 않는다. 그런데도 특히 무서운 사실은 신경 과학 분야에는 신경 영상에 근거하여 실험을 거듭 반복해서 실험 연구 결과를 산출해야 한다고 강력하게 주장하는 사람이 (심리학과 같은 다른 분야에 비해) 거의 없다는 점이다.

그런 문제들 때문에 현재 신경 과학자들은 실제로 지식을 활용하여 뇌가 어떻게 작동하는지를 명백히 밝혀내지 못한다. 뇌가 작동하는 방법은 그저 신경 과학자들에게 뇌의 인지 기능을 설명하도록 요청하는 상황만으로도 단순하게 확인될 수 있다. 그 요청에 따라 신경 과학자들이 어떤 답변을 할지 주목하라. 그런 다음, 그 신경 과학자들에게 뇌의 인지 기능을 다시 한

번 더 설명해줄 것을 요청하라. 하지만 이때는 뇌의 공간적인 위치를 전혀 언급하지 않아야 한다. 그러면 답변하는 신경 과학자들 중 대부분은 당황하게 될 것이다. "언어 능력은 언어 이해와 관련된 뇌의 부위인 베르니케 영역에서 처리된다. (…) 기다리지 않는다."

간단하게 말하자면, 우리는 영상에서 윤곽선을 검출하는 방법을 잘 알듯이, 뇌에서 일부 초기 감각을 처리하는 방법을 잘 알고 있다. 뇌의 얕은 영역에서 볼 때 그렇다. 뇌의 더 깊은 모든 영역은 통계적으로 뇌의 일부 영역이 다른 영역보다 어떤 것들과 더 많이 연관되어 보인다는 사실을 넘어서 여전히 신비로운 부분으로 남아 있다. (그러나 이런 공간적인 위치의 정도는 논쟁의 대상이 될 수 있다. 따라서 뇌 영역을 '국부적으로' 어느 한 부분에만 한정한다.) 그렇다면 우리는 뇌의 공간적인 위치로 무엇을 알 수 있을까? 신경외과 수술을 시행하는 동안 피해야 할 영역 이외에 그저 복잡하게 뒤얽힌 뇌의 공간적인 위치만으로 무엇을 알 수 있을까? 거의 아무것도 알 수 없다.

그런 경우에는 상황이 더욱 악화한다. 뇌는 신경세포인 뉴런이 활성화되는 정도에 따라 구조와 기능이 지속적으로 쉽게 바뀌므로 상황이 극도로 악화한다. 마카크 원숭이의 뇌 우측 전운동 피질 안에 기록 전극을 삽입하여 발화하는 뉴런들을 살펴보는 실험 연구 결과에 따르면, 시냅스 종말 팽대부들 가운데 대략 7퍼센트 정도는 매주 활성화되고 강화되었다.[46] (시냅스 종말 팽대부는 뉴런과 뉴런 사이에서 발생하는 전기적 신호 또는 화학적 신호를 전달하는 구조적인 장소이며, 수상 돌기와 축색 돌기 사이에 서로 잇닿은 기능적 연접 부위를 말한다.) 또한 추정하건대, 시냅스 종말 팽대부는 영상에서 윤곽선과 외곽선을 검출하는 과정처럼 오랜 시간에 걸쳐 성인기에 도달해서야 완성될 테지만, 초기에는 단지 시각적으로만 처리할 만큼 안정적인 구성을 갖춘 뇌 영역에 존재한다. 그러나 이런 뇌는 심지어 성인기에 도달해서도 뉴런이 활성화되는 정도에 따라 구조와 기능이 놀라울 정도로 계속 쉽게 바뀌며, 신경 과학의 전통적인 실험 연구 결과들 가운데 대다수를 터무니없이 무의미하게 만든다. 이 같은 현상이 발생하는 이유는 신경 과학의 전통적인 실험 연구 결과들 중 대부분이 할머니의 사진으로만 선택적으로 성장하는 손자의 모습을 찾아내는 것처럼, 마카크 원숭이의 뇌 우측 전운동 피질 안에 기록 전극을 삽입하여 특정 개념에 의해서만 선택적으로 발화하는 뉴런을 식별하고 살펴보는 실험 연구 방법과 마찬가지로 신경 영상에 근거하여 '산출'되기 때문이다.[47]

더 최근에 실험 연구를 진행한 연구원들은 신경 영상을 활용하여 실험을 계속 반복하며 실험 연구 결과를 '서서히 산출'하는 경향이 있다. 짐작하건대 그런 모든 실험 연구 결과는 뇌 영역에서부터 선택적으로 식별하여 살펴보는 각각의 뉴런에 이르기까지 신경 영상에 근거하여 산출되며, 뇌의 중요한 공간적인 위치에서 발생하는 현상들을 명확하게 보여준다. 뇌의 중요한 공간적인 위치들은 고정되어 있지 않고, 오히려 장시간에 걸쳐 느리게 변화한다. 또한, 뇌의 각 부분별뿐만 아니라 심지어 뇌의 전체적인 범위 내에서도 나날이 달라질 것이다. 이런 양상은 아마도 복잡하고 높은 수준에 해당하는 대뇌 피질 영역과 근본적으로 시각 정보를 처리하는 대뇌의 시각 피질처럼 더 '안정적인' 구성을 갖추었으며 낮은 수준에 해당하는 대뇌 피질 영역에서도 모두 발생할 수 있다.[48] 즉, 구름이 천천히 이동하듯이 뇌의 공간적인 위치가 뇌 전반에 걸쳐 서서히 변화하며, 변화하는 뇌의 공간적인 위치에 따라 특정한 기능이 수행된다. 그렇다고 해서 이 현상이 다소 특별한 원인에 따라 생물학적으로 특이한 반응을 보인다고 할 수는 없다. 연구원들은 이 현상이 시냅스의 결합으로 네트워크를 형성한 각각의 인공 뉴런이 학습한 대로 시냅스의 결합 세기를 변화시키는 기능을 하는 인공 신경망에서 서서히 드러나는 현상과 매우 유사해 보인다고 주장했다.[49] 뇌 영역은 우리가 뇌의 구조에 대한 정보를 발견하여 뇌의 지도를 만들 수 있는 기간보다 더 빠르게 변화한다.

이 같은 문제들 때문에 대부분의 신경 과학자들이 그저 통계적인 진흙 속에서 허우적거리며 성공적인 실험 연구 결과를 도출하고자 이리저리 바쁘게 시간을 보낸다. 앞으로 10년이나 20년 후 신경 영상에 근거하여 산출한 실험 연구 결과가 불쑥 등장한다면, 신경 과학은 그 실험 연구 결과를 매우 세심하게 분석해야 할 것이다. 그 실험 연구 결과는 일단 실험을 반복하지 않거나, 분석 연구에 활용할 수 있는 표본의 범위가 매우 좁거나, 실험할 때마다 다른 방법론을 활용하거나, 방법론에 따른 작은 변화들이 실험 연구 결과에 큰 변화를 일으키거나, '갈림길 정원 오류Garden of Forking Paths fallacy'라는 현상처럼 신경 과학자들이 기존의 실험 연구 결과를 다르게 분석하여 새롭게 도출한 실험 연구 결과보다 잘못된 부분이 더 많을 수 있다. '갈림길 정원 오류'란 실험을 계속 반복하여 도출한 실험 연구 결과와 달리, 실험을 단 한 번만 수행하여 도출한 실험 연구 결과를 통계적으로 중요한 실험 연구 결과로 거의 확신하는 방식에 따라 입증되지 않은 수많은 가설 속에서 선택적으로 잘못된 실험 연구 결과를 산출할 수 있는 논리적 오류를 말한다.[50]

과학 분야들은 일정한 자격을 갖춰 실험 연구 결과를 명확하게 산출하기 전에 미리 과학 분야에 등록된 문제가 많은 실험 연구 결과들을 세부적으로 분석하면서 확실한 정보를 찾아야 한다는 강박에 시달리는 경향이 있다. 또한, 통계적으로 유의미한 실험 연구 결과를 얻기 위해 임의대로 연구 자료를 획득하는 과정을 멈추거나 연구 자료 분석 방법을 다양하게 변화시키거나 연구 자료 구조를 변화시키는 'p-해킹p-hacking'의 명확한 사례를 식별해야 한다고도 의식한다. 이와 더불어 실속을 차리고자 꼭 필요한 실험 연구 결과들만 선별적으로 선택하지 않고 분석 연구에 활용할 수 있도록 표본의 범위가 넓은 측면에서 도출한 실험 연구 결과를 명확하게 분별하며, 이미 수집된 실험 연구 결과 자료를 바탕으로 가설을 설정하고 그에 따른 실험 연구 결과를 산출한 과학자들을 축소시키려고 노력하면서 기술적 방법론에 중점을 두어야 한다는 강박에 시달리는 경향이 있다.[51] 이런 경향은 과학 분야가 완전히 올바른 상황으로 흘러가도록 하기에 훌륭하다. 하지만 과학 분야가 어디로 가서 무엇을 해야 하는지를 제대로 알지 못할 경우 흔히 기술적 방법론에 중점을 두고 과학 분야에 등록된 실험 연구 결과들을 세부적으로 분석하여 더 많은 확실한 정보를 찾아야 한다는 강박감에 사로잡히는 경우가 많다. 간단하게 설명하자면 그저 조립식 가구와 같은 하나의 알고리즘을 바탕으로 수많은 정보를 찾아낸 것처럼, 과학 분야는 그런 알고리즘을 바탕으로 빠르게 산출된 어떤 실험 연구 결과든 일단 자동적으로 과학 분야에서 성공을 거둔 실험 연구 결과라고 확신할 수 있는 엄격한 규칙을 적용하여 잘못된 실험 연구 결과를 제거하는 과정을 거친다. 사실 이 과정은 옳지 않다. 인간이 시도하는 다른 분야와 마찬가지로 과학 분야 역시 목표가 정확하게 존재하지 않는다면 화살이 어떤 목표를 겨냥하든 그 목표에 결코 명중하지 못할 것이기 때문이다.

현대 신경 과학에서 화살이 겨냥한 목표는 무엇일까? 이 질문에 담긴 불확실한 목표는 신경 과학자들이 정기적으로 활용하는 전문용어가 변화하는 상황에서 그 모습을 드러낸다. 전문용어는 흔히 하위 분야에서 똑같은 경험적 현상을 바탕으로 한 다른 하위 분야까지 특성 없이 모호하게 바뀌는 경우가 많다. 뉴런이 발화하는 상태에서 다소 변하는 외부 자극에 뇌 영역이 반응을 보인다면, 그 반응은 하위 분야에 따라 '산출', '표현', '저장', '복구', '재생', '처리', '정보 전송'이라는 전문용어로 각기 다르게 불릴 수도 있다. 또한, 선택된 전문용어는 저자가 말하고 싶어 하는 서술 기법에 따라 달라지며, 뉴런이 발화하는 상태에서 관찰되는 외부 자극의 근본적인 차이를 좀처럼 나타내지도 않는다. 대부분 이런 경우, 신경 과학자가 강력하게 주장할 수 있는 사실은 뉴런이 발화하는 상태에 변화가 생겨났다는 점이다. 따라서 신경 과학자들이 신경 과학 분야에서 "뇌가 정보를 어떻게 처리할까?"와 같은 중대한 문제를 이해하려고 노력할 경우 신경 과학자들은 신경 과학의 중대한 문제를 해결하는 방법을 알아내고자 언젠가 명명법으로 적용했던 전문용어만 찾으려고 추적하기 때문에 그런 중대한 문제를 해결하지 못하고 난관에 부딪히게 된다.

일부 신경 과학자들은 전통적으로 신경 과학이 실패하는 이유가 간단하게도 신경 과학의 상관관계를 기반으로 뇌가 작동하는 방식을 관찰하고 분석하는 능력이 기능적으로 미숙하기 때문이라고 항변할 수도 있다. 확실하게 기술이 발달하고, 뇌와 관련된 지도와 모형을 만드는 능력이 향상하는 만큼 그런 문제들은 일시적인 도전에 불과하다.

유감스럽게도 그런 문제들은 영구적인 도전이 아니다. 그런 문제들은 단지 목적을 이루기 위한 수단과 방법이 부족한 정도를 넘어선다. 2017년 발표된 논문인 〈신경 과학자는 마이크로프로세서를 이해할 수 있을까?〉[52]에서 연구원들은 신경 과학이 뇌 자체보다 훨씬 덜 복잡한 시스템을 이해하는 능력을 실험하기 위해 모형 시스템을 활용했다. 또한, 레트로 컴퓨터 애호가들이 1980년대에 닌텐도Nintendo를 작동시키기 위해 사용한 MOS 6502 마이크로칩을 (컴퓨터 모델로) 완벽하게 재구성했던 방법도 이용했다. 진공관 대신 게르마늄을 이용한 증폭 장치인 트랜지스터가 겨우 3,510개만 내장되어 있었지만, 모의실험으로 효율성을 향상시킨 마이크로프로세서는 여전히 스페이스 인베이더Space Invaders나 동키콩Donkey Kong, 피트폴Pitfall과 같은 몇 가지 게임들을 실행할 수 있었다.

MOS 6502 마이크로칩의 기능을 이해하지 못한 척 가장한 연구원들은 뇌 내부에 있는 신경 세포들의 연결을 종합적으로 표현한 뇌 회로도인 커넥톰을 만들고 연구하는 커넥토믹스(혹은 MOS 6502 마이크로칩의 배선도)를 살펴보았다. 그리고 신경 과학의 제거 연구(특정 부분을 제거한 다음, 제안한 방법이 성능이나 문제 해결에 어떤 효과를 주는지를 확인하는 연구 – 옮긴이 주)를 모방하여 MOS 6502 마이크로칩의 트랜지스터에서 '기능 장애'를 탐구했다. 또한, 일반적으로 뉴런의 발화율이나 동조 곡선을 분석하는 방법과 같은 기법을 활용하여 각각의 트랜지스터 동작을 분석하고, 서로 쌍을 이룬 트랜지스터의 상관관계를 확인했다. MOS 6502 마이크로칩의 작동을 작은 영역에 걸쳐 복셀(3

차원 공간에서 정규 격자 단위의 값을 나타내는 체적 요소이며, 부피와 픽셀을 조합한 합성어 – 옮긴이 주)과 같은 기능적 자기공명영상으로 평균도 냈다. 이처럼 신경 과학자들은 흔히 적용하는 더 복잡한 다른 수학적 방법과 마찬가지로 차원 감소 방법이나 그레인저 인과관계 검정 방법(이전 시차 독립변수들이 종속변수를 예측하는 데 유용한지 여부를 결정하기 위한 통계적 가설 검정 방법 – 옮긴이 주)과 같이 이해하기 어려운 방법으로 MOS 6502 마이크로칩의 기능을 분석하는 등 신경 과학의 일반적인 모든 기술을 시도했다.

하지만 MOS 6502 마이크로칩의 배선도를 완벽하게 잘 알고 있더라도 혹은 우리가 **바라는 대로** MOS 6502 마이크로칩에 관한 세부적인 정보를 모두 제대로 알고 있더라도, 연구원들이 신경 과학의 중대한 방법들을 적용하여 도출한 모든 실험 연구 결과들은 사소한 문제가 있거나, 경우에 따라서는 직접적으로 오해의 소지가 있을 수 있다. 예를 들어, MOS 6502 마이크로칩의 트랜지스터에서 '기능 장애'를 계속 반복적으로 탐구하는 동안, 내장된 트랜지스터 중 제거한 대략 50퍼센트 정도(1,565개)는 MOS 6502 마이크로칩의 성능에 전혀 영향을 미치지 않았지만, 내장된 트랜지스터 중 제거하지 않은 나머지 50퍼센트 정도(1,560개)는 MOS 6502 마이크로칩을 완전히 고장 냈다. MOS 6502 마이크로칩의 트랜지스터 98개에서 기능 장애가 발생한 상황이 결과적으로 독특하게도 동키콩 게임을 실행하는 과정에서 컴퓨터가 제대로 부팅되지 않는 현상으로 이어진 것처럼, 극소수 트랜지스터의 기능 장애들은 특정 게임에 영향을 미쳤다. (하지만 다른 게임에는 영향을 미치지 않았다.)

아하! 기능 장애가 발생한 이런 극소수 트랜지스터가 동키콩 게임의 장면이나 기능, 정보 처리와 관련이 있었을까? 곧 알게 되겠지만, 관련이 없다. 이처럼 극소수 트랜지스터에서 '기능 장애'가 발생하여 동키콩 게임이 실행되지 않은 이유는 동키콩 게임의 장면이나 기능, 정보 처리 등과 전혀 관계가 없다. 그 대신, 결과적으로 기능 장애가 발생한 이런 극소수 트랜지스터는 사용자가 보지 못하는 영역인 서버나 데이터베이스를 관리하는 백엔드 코드back-end code와 근본적으로 관련이 있다. 또한, 신경과학의 중대한 방법들 중 다른 방법들도 마찬가지로 불분명한 실험 연구 결과를 산출하는 현상으로 이어졌다. 이런 현상을 진지하게 받아들인다면, 연구원은 토끼 굴로 들어가 빠져나갈 구멍도 없는 막다른 골목에 다다른 듯한 혼란스러운 상황에 처하게 될 것이다. 화살은 정확하게 존재하지 않는 목표를 저격하고 있다.

신경 과학자들은 흔히 단순하게 발견할 수 있는 알고리즘이 엔지니어링 도면처럼 뇌의 일부 영역이 작동하는 방법을 그림으로 표현하며, 시각화하고 이해할 수 있는 상자와 화살표들을 출력한다고 추정하는 경우가 많다. 왜 이렇게 추정할까? 인간의 뇌처럼 시냅스의 결합으로 네트워크를 형성한 인공 뉴런이 학습을 통해 시냅스의 결합 세기를 변화시켜 정보를 처리하고 문제 해결 능력을 갖춘 알고리즘인 인공 신경망artificial neural networks, ANNs을 실험 연구한 결과에 따르면, 인공 신경망은 크기가 점점 더 확대되면서 '블랙박스black box'가 된다. 블랙박스는 전반적으로 기능은 이해할 수 있지만 작동 원리는 이해할 수 없는 복잡하고 커다란 시스템이며, 엔지니어링 도면이 전혀 없다. 수십억 개의 매개 변수가 상호작용하는 인공 신경망에 관하여 "인공 신경망은 어떤 원리로 작동할까?" 혹은 "인공 신경망은 정보를 어디에서 처리할까?" 혹은 "인공 신경망에서 하나의 인공 뉴런인 노드node는 무엇에 기여할까?"와 같은 질문들은 인공 신경망을 이해하는 데 방해물이 되기 시작한다.[53] 미국의 대화형 인공지능 서비스인 챗GPT 개발사 오픈AI에서 개발한 대규모 언어 모델 GPT-4나 구글 AI에서 개발한 5,400억 개의 파라미터 변환기 기반 대규모 언어 모델 팜PaLM과 마찬가지로, 일반적인 인공지능의 초기 징후를 보여준 파라미터 변환기 기반 대규모 언어 모델이 실제로 어떤 원리로 작동하는지를 명확하게 인식하는 사람은 아무도 없다. 우리는 단지 대규모 언어 모델이 어떤 기능을 하는지만 잘 알고 있을 뿐이다. 이런 이유는 흔히 인공 신경망이 수행하는 압축 알고리즘이 없기 때문이다.

이와 같은 추론을 신경 과학에 적용한다면 다소 불편한 결론이 도출된다. 신경 과학자들은 보통 "뇌는 입력 영역과 출력 영역 사이에서 어떻게 정보를 입력하여 저장하고 인출하기 쉬운 구조로 전환할까?"라는 질문에 관한 논의를 줄기차게 피한다. 그런 질문에 답을 구하는 것은 인공 신경망에 똑같은 질문을 제기했을 때보다 설명 방식이 훨씬 더 복잡하기 때문이다. 또한, 신경 과학자들은 (외과 수술이나 복잡한 신경 영상을 통해 단편적으로 조금씩 이해할 수 있는 뇌와 달리, 인공 신경망의 배선도나 커넥톰을 완전히 완벽하게 이해할 수 있는) 인공 신경망에 관한 그런 질문을 받으면 흔히 원리와 원칙에 따라 거의 제대로 답변할 수 없다는 사실을 잘 알고 있기 때문이다. 그런 문제를 일으키는 요인은 뇌에 관한 실험 연구 자료가 부족해서가 아니다. 실험 연구 방식 때문이다.

하지만 어떻게 이럴 수 있을까? 전 세계적으로 신경 과학자들은 학위를 받고, 실험 연구 대상자들의 머리에 뇌의 반응 상태를 쉽게 읽을 수 있는 뇌 스캐너를 씌우고, 함수를 설정하고 그래프로 표현해서 수치 해석을 하는 매트랩MATLAB 프로그램을 실행하며, 신경 영상을 근거로 상당히 많은 실험 연구 결과를 산출한다. 매년 매우 많은 신경 과학 논문이 새롭게 발표되고, 그런 모든 신경 과학 논문이 영국의 《네이처Nature》와 미국의 《사이언스》에 게재되지만, 그런 신경 과학 논문 중 기본적으로 이해하기 쉽게 설명된 논문은 거의 없다.

우리는 이제 한 가지 의문만 품어야 한다. 화살이 정확하게 존재하지 않는 목표를 저격하고 있다면, 정확하게 존재하는 목표는 무엇일까?

신경 과학의 빗나간 목표

과학에는 기본적으로 두 가지 관점, 즉 점진적 관점과 혁명적 관점이 존재한다. 과학 분야의 위대한 분석가들은 영국 철학자 칼 포퍼Karl Popper처럼 점진적 관점을 지닌 분석가들과 미국 과학 사학자 토머스 쿤Thomas Kuhn처럼 혁명적 관점을 지닌 분석가들로 나뉜다. 칼 포퍼는 과학이 비판적 합리주의와 반증주의에 따라 서서히 진행된다고 주장했다.[54] 한편, 토머스 쿤은 패러다임의 전환(좁은 의미로 과학혁명)이 오래된 과학을 완전히 없애고 이전의 실험 연구 결과들을 새로운 패러다임에 적합하지 않게 만든다고 주장했다.[55] 또한, 점진적 관점과 혁명적 관점 사이에서 어느 한쪽으로 치우치지 않고 중간적인 입장을 취하는 헝가리 출신의 과학 철학자 임레 라카토슈Imre Lakatos처럼 중도적 관점을 지닌 분석가들도 존재한다.[56]

임레 라카토슈는 바뀔 수 있는 원리들이 외부를 에워싸서 보호하는 핵심 원리들을 적용하여 과학적 이론을 개념화한다. 핵심 원리는 바뀔 수 있는 원리가 외부를 에워싸고 있으므로 왜곡된 부분이 예측되면 상황에 따라 조정이 가능하다. 다만, 상황적으로 급진적인 변화가 일어날 때만 핵심 원리가 뒤집히고, 일부 새로운 핵심 원리가 생겨난다. 이 현상은 반증주의적인 한 가지 사례만으로 패러다임 전체를 완전히 뒤집을 수 있는 우세한 관점이 취약해지지 않도록 방지한다. 이런 이유 때문에 임레 라카토슈는 칼 포퍼와 토머스 쿤 사이에서 '정제된 반증주의'로 의견을 주장했다.

임레 라카토슈는 인생을 살면서 자신과 반대되는 의견을 제시하는 사람과 타협하고 그 사람의 의견을 가치 있게 평가하는 방식을 학습했으며, 강경하고 절대적인 젊은 혁명가부터 정치적이고 나이 든 회의론자까지 오가며 전반적인 범위에서 의견을 주장했기에 중도적 관점을 공개적으로 지지했을 것이다. 그는 젊은 시절 헝가리 정권을 전복시키는 활동을 도와주던 (심지어 한 젊은 여성에게 공산당원 비밀을 보장하기 위해 자살하도록 설득하기도 했다) 공산주의자였고, 정보원이었으며, 혁명 이후 헝가리 정권에서 국가 체계를 반대하거나 비판하는 사상운동을 단속하도록 임명된 사상경찰이었다. 중년기로 접어들면서 임레 라카토슈는 정치범 강제 노동 수용소나 굶주림, 성공하지 못한 유토피아 형식으로 역사적 실패를 거둔 마르크스주의가 실질적으로 이론을 '왜곡'했다고 의심했을 수도 있다. 그렇기 때문에 근본적으로는 칼 포퍼의 업적에 영향을 받아 실제로 공산주의를 향한 자신의 태도를 변화시켰을 가능성이 크다.[57] 나이가 더 들면서 헝가리를 떠나 영국에서 생활했던 임레 라카토슈는 예전에 자신이 어떤 면에서 지나치게 옹호했던 공산주의와 반대되는 입장을 취했다. 주변에서 일어나는 일과 타협하지 않고 한쪽으로 치우친 이념적 관점으로 세상을 바라봤던 임레 라카토슈는 결국 어느 시점에서 마지막 최종적으로 정제된 반증주의에 이르렀을까?

고백하건대 나는 이론을 옹호하고 연구하는 과학자들이 실제로 어떻게 행동하는지에 관하여 임레 라카토슈의 의견에 공감하면서도, 주로 토머스 쿤의 의견에 공감한다. 이에 따라 내 생각을 표현하자면 적어도 일반적으로, 문학계 내에서 우리가 현재 '과학'이라고 칭하는 점진적인 발전은 패러다임 이전의 과학 분야에서 패러다임 이후의 과학 분야로 바뀐다는 사실을 의미하는 것 같다. (만일 과학 철학자 임레 라카토슈의 의견에 주로 공감한다면, 패러다임 이전의 과학 범위에서 패러다임 이후의 과학 범위로 바뀐다는 사실을 의미할 것이다.) 패러다임 이후의 과학은 이상한 논쟁이 없다는 점이 특징적으로 나타난다. 화학은 화학을 전공한 대학원생들이 철학적으로나 실존주의적으로 논쟁하지 않고 만족스러운 방식에 따라 실제로 실험을 진행하는 매우 정상적인 과학 분야다. 하지만 신경 과학은 그렇지 않다.

과학 분야는 일반적으로 다소 새롭고 중대한 이론이 도입되는 상황에 맞춰 패러다임 이전에서 패러다임 이후로 바뀐다. 우리가 1905년을 아인슈타인의 '기적의 해'라고 부르는 이유가 있다. 아인슈타인이 1905년에 새롭고 중대한 이론 4개를 도입했기 때문이다. 영국 생물학자 다윈이 《종의 기원On the Origin of Species》에서 도입한 진화론이나 영국 물리학자 러더퍼드Rutherford가 제시한 원자 모형은 새롭고 중대한 이론에 속한다. 패러다임 이전의 과학 분야가 근본적으로 처한 위기는 모든 것에 영향을 미치지만 무시되며 설명되지 않은 다소 난해한 질문에서 비롯된다. 토머스 쿤은 자신이 저술한 도서《과학혁명의 구조The Structure of Scientific Revolutions》에서 새로운 정상 과학의 출현을 기다리며, 패러다임 이전의 과학 분야가 처한 이런 위기에 관해 명쾌한 정의를 내린다.

> 상황에 따라 새로운 이론이 출현하는 데 변칙적인 인식이 중요한 역할을 한다면, 변칙적이지만 더 심오한 인식이 새로 출현한 이론을 전적으로 받아들일 수 있는 이론으로 변화시키는 데 전제 조건이 된다는 사실은 그 누구도 놀랄 일이 아니다. 생각하건대 이런 점에서 역사적 증거는 완전히 명백하다. 고대 그리스 천문학자 프톨레마이오스가 주장한 천동설은 폴란드 천문학자 코페르니쿠스가 지동설을 주장하기 전까지 허점투성이였다. 이탈리아 철학자 갈릴레오가 헌신적으로 연구한 운동 이론은 학자적이고 엄격한 비평가들이 고대 그리스 철학자 아리스토텔레스의 이론에서 어렵게 발견한 물체의 운동과 밀접하게 관련되어 있었다. 영국 물리학자이자 천문학자 뉴턴이 태양 광선을 여러 가지 색깔의 띠로 분리시켜 나타낸 새로운 색 이론인 빛의 스펙트럼은 패러다임 이전에 존재한 이론들 중 아무도 설명하지 않았을 스펙트럼의 길이를 발견하는 데서 비롯되었다. 또한, 뉴턴의 이론인 빛의 입자설을 대

체한 빛의 파동설은 회절이나 편극 효과와 관련하여 뉴턴의 이론이 변칙될 우려가 나날이 증가하는 상황 속에서 발표되었다. 열역학은 19세기에 존재한 두 가지 물리학 이론이 충돌하면서 탄생되었고, 양자역학은 흑체 복사와 비열, 광전 효과를 둘러싼 다양한 현상이 힘겹게 다루어지면서 탄생되었다. 게다가 뉴턴의 경우를 제외한 이 모든 경우에, 변칙적인 인식은 과학 분야에 매우 오래 지속되고 아주 깊이 스며들어서 위기가 점점 커지는 상황에 따라 영향을 받는 과학 분야를 적절하게 설명할 수 있었다. 새로운 이론들이 출현하는 이런 상황은 대규모 패러다임을 파괴하고 여러 문제와 전문적 과제를 기술적으로 다루는 정상 과학을 크게 변화시키도록 요구하기 때문에, 일반적으로는 전문적으로 불확실한 새로운 이론들이 발표되는 불안정한 시기가 계속 진행된다. (…) 기존에 실패한 규칙들은 새로운 규칙을 탐구하도록 이끈다.[58]

신경 과학 내에서 변칙적인 인식은 기존에 실패한 규칙들이 불가피하게 미래 패러다임으로 바뀌는 데 중요한 역할을 하며, 의식적인 신경 활동과 무의식적인 신경 활동의 차이를 분별한다. 신경 활동이 외재적인 부분에서 내재적인 부분으로 가로지를 때는 현재 대뇌 피질의 지도에 그릴 수 있는 경계선이나 영역이 존재하지 않는다. 이런 이유는 신경 과학이 물속에서 걸어 다닐 때와 아주 많이 유사하기 때문이다. 그때는 새롭고 중대한 이론이 출현하는 순간을 맞이하지 못한다. 신경 과학이 수렁에 빠진 이유는 진화된 뇌가 설정한 목표를 완전히 무시하기 때문이다. 의식의 흐름을 유지하는 것이 바로 진화된 뇌가 존재하는 이유다. 뇌의 모든 영역이나 기능적 구성 요소는 합리적이고 현명한 결정을 내리기 위해 작동하며 의식의 흐름을 유지하도록 요구한다. 의식은 다른 모든 인식적인 기능을 적용할 수 있도록 뇌에 광범위하게 체계적으로 잡혀 있는 틀과 같다. 신경 과학에서 매우 힘든 사실은 신경 과학자들이 맹목적으로 뇌의 일부만 살핀다는 점이다.

의식은 뇌의 목표다

현대 신경 과학은 의식이 작동하는 방식을 확인하는 문제에 정면으로 맞서는 대신, 문제가 존재하지 않는 척 가장하며, 심지어 갈릴레오도 왜곡으로 간주할 만한 움직임을 수행한다. 신경 과학은 정신을 쉽게 다스릴 수 있도록 의식의 중요성을 최소화한다. 어쩌면 과학은 새로운 패러다임이 필요한지를 고려하지 않고, 학문적 체계로서 그저 단순하게 새로운 패러다임만을 기다릴 수 없기 때문일 것이다. 과학은 성공적으로 발전할 수 없더라도, 오랫동안 지속된 제도적인 관습에 따라 발전하는 모습을 보이도록 강요받는다.

이런 이유 때문에 신경 과학자와 인지 과학자, 심리학자, 철학자들은 변칙적인 의식이 정보를 전혀 소유하지 않고, 거의 쓸모없으며, 뇌의 하부 조직에 속한다고 주장해왔다. 변칙적인 의식은 엔진에서 뿜어져 나오는 증기다. 또한, 모자 위에 덧씌운 모자다.

신경 과학에서 의식의 중요성은 매우 오랫동안 무시될 수밖에 없었다. '변화 맹시'라는 현상을 고려해보자. '변화 맹시'는 명백해 보이는 변화를 의식하지 못하는 현상을 일컫는다. 흔히 심리학 교과서에서는 세상을 관심 있게 집중적으로 바라보는 경우를 제외하고 대부분 세상이 '눈에 보이지 않는다'는 (혹은 세상을 무의식적으로 바라본다는) 의미로 표현되는 경우가 많다. 전형적인 사례로는 실험 참가자들이 화면에 나타난 글을 읽는 동안 그들의 단속성 안구운동(글을 읽을 때 안구의 순간적인 미세한 움직임)을 추적 관찰하는 실험 연구가 있다. 실험 참가자들의 중심와(망막의 내부 표면에 존재하는 오목한 부분으로 최대 시력을 제공하는 고해상도 중심점)가 추적하는 곳에서 멀리 떨어진 글자나 단어들은 1분마다 계속 바뀐다. 실험 연구 결과에 따라 명확하게 드러난 사실은 실험 참가자들이 글자에 드러난 작은 변화들을 의식하지 못하지만, 큰 변화들을 의식한다는 점이다. 일반적으로 사람들은 "그렇습니다. 우리는 주변 시야를 가지고 있어서 실제로 우리 앞에 펼쳐진 장면을 시선 중심에서 멀어져 큰 각도로 바라봅니다"라고 주장하며 발표한 논문에 그다지 관심이 없다. 따라서 그런 논문은 별로 대중화되지 못한다. 하지만 사람들은 "우리는 우리가 느끼고 생각하는 부분을 바라보지 못합니다"라고 주장하며 발표한 논문에는 많은 관심을 갖는다.

확실히 우리는 지금 이 글을 읽고 있는 장소에서도 우리 주변에 있는 특정한 공간을 의식할 수 있을 것이다. 우리 주변에서 어떤 물체가 갑자기 움직인다면, 우리는 주변 시야를 가지고 있으므로 우리 주변에서 갑자기 움직이는 그 물체를 직접 볼 수 있다. 일단은 집중하기보다 그저 침착하지 않고 매우 가벼운 방식으로 그 물체를 의식한다. 또한, 많은 인지 과학자들은 우리가 시각적인 경험을 한다고 해도 주변에서 발생하는 빛의 파장을 느껴 색채를 식별하는 색채감각을 실제로 경험하지 못한다고 주장하지만, 이런 주장은 그저 또 다른 신경 과학적인 신화일 뿐이다. 정확한 실험을 진행한 실험 연구 결과에 따르면, 사람들은 주변 시야를 가지고 있기 때문에 주변에서 발생하는 빛의 파장을 느껴 색채를 식별하는 색채감각을 실제로 경험하며 색깔을 구별할 수 있다.[59] 이와 마찬가지로 우리가 주변 시야를 가지고 있어서 주변에 있는 물체들을 확인할 수 있다는 사실은 흔히 주변에 '상당히 많은' 물체가 복잡하고 어수선하게 뒤섞여 있긴 하지만, 주변 시야에 걸쳐 있는 그 물체들을 공간에 따라 비교적 세밀하게 구별하여 표현할 수 있다는 점을 내비친다. 다시 말해서 우리가 각자 자신의 의식적인 경험을 내면적으로 관찰한다면, 우리는 정확한 실험을 진행한 실험 연구 결과에 따라 주변에서 발생하는 변화를 의식할 수 있다.[60] 사실 유기체로서 생존해야 하는 우리는 끊임없이 계속 진실을 말하고 풍부한 정보를 꾸준히 제공하는 의식의 흐름에 의존한다. 이에 관한 실험 연구 사례들은 많이 존재한다. 예를 들어 과학자들이 실험 연구 대상자들에게 수많은 군중 속에서 특정한 한 얼굴을 찾아보도록 요구했을 때, 실험 연구 대상자들은 특정한 한 얼굴뿐만 아니라, 빠르게 지나가는 많은 사람의 얼굴까지도 나중에 기억해 낼 수 있었다. 이런 실험 연구 결과는 실제로 인간이 의식의 흐름 속에서 최소한 단기적으로 세부적인 정보들까지 정확히 기억한다는 사실을 보여준다.[61]

물론 신경 과학이 사람들에게 사람들 각자가 실제로 경험하고 있고, 경험하는 부분을 생각하고 있다는 사실을 말해줄 필요성을 느낀다고 주장하는 것은 터무니없이 불합리한 일이다. 하지만 그런 주장은 현실적으로 타당하다. 우리가 다양한 정보를 이용하여 일상생활 속에서 매일 일어날 일을 추정하는 것처럼, 뇌에 속한 거의 모든 영역은 의식이 제공하는 유용한 정보와 의식적인 경험적 현상의 구조를 분석하는 현상학이 제공하는 복잡하고 난해한 정보를 활용한다.[62] 우리는 주변 공간에서 일어나는 현상을 시각적으로 의식하는 시야의 현상학을 곰곰이 생각해볼 수 있다. 모든 지점은 보통 다른 무언가로 채워져 있고, 다른 지점들과 어느 정도 연관되어 있다. 심지어 새까맣고 어둡게 그림을 그려놓은 화폭을 바라볼 때도, 우리의 공간적인 경험들은 우리가 인식한 점묘법(물감으로 작은 색점들을 찍어서 그림을 표현하는 화법 - 옮긴이 주)에 따라 작은 색점들로 '채워져' 있다.[63]

의식이 제공하는 유익한 정보는 실제로 측정될 수 있다. 적어도 그런 유익한 정보가 얼마나 많은지 양적인 측면에서 추정될 수 있다. 대학원 시절 나의 멘토인 이탈리아 신경 과학자 줄리오 토노니Giulio Tononi가 주장한 바에 따르면, 우리는 현재 단 한 가지 특정한 의식적인 경험으로 채워져 있고, 이런 단 한 가지 특정한 의식적인 경험은 우리가 겪을 가능성이 높은 다른 모든 의식적인 경험들을 배제한다.[64] 다시 말해서 지금 우리는 영화를 보고 있지 않고 이 본문을 보고 있다. 또한, 심지어 모든 영화에서 구성한 모든 체계적인 틀은 그저 우리가 겪을 수 있는 많은 차별화된 의식적인 경험들의 아주 작은 일부분일 뿐이다. 정보 이론의 아버지로 알려진 미국 수학자 클로드 섀넌Claude Shannon이 발견한 대로, 정보는 대안적인 다른 모든 정보들을 배재한 데서 비롯된다. 동전 던지기는 다른 한 가지 대안적인 정보를 배제하므로 한 가지 정보를 갖는다. 이를테면 '예/아니요' 질문은 "예" 혹은 "아니요" 중에서 하나만 선택하여 답변할 수 있다. 특정한 의식적인 경험에 관하여 "예" 혹은 "아니요" 중에서 하나만 선택하여 답변할 수 있는 '예/아니요' 질문은 과연 몇 개나 될까? 답변하자면 아주 많다.

우리가 뇌의 기능을 이해하는 데 의식이 가장 중요하다는 것을 인정한다면, 신경 과학이 패러다임 이후의 학문 분야가 된다는 것은 무엇을 의미할까? 우리는 우선 처음부터 구성되었던 방식으로 질문해야 한다. 뇌를 이해한다는 것은 실제로 무엇을 의미할까?

비유적으로 생각해보자. 물질계를 살펴본다면, 우리는 우선 처음에 나무에서 떨어지는 낙엽부터 싱크대에서 흐르는 물까지 태피스트리(직물에 여러 가지 색실로 그림을 짜 넣은 실내 장식품－옮긴이 주)처럼 혼란스러운 움직임을 확인할 수 있다. 하지만 그 혼란스러운 움직임 속에서, 이제 우리는 합법적인 활동들이 각각 다채롭고 다양한 모든 현상 뒤에 숨어 있다는 사실을 안다. 따라서 물질계를 가장 잘 이해하는 것은 통계적인 상관관계들 중 하나가 아니라 오히려 '물리 법칙'이라는 규칙에 속한다. 다채로운 자연의 현상학 뒤에 다양한 모습과 표현들이 숨어 있다고 하더라도, 짐작건대 모든 것은 어디에서나 합법적인 법칙에 따라 째깍째깍 빠르게 진행되고 있을 것이다. 세상은 매초마다, 매 나노초마다, 매 시간마다 이런 숨겨진 법칙에 따라 펼쳐진다.

또한, 뇌를 가장 잘 이해하는 것도 상황에 따라 변화하는 신경 활동망을 다스리는 합법적인 규칙에 어느 정도 속한다. 합법적인 규칙에서, 신경 역학을 다스리는 상위 법칙은 의식을 다스리는 상위 법칙이다.

그렇다고 해서 근본적으로 뇌의 물리 법칙을 대체하거나 부정하는 그런 법칙들이 전형적인 범위에서 최소한 양자역학의 법칙을 대체하거나 부정하는 운동 법칙과 같다는 사실을 암시하는 것은 아니다. 뇌에는 시공간적으로 다소 중간 범위(뇌 영역 전체보다는 아래이며 뉴런보다는 위인) 정도에서 의식에 기반을 둔 합법적인 법칙들이 존재한다. 또한, 이런 합법적인 법칙은 신경 역학의 다양한 모습 뒤에 숨겨진 법칙들이다. 이런 법칙들은 그 다음 우리가 '경험'이라고 부르는 구조를 만들어낸다. 따라서 신경 과학의 표준적인 상관관계 접근 방식은 일반적으로 적절하지 않다. 오로지 상관관계만을 추적하며 물질계를 이해하려고 노력할 가능성이 크기 때문이다. 이를테면 그런 상관관계는 현재 무한하게 존재하지만, 이론도 없고 쓸모도 없다. 과학의 최적화되고 표준적인 상관관계 접근 방식은 합법적인 규칙이 계속 남아 있다. 다시 말해서 패러다임 이후에 뇌를 바라보는 관점은 통계적인 규칙이 아니라 합법적인 규칙이 존재해야 한다는 사실을 의미한다. 또한, 가장 높은 수준에서 핵심을 요약하자면, 기초과학 측면에서 다음의 세 가지 신경 과학적 발견만은 우리가 반드시 신경 써서 마음속에 깊이 간직하고 있어야 한다. (a) 인지에 기초가 되는 뇌의 생물학적 메커니즘(예를 들어 뉴런과 커넥토믹스, 시냅스의 분자 연구), (b) 뉴런 접속부의 높은 매개변수 공간이 어떻게 진화하는지를 구체적으로 명시하는 뇌의 학습 규칙, (c) 높은 매개변수 공간에서 뉴런 활동이 특정한 의식적인 경험을 합법적으로 발생시키는 방법. 이 세 가지 신경 과학적 발견 중에서 (c)는 오늘날 신경 과학에서 가장 무시되는 측면이 있다.

유전학자 테오도시우스 도브잔스키Theodosius Dobzhansky가 "진화를 고려하지 않으면 생물학에서 아무것도 쉽게 이해할 수 없다"[65]라고 주장했듯이, 의식을 고려하지 않으면 뇌에서 아무것도 쉽게 이해할 수 없다는 사실은 결국 명백해질 것이다.

5장

의식 연구의 두 가지 접근 방식

의식은 왜 그렇게 오랫동안 무시되었을까? 체스에서와 마찬가지로, 과학 분야가 과학 무대의 가장자리에서 중앙으로 이동하는 움직임은 중요한 변화를 보여준다. 의식 연구는 지난 수십 년간 중심부로 점점 더 가까이 다가갔다.

의식은 20세기 대부분의 기간 동안 과학 분야에서 금기시했다. 그런 속박을 박차고 나와 과학계가 의식을 받아들일 수 있도록 일군의 과학자들이 담론을 펼치며 노벨상을 두 차례 수상하긴 했지만, 그 노벨상 수상 연구 결과들은 뇌나 뇌의 기능과는 아무런 관련이 없었다. 이 중 첫 번째 노벨상은 DNA의 이중 나선 구조를 발견하고 논문을 발표한 영국 생물학자 프랜시스 크릭Francis Crick이 수상했다. 프랜시스 크릭은 1962년 노벨상 수상자들 가운데 한 명이었다. 의식과 관련한 두 번째 노벨상은 항체 분자 구조를 발견하고 논문을 발표한 미국 생물학자 제럴드 에델만Gerald Edelman이 수상했다. 제럴드 에델만은 논문을 발표하고 10년 뒤 1972년 노벨상 수상자들 가운데 한 명이 되었다. 프랜시스 크릭과 제럴드 에델만은 자신들이 속한 과학 분야가 변화를 일으키는 동안 다른 학문 분야에 관심을 가졌다. 프랜시스 크릭과 제럴드 에델만이 최초로 관심을 갖고 탐구했던 다른 학문 분야인 분자 생물학과 면역 기능은 오로지 과학 지도 제작자들에게만 둘러싸여 학문의 경계선이 그려지고 확립되었다. 과학 지도 제작자들은 과학 지도에서 비어 있는 공간을 채우기 위해 아직 개척하지 못한 학문 분야를 탐구하기를 갈망했다. 이때 과학 지도에서 비어 있던 가장 큰 공간은 의식이었다.

그래서 제럴드 에델만과 프랜시스 크릭은 캘리포니아에서 새로운 출발점을 찾았고 그 출발점으로 캘리포니아의 도시 샌디에이고를 선택했다. 제럴드 에델만은 자신이 설립한 기관인 신경 과학 연구소Neurosciences Institute로, 프랜시스 크릭은 기관을 설립할 때 자신에게 조언을 구했던 소크 생명과학 연구소Salk Institute로 이동했다. 제럴드 에델만과 프랜시스 크릭은 거리상 가까운 장소에 있었으며 관심을 가진 학문 분야도 공유하긴 했지만, 협력자보다는 경쟁자에 더 가까웠다. 인생을 살아가면서 인격보다 위대한 업적으로 세간의 이목을 끌었던 것으로 악명 높은 제럴드 에델만과 프랜시스 크릭은 수십 년에 걸쳐 개인적으로나 학문적으로 충돌했다. 하지만 이들은 의식 연구가 과학 분야에 받아들여지도록 노력하는 동안 과학계에서 훨씬 더 힘든 도전에 직면하게 되었다.

1990년대까지 의식 연구는 '올바른' 과학으로 여겨지지 않았다. 그러나 초기에 신경 과학자와 심리학자들은 자신들이 관심을 가지는 현상으로 의식을 직접 주장했다. 윌리엄 제임스William James는 하버드대학교 심리학 교수로 재직하던 1890년에 출판한 《심리학의 원리The Principles of Psychology》에서 '의식의 흐름'이라는 전문용어를 처음 사용했다. 하지만 1920년대까지 이런 접근 방식들은 자기 성찰에 의존한다는 이유로 거센 비판을 받았다. 미국 심리학자 버러스 프레더릭 스키너Burrhus Frederic Skinner는 하버드대학교에 재학 중이던 당시, 비록 어린 학생이긴 했지만 자신이 세계적으로 가장 유명한 비평가가 될 운명이라고 생각하며, 학계를 떠나 부모님과 함께 살면서 《위대한 미국 소설Great American Novel》 후속편을 저술하기로 결심했다.

(모든 문화적 산물 중 소설이 의식과 특별한 관련이 있다는 사실은 정말 모순적인 일이다. 어쩌면 필연적으로 스키너는 자신이 갖춘 문학적 서술 기법에 환멸을 느꼈고, 과학 자체에서 의식을 거부하기로 결심했을 수도 있다. 스키너가 영화라는 외재적인 매체에 새롭게 다가갔더라면, 아마도 의식 연구의 역사는 꽤 많이 달라졌을 것이다.)

다시 심리학 연구로 돌아온 스키너는 머지않아 급진적 행동주의를 지지하는 가장 중요한 인물이 되었다. 그는 유기체가 그저 입력 영역과 출력 영역이 뚜렷하게 구별되는 블랙박스일 뿐이며, 내재적 관점으로 의견을 나눈 논의는 이교도 신앙이나 우상 숭배, 점성술보다 거의 더 나을 수 없고 과학적이지 않다고 주장했다. 의식 연구를 거부하는 악당이 있다면, 그 악당은 바로 실패한 소설가이자 내재적 관점을 거부한 인물인 스키너다. 스키너가 의식을 처리하는 방식이 인기를 끌면서 의식은 과학이라 주장하지만 과학의 요건으로서 갖추어야 할 조건과 맞지 않은 유사 과학적인 단어가 되었다. 이윽고 심리학은 '의식의 흐름'이라는 개념을 제거하고 거의 한 세기 동안 내재적인 모든 것을 없앴다. 심리학은 과학으로서 생존하기 위해 의식에 존재하는 요소들의 범위를 버리는 동안, 특정한 형태를 부여하고, 관계를 설정하고, 하나와 다른 하나를 분리하는 바로 그 요소들, 이를테면 주의력이나 집중력, 기억, 인식, 행동 등과 같은 의식의 축소된 요소들만 유일하게 계속 유지했다.

전적으로 모든 세대의 과학자들을 지배했던 회의론과 관련하여, 제럴드 에델만과 프랜시스 크릭은 근본적으로 똑같은 논쟁을 펼쳤다. 그 논쟁은 의식이 뇌에서 발생한 자연현상이므로 과학의 범위에 속한다는 것이다. 하지만 제럴드 에델만과 프랜시스 크릭이 기질적인 측면에서 달랐던 것처럼, 이 둘은 논쟁을 펼치는 전략도 달랐다. 프랜시스 크릭은 심리학의 역사에서 일찍이 부상한 급진적 행동주의와 빠져나가기 힘든 철학적인 늪을 신중하게 경계했다. 그는 특정한 의식 상태와 관련된 신경 작용을 담당하는 뇌 영역에 관한 연구를 수행하면서 제시한 개념인 '의식의 신경 상관물neuronal correlates of consciousness, NCC'을 추구하도록 주장했다. 아울러 과학 분야에서 실행해야 할 일은 형이상학적으로 논쟁하는 것이 아니라 뇌가 변화하는 상태에 따라 의식이 변화하는 뇌와 의식의 상관관계를 명백하게 보여주는 것이라고 강조했다. 프랜시스 크릭이 《놀라운 가설The Astonishing Hypothesis》[1]에서 의식 연구를 지지한 만큼, 신경 과학자들은 마치 뇌 상태를 의식 상태에 배치하여 위대한 의식 연구 논문을 발표할 것처럼, 경험적 접근 방식을 적용하여 실증적으로 의식 연구를 진행해야 했다. 의식 연구 논문을 작성한 후 추가로 수행해야 할 연구가 있는지 여부는 우선 의식 연구 논문을 발표하고 나서 또 다른 날에 고려해야 할 문제였다. 그에 상응하여 프랜시스 크릭은 거의 유치하고 단순하게 의식의 신경 상관물이 존재할 수도 있다는 가설을 내세우며, 주로 경험적 접근 방식을 선도적으로 주도했다.

프랜시스 크릭은 맨 먼저 의식의 신경 상관물이 시각 정보를 처리하는 대뇌의 시각 피질에서 뇌파의 감마 대역 활동을 포함한다고 제안했다. (뉴런은 특정 주파수 대역에서 진동한다.)[2] 프랜시스 크릭이 가설을 내세울 때 중요한 내용을 숨긴 이유는 자신이 의식에 관한 첫 번째 과학적 가설을 자세히 설명한다고 해도 그 내용을 사람들이 그다지 알고 싶어 하지 않았으며, 근본적으로 경험적 접근 방식을 적용하여 첫 번째 과학적 가설을 명확하게 검증할 수 있는지를 알고 싶어 했기 때문이었다.

제럴드 에델만은 프랜시스 크릭과 다른 접근 방식을 선보였다. 제럴드 에델만은 항상 강렬하고 웅장한 이론, 특히 자연현상을 어느 정도 설명하는 양적 이론이나 형식적 이론을 적용했다. 깊은 사고력을 필요로 하는 이런 접근 방식은 결국 제럴드 에델만에게 노벨상을 안겨주었다. 면역 체계는 답변하기 어려워 보이는 역설에 직면했다. 무한하게 다양한 바이러스와 침략군이 항상 새로운 형태로 변형되고 돌연변이가 생기는 상황 속에서, 면역 체계는 어떻게 그 모든 상황에 미리 대비하여 대책을 마련할 수 있을까? 제럴드 에델만은 이 역설에 대한 답변을 적용하여 자신의 이론을 내놓는 데 도움을 받았다. 면역 체계는 항체를 무작위로 만들어내며 아주 작은 수, 이를테면 중요한 변화를 가져올 만큼 침략을 막기에는 극도로 작은 수로 떠돌아다니는 거대한 저장소를 가졌다. 하지만 한 항체가 침략군(항원)과 결합하는 순간, 면역 체계는 선택적으로 다른 항체들의 발달을 멈추고 침략군과 싸울 수 있는 항체의 생성량을 크게 증가시키는 과정을 진행한다. 면역 체계에서 생성량을 크게 증가시킬 항체는 무작위로 생성된 항체들 속에서 침략군과 싸울 수 있는 항체로 선택한다. 인체 내 혈류 속에서도 다윈주의의 힘이 작동한다(다윈이 자연선택과 적자생존을 바탕으로 생물 진화의 원리를 주장한 이론. 어미 형질이 새끼에게 전해질 때 각종 변이가 나타나는데 그 중에서 살아남을 수 있는 변이만이 자연선택 되어 새로운 종류의 생물이 나온다는 이론인 다윈론과 마찬가지로, 무작위로 생성된 항체들 속에서 침략군과 싸울 수 있는 항체만이 선택되어 생성량이 크게 증가하는 과정이 발생한다는 의미 - 옮긴이 주). 면역 체계는 답변하기 어려워 보이는 역설에 직면했지만, 역설에 대하여 이론적으로 명쾌한 답변을 찾았다. 이와 마찬가지로 제럴드 에델만도 의식 자체가 직면했던 역설적인 문제에 대하여 명쾌한 답변을 찾고 싶었다.

가장 먼저 제럴드 에델만은 면역 체계가 답변을 찾았던 장소와 유사한 장소를 주의 깊게 살펴보고, 뇌가 선택적인 방식으로 작동한다고 판단했다. 그리고 태어날 때 뇌는 엄청나게 다양한 영역들이 각각 연결되어 있다는 사실을 밝혀냈다. 아기의 뇌는 성인의 뇌보다 훨씬 더 많은 영역이 연결되어 있다. 태어날 때 뇌에서 다양한 형태로 형성된 매우 많은 영역 가운데 일부 영역들은 학습을 통해 강화되면서 선택되지만, 나머지 일부 영역들은 운 좋게 선택된 일부 영역들을 두드러지게 강조하기 위해 불필요한 부분으로 여겨지고 제거된다. 이렇게 살아남은 뇌의 일부 영역들은 개념과 행동, 정신의 다른 구성 요소들로 자리 잡게 된다.[3]

제럴드 에델만은 뇌의 기능에 관한 이론을 개발하여 '신경 다윈론neural Darwinism'이라고 부르며 신경 다윈론과 의식을 연결하기 시작했다. 그는 《기억된 현재The Remembered Present》에서 신경 다윈론으로 구축한 뇌의 개념들이 앞뒤로 상호작용 하는 데 중요한 역할을 했고, 이런 기능적인 뇌의 개념들이 기억으로 분류되었는데 이런 상황이 '기억된 현재'를 형성했으며, 그렇게 형성된 '기억된 현재'를 우리는 '의식'이라고 불렀다고 주장했다.[4] 신경 다윈론은 프랜시스 크릭에게 비판을 받았다. 프랜시스 크릭은 제럴드 에델만이 뇌의 기능에 관하여 개발한 이론이 다윈의 업적과는 아무런 관련이 없기 때문에 '신경 다윈론'이라고 부르기보다는 '신경 에델만론neural Edelmanism'[5]이라고 불러야 한다고 주장했다. 이로 인해 프랜시스 크릭과 제럴드 에델만 사이에는 적대감이 훨씬 더 커졌다. 그 후에 제럴드 에델만은 신경 활동의 복잡성을 조사하고 실험하는 연구로 옮겨갔으며, 해부학적 기관에 관심을 줄이고 그것의 역학에 더 많이 집중하면서 의식의 정도를 직접 평가하기 위해 수학적 해석을 개발하는 연구를 돕고, 다시 원래대로 이론을 적용하는 이론적 접근 방식을 취했다.

노벨상을 수상한 프랜시스 크릭과 제럴드 에델만이 활짝 열어놓은 과학적인 공간 안에서, 의식은 과학 분야에 뿌리를 내리기 시작했다. 1990년대 중반, 프랜시스 크릭과 제럴드 에델만은 영국 수리 물리학자 로저 펜로즈Roger Penrose처럼 의식에 관심을 가진 과학 분야의 다른 막강한 실력자들과 함께 매년 '의식의 과학을 향해Toward a Science of Consciousness'라는 협의회를 주관할 정도로 의식에 관한 관심을 불러일으켰다. 로저 펜로즈는 의식의 수수께끼 같은 문제에 대한 해답이 물리학에 자리 잡아야 한다고 확신하며, 뇌가 어떻게든 신비롭게 양자역학의 기본 원리인 양자 중첩(고전 물리학의 파동과 마찬가지로 두 개의 양자 상태가 함께 더해져 다수의 양자 상태를 동시에 가질 수 있다는 원리–옮긴이 주)을 이용하여 일반적으로 답변하기 어려울 수 있는 문제들을 해결하도록 제안했다. 하지만 처음부터 본질적으로 과학 분야에 내재된 긴장감은 과학과 비과학적인 유사 과학 사이에 경계선을 표시하고자 애써 노력하는 상황 속에서 생겨났다. 당시 로저 펜로즈의 연구단은 '의식의 과학을 향해'라는 협의회를 세계적으로 유명한 미국 베스트셀러 작가 디팩 초프라Deepak Chopra가 사인회를 개최하며 소통하기 위해 모인 하계 수련회로 전락했다고 비평가들이 비난했음에도 불구하고 20년 후까지 양자 물리학에 중점을 두고서 매년 진행해나갔다.

오늘날까지 대다수의 자금 지원과 제재를 함께 받는 의식 연구는 프랜시스 크릭과 제럴드 에델만의 지적인 후손들에게로 이어졌다. 프랜시스 크릭과 제럴드 에델만의 영향을 받은 이들은 주로 특정한 의식 상태와 관련된 신경 작용을 담당하는 뇌 영역에 관한 연구를 수행하며 의식의 신경 상관물을 발견하는 데 중점을 둔 경험적 접근 방식(프랜시스 크릭이 제시한 접근 방식)과 자연현상을 어느 정도 설명하는 양적 이론이나 형식적 이론을 적용하며 의식의 정도와 내용을 직접 측정하고 평가하기 위해 수학적 해석을 개발하는 연구를 공식적으로 제안한 이론적 접근 방식(제럴드 에델만이 제시한 접근 방식)으로 나뉘었다. 이들 대부분은 오늘날 주요 연구 대학의 교수로 재직 중이며, 미국 국립과학재단National Science Foundation과 미국 국립보건연구원National Institutes of Health, 심지어 미국 국방부로부터도 의식 연구를 수행하는 데 필요한 자금을 지원받고 있다. 프랜시스 크릭과 제럴드 에델만은 둘 다 자신들이 처음부터 세상을 뒤흔들 정도로 추구했던 두 번째 과학적 돌파구를 성공적으로 마련하지 못했다.

과학 분야에서 의식 연구를 시작하고, 의식의 신경 상관물을 발견하면 의식 연구를 수월하게 진행할 수 있다고 제안했던 크릭은 의식의 신경 상관물을 발견하지 못한 채 2004년 대장암으로 세상을 떠났다. 경쟁자인 프랜시스 크릭이 노벨상을 수상한 이후 10년 뒤에 노벨상을 수상한 제럴드 에델만은 과학 지도의 빈 공간을 채우기 위해 의식 연구를 수행하다가 프랜시스 크릭이 대장암으로 세상을 떠난 이후 10년 뒤인 2014년 전립선암으로 세상을 떠났다.

프랜시스 크릭의 경험적 접근 방식

이쯤에서 프랜시스 크릭이 제시한 경험적 접근 방식에 관하여 의문을 제기한다. 뇌 상태와 특정한 의식 상태의 상관관계를 발견하여 위대한 의식 연구 논문을 발표하려면 경험적 접근 방식을 어떻게 적용해야 할까?

의식에는 두 가지 주요 요소, 즉 의식의 정도(잠에서 깨기, 꿈을 꾸기, 멍하게 있기 등)와 의식의 특정한 내용(시각, 소리, 기억 등)이 존재한다. 프랜시스 크릭이 제시한 경험적 접근 방식의 주요 관심사이자 주요 어려움들 중 하나는 의식의 내용을 실험 변수(어떤 실험에서 실험자가 직접 변경하는 변수 – 옮긴이 주)로 분리하는 것이었다. 지난 30년 동안 의식을 교묘하게 분리하고 통제하는 연구 방식은 문헌에서 펼쳐졌으며, 뇌에서 자극이 의식적으로 처리될 때와 무의식적으로 처리될 때 발생하는 특별한 차이를 정확하게 찾아내려고 시도했다.

예를 들어 스위스 결정학자 루이스 알버트 네커Louis Albert Necker의 네커 정육면체(네커 입방체)를 활용한 시험 연구를 진행한다고 가정해보자. 네커 정육면체는 이차원 도형이지만 삼차원 정육면체로 인지되는 착시 현상이다. 지각적으로 선의 강도가 변화하는 네커 정육면체의 쌍안정 영상을 실험 참가자들에게 보여주고, 실험 참가자들이 네커 정육면체 영상을 살펴보면서 네커 정육면체가 '휙 뒤집힐' 때 뒤집히는 모양에 따라 '왼쪽 버튼과 오른쪽 버튼 중 하나를 손가락으로 클릭'하는 실험 연구를 진행한다고 실험 참가자들이 살펴보고 있는 네커 정육면체의 한 면이 '뒤쪽으로' 미끄러지듯 한층 높아질 때는 오른쪽 버튼을 클릭하고, 네커 정육면체의 한 면이 '앞쪽으로' 미끄러지듯 한층 높아질 때는 왼쪽 버튼을 클릭하도록 한 실험 참가자에게 설명해준다. 이때 네커 정육면체의 한 면이 뒤쪽으로 미끄러지듯 한층 높아지는 영상을 보면서 오른쪽 버튼을 클릭하는 행동과 네커 정육면체의 한 면이 앞쪽으로 미끄러지듯 한층 높아지는 또 다른 영상을 보면서 왼쪽 버튼을 클릭하는 행동만으로도 운동을 계획하고 실행하는 데 주요한 역할을 하는 대뇌 피질의 전운동 피질과 후두정엽 피질의 차이가 실험 연구 자료에 드러난다. 왼쪽 버튼을 클릭하는 행동은 오른쪽 버튼을 클릭하는 행동보다 대뇌 피질에서 다른 운동 영역의 활동을 요구하기 때문이다. 게다가 실험 연구를 진행할 때 더 곤란한 점은 실험 참가자들이 특정한 방식에 따라 버튼을 클릭하기 위해 의식적으로 상황을 인지하여 클릭할 버튼을 선택해야 한다는 것이다. 그렇다면 이런 상황에서 연구원들은 실험 참가자들의 선택 능력이나 인지 능력을 제대로 측정할 수 있을까? 다시 말해서, 의식에 관한 논문 자체가 의식의 내용과 정도를 실험 변수로 분리하는 것을 방해한다. 이 말은 관찰자 효과(물리학에서 실험자가 미립자를 입자라고 생각하고 바라보면 입자의 모습이 나타나고, 그렇게 바라보지 않으면 물결의 모습이 나타나는 현상-옮긴이 주)가 있다는 뜻이다. 의식에 관한 실험 연구 자료를 얻기 위해서는 의식에 관한 논문을 면밀하게 분석해야 하지만, 의식에 관한 논문 자체가 의식의 내용과 정도를 실험 변수로 분리하는 것을 방해한다.

지금부터는 전형적으로 '의식에 관한 논문이 없다는 과학적 패러다임' 안에서 생각해보자. 이런 경우에 실험자는 처음에 어떤 중대한 인물이 구두로 발표하는 실험 연구 결과와 자신의 실험 연구 결과를 면밀하게 조합한 다음, 일단 조합한 실험 연구 결과가 확립되면 자신의 실험 연구 결과와 중대한 인물의 실험 연구 결과를 함께 조합했다는 사실을 의도적으로 숨긴 채 조합한 그 실험 연구 결과를 발표하는 자동적인 현상에 의존한다. 예를 들어 실험 연구 결과에 따르면, 한 관점과 또 다른 관점 사이에서 전환되는 고전적인 환상은 우선 한 관점과 또 다른 관점에서 각각 볼 때 실험 참가자의 미묘하게 다른 동공 반응들과 밀접하게 연관되어 있을 수 있다. 그때 그런 고전적인 환상이 한 관점과 또 다른 관점 사이에서 전환되는 동안 실험 참가자의 뇌에서 무슨 일이 발생하고 있는지를 연구원들이 제대로 인식하기 위해서는 실험 참가자가 심지어 한 관점과 또 다른 관점 사이에서 고전적인 환상이 언제 전환되는지 알려주지도 말아야 한다. 역설적이게도, 이와 같이 통제하는 실험 연구 방식 중에서 한 가지 주요한 사실은 의식의 신경 상관물이 비교적 한정되어 있다는 점이다. 이를테면 대뇌의 시각 피질은 시각 정보와 시각적 의식 경험을 처리하고, 청각 피질은 청각 정보와 소리를 처리한다. 의식에 관한 논문과 마찬가지로, 연구원들이 이런 식의 통제하는 실험 연구 방식을 적용할수록 과학 지도에서 의식이 차지하는 공간은 더 줄어든다.[6]

대학생 시절에 나는 뇌파 검사electroencephalography, EEG를 활용하여 실험 연구를 수행하기 위해 뇌파 검사 실험실을 개설했다. 나는 의식의 내용과 정도를 실험 변수로 분리하기 위해 되도록 거의 모든 통제 실험 연구 방식을 적용하여 뇌파 검사를 활용한 실험 연구를 실행하고 싶었다. 연구원들이 주장하는 실험 연구는 일단 통제 실험 연구 방식을 적용하면 오로지 대뇌의 전두엽 영역에서만 의식적인 자극과 무의식적인 자극의 차이를 보여준다는 것이다.[7] 하지만 그런 실험 연구는 시간적 해상도가 매우 낮은 기능적 자기공명영상을 활용하여 실험 연구 대상자의 뇌를 화면에 나타내 보였다. 그래서 나는 시간적 해상도가 상대적으로 더 높은 뇌파 검사를 활용하고 싶었다. 기능적 자기공명영상을 활용했던 기존의 실험 연구와는 달리, 우리는 다른 실험 연구 방식으로 뇌파 검사를 활용했기 때문에 대뇌 반구 양쪽의 후두엽에 위치한 대뇌 피질 영역(시각 피질)에서 의식적인 자극과 무의식적인 자극의 차이를 매우 명확하게 확인했다. 처음에 실험 참가자는 점 하나를 보았고, 그 다음에는 잠깐 번쩍이는 자극 하나(정사각형)를 보았으며, 그 다음에는 잠깐 번쩍이는 또 다른 자극 하나(다이아몬드)를 보았다. 이때 자극은 가려진다. (그래서 자극이 가려지는 정도에 따라 실험 참가자들이 원래의 자극을 어떤 때는 보았고, 또 어떤 때는 보지 못했다.) 시각 피질의 활동은 의식적인 자극과 무의식적인 자극의 차이를 완벽하게 나타냈다. 하지만 논문을 출판하려고 작성하는 동안, 나는 내가 어떤 실험 연구 방식을 적용했어도 여전히 통제되지 않은 변수가 남아 있다는 사실을 깨달았다. 자극을 성공적으로 가린 경우에, 실험 참가자는 처음에 점 하나를 보았고, 그 다음에 가려진 자극을 보았다. 그리고 자극을 성공적으로 가리지 않은 경우에, 실험 참가자는 처음에 점 하나를 보았고, 그 다음에 자극 하나(정사각형 혹은 다이아몬드)를 보았으며, 그 다음에 가려진 또 다른 자극 하나를 보았다. 미국 심리학자 윌리엄 제임스William James가 사람의 정신 속에서 생각과 의식이 끊어지지 않고 연속된다고 주장하면서 처음 사용한 심리학 개념인 '의식의 흐름'을 적용하자면, 자극을 성공적으로 가린 경우는 실험 참가자가 점 하나와 가려진 자극을 잇달아 보았기에 두 개의 연속적인 인식을 포함하는 의식의 흐름이 있었다. 또한, 자극을 성공적으로 가리지 않은 경우는 실험 참가자가 점 하나와 자극 하나와 가려진 또 다른 자극 하나를 잇달아 보았기에 세 개의 연속적인 인식을 포함하는 의식의 흐름이 있었다. 나는 하나의 의식적인 인식과 또 다른 하나의 무의식적인 인식을 비교하지 않았고, 자극을 성공적으로 가린 경우에 실험 참가자가 잇달아 본 두 개의 대상물(점 하나와 가려진 자극)과 자극을 성공적으로 가리지 않은 경우에 실험 참가자가 잇달아 본 세 개의 대상물(점 하나와 자극 하나와 가려진 또 다른 자극 하나)을 비교하고 있었다! 그동안 출판된 수백 개의 논문이 이와 유사한 실험 연구 방식을 적용하여 의식에 관한 실험 연구 결과를 주장했다는 사실이 드러났지만, 논문의 공동 저자들과 나는 그런 실험 연구 결과를 발표하지 않았다. 그 후로 줄곧 한 가지 문제가 나를 괴롭혔다. 의식이 끊어지지 않고 연속적으로 흐른다면, 의식은 다른 심리적 과정이 일어나는 중간 매개체이고, 중간 매개체를 실험 변수로 분리할 수 있을까?

이와 같은 문제들 때문에 의식의 신경 상관물을 찾아내

려는 탐구는 아마도 단순하게 실험적 경험으로 진행되지 않을 것이다. 그 말은 의식적 경험으로 발견한 의식의 신경 상관물은 특정 이론으로 자연스럽게 이어진다는 뜻이다. 우리는 프랜시스 크릭이 이런 상황을 기대했을 만한 이유를 이해할 수 있다. 결국 프랜시스 크릭과 미국 분자생물학자 제임스 왓슨James Watson은 "우리가 가정한 특정 염기쌍 형성 원리가 바로 유전 물질의 복제 메커니즘을 제시한다는 사실을 주목하지 않을 수 없다"라고 인정하며, 공식적으로 간략하게 감사를 표하는 글을 덧붙인 채로 DNA의 이중 나선 구조를 발견하고 그것을 설명해놓은 유명한 논문을 마쳤다. 즉, DNA의 이중 나선 구조를 발견하기 위해 정확하게 실험하고 관찰하여 얻은 경험적 증거는 바로 DNA 기능의 포괄적인 이론을 제시한다. 한 이론이 논리적으로 다른 이론에서 생겨나기 때문이다.[8]

하지만 뇌의 경우는 그렇지 않을 것 같다. 의식과 무의식의 차이가 매우 복잡한 신경 활동과 관련된 것처럼, 우리는 극도로 광범위한 사실들을 특정 사실들과 적당히 연관시켜 다소 확신한다.[9][10] 그러나 이런 광범위한 연관성은 의식을 명확하게 꿰뚫어 보는 통찰력을 제공하지 못한다. 프랜시스 크릭의 경험적 접근 방식을 적용한 의식 연구의 목표가 그저 단순하게 실험적 경험으로 의식의 신경 상관물을 찾는 것에만 그치는 게 아니라, 가능한 한 상세하게 그린 과학 지도를 만들어내는 것이라면, 이런 목표는 또 다른 문제에 부딪힌다. 의식의 신경 상관물은 자신이 처한 힘든 문제**와 더불어** 패러다임 이전의 신경 과학에서 정기적으로 발생하는 모든 문제도 가지고 있기 때문이다. (결국에는 심리학의 모든 문제를 가지고 있다.) 의식에 관한 네 가지 다른 이론들을 조사한 412개의 실험 연구 결과에 따르면, 방법론은 매우 다양했으며, 연구원은 거의 항상 오로지 논문 저자들이 지지하는 이론만 더 확실하게 공식화한다는 사실을 발견했다.[11] 이런 이유 때문에 의식의 신경 상관물을 찾아내려는 탐구는 거의 대부분 순조롭게 진행되지 못했다. 패러다임 이전의 과학을 적용하여 패러다임의 변화를 촉발시키는 것은 연구원이 스스로 노력하여 자신만의 실험 연구 방식으로 훌륭한 실험 연구 결과를 끌어내는 것만큼이나 불가능하다.

그뿐만 아니라 경험적 조사는 무슨 이론이든 확립하려면 가장 먼저 어떤 실험적 증거를 진지하게 받아들일지를 결정해야 하므로, 실험 연구를 전반적으로 더 어렵고 힘들게 만드는 경향이 있다. 그에 따라 실험 연구 결과 중 대부분은 서로 모순된다. 다시 말해서 결과적으로 경험적 조사는 의식에 대한 가설을 명백하게 입증하지 않는다. 대신에 연구원이 스스로 선택한 실험적 증거와 경험적 조사에 따라 서로 모순되는 실험 연구 결과들을 아주 많이 만들어낸다.

일반적으로 생각하자면, 경험 과학(경험적 사실을 대상으로 연구하는 실증적 학문 – 옮긴이 주)은 이론을 잘라낸 그 자체로 순수하게 존재할 수 있을까? 즉, 경험 과학이 상관관계만 적용할 수 있을까? 사회학이나 심리학과 마찬가지로, 지금까지 포괄적인 이론이 명백하게 부족한 과학 분야들은 선두적인 학계를 황금처럼 고귀한 과학계로 완전히 바꿔놓는 데 실패한 분야들이었다.

이제는 제럴드 에델만이 제시한 이론적 접근 방식만 덩그러니 남아 있을 뿐이다.

제럴드 에델만의 이론적 접근 방식

제럴드 에델만은 근본적으로 프랜시스 크릭과 다른 접근 방식을 제시했다. 제럴드 에델만은 이론을 제안하는 메커니즘이 아니라, 당시에 입증했던 메커니즘을 제안한 이론을 연구했다.[12] 제럴드 에델만의 아내가 주장한 바에 따르면, 에델만의 박사과정 지도교수는 에델만이 제시한 이론을 믿지 않았기에 결국 에델만과 함께 노벨상을 수상하지 못했다.[13] 다시 말해서, 프랜시스 크릭이 제시한 경험적 접근 방식으로 실험 연구를 진행하는 것을 반대한 연구원들은 올바른 경험적 조사에 따라 실험 연구 결과를 도출해야 한다. 많은 다른 과학자들 가운데 (최소한 신경 과학 분야 내에서 유명한) 이탈리아 신경 과학자 줄리오 토노니Giulio Tononi나 독일 신경 과학자 올라프 스폰스Olaf Sporns, 영국 신경 과학자 칼 프리스턴Karl Friston과 같은 제럴드 에델만의 제자들이 지금도 제럴드 에델만의 이론적 접근 방식을 적용하여 실험 연구를 진행하고 있다는 사실은 놀라운 일이 아니다.

우선 제럴드 에델만의 이론적 접근 방식에 기반을 둔 이론이 존재하기 때문에 의문을 제기한다. 연구원들은 어떻게 의식 이론을 만들 수 있을까? 공들여 만든 과학적 이론은 예술품이라는 사실에 주목하자. 이론은 간결성이나 해석력, 예측력, 고상한 품격 등을 포함하는 특정한 성격을 갖춰야 하고, 결국 이론을 실험적으로 입증하거나 반증하는 방법을 제안해야 한다. 이론은 흔히 아주 많은 부분이 바뀌는 경우가 많다. 그래서 이론 하나를 구성하는 과정은 수수께끼 하나를 해결하는 과정이라기보다 오히려 상황에 따라 변화하는 퍼즐을 해결하는 과정과 더 유사하다. 더 추상적인 단계에서 작동하는 제럴드 에델만의 이론적 접근 방식은 이론 물리학과 응용 물리학의 관계를 나타낸다. 제럴드 에델만의 이론적 접근 방식은 뇌 영상이나 독특한 신경학적 실험 연구 사례와 같은 표준적인 신경 과학의 도구에 중점을 둔다. 의식의 신경 상관물을 찾아내려는 탐구와는 달리, 제럴드 에델만의 이론적 접근 방식은 주로 추상적 개념이나 사고실험, 수학에 중점을 둔다. 하지만 이때는 오로지 신경 과학을 필요에 따라 패러다임 이후의 상태로 변화시킬 기회를 마련하는 데만 초점을 맞춘다.

과학 분야가 꿈꾸는 희망은 '의식 측정 도구'라는 개념으로 요약된다. (깨어 있는 인간의 뇌나 인공 신경망과 같은) 어떤 주어진 시스템이 실제로 의식을 하고 있다면, 그 시스템이 무엇을 의식하는지를 알려줄 의식 측정 도구가 있다고 상상해보자. 더 일반적으로, 우리는 이런 의식 측정 도구를 추상적으로 물리적 상태와 정신적 상태를 연관시켜 수학적 기능을 찾는 도구로 설명할 수 있다. 동료들과 나는 그런 이상적인 의식 이론이 과연 어떤 모습으로 나타날지 윤곽을 그리며, 특정한 이론에 전념하지 않고 의식 이론에 관하여 명확하게 설명할 수 있는 의식 이론을 되도록 밝혀내려고 노력했다.[14] 그렇다면 의식 이론은 정확히 어떤 모습일까?

현재 과학 분야에서 거의 보편적인 의식 이론은 p로 시작한다. p는 배열이나 신경 역학, 상태를 나타내며, 물리적 시스템 P에 포함된다. 적절한 상황에서 대부분의 경우에 이런 물리적 시스템은 뇌에 해당할 것이다. 하지만 상황에 따라 형식적으로 생각해보면, 우리는 가능한 한 일반적으로 p에 어떤 예외적인 경우를 포함시켜도 나쁘지 않다고 생각하며, p가 물리적 시스템이 될 가능성이 클 수도 있다고 주장한다. 이런 형식적인 측면에서, p는 뇌의 상태(혹은 신경 역학 혹은 배열. 언어는 여기에 속하지 않는다)에 해당할 수도 있으며, P는 뇌 자체에 해당한다. 다시 말해서 p는 배열이나 신경 역학이나 뇌의 상태에 해당하며, 가능한 한 부분집합으로 표현한다. 반면, P는 뇌 자체에 해당하며, 가능한 한 전체집합으로 표현한다. 부분집합 p는 전체집합 P에 포함되는데, 이는 기호로 $p \in P$라고 나타낸다. 이론에는 적절하게 식별할 수 있는 부분집합(데이터, 변수, 우리가 주목하고 있는 대상)이 존재하며, 이때 부분집합은 신경 영상 데이터가 될 수도 있다. 신경 영상 데이터는 기호로 o라고 나타내자. 다시 말해서 o는 신경 영상 데이터에 해당하며, 가능한 한 부분집합으로 표현한다. 반면, O는 관찰에 해당하며, 가능한 한 전체집합으로 표현한다. (부분집합 o는 전체집합 O에 포함되는데, 이는 기호로 $o \in O$라고 나타낸다.)

다음의 그림을 살펴보면, 그림 왼쪽에 $P \rightarrow O$라는 기호가 있다. 여기서 화살표(→)가 가리키는 O는 'observations(관찰)'을 의미하며, 우리는 'observations'을 간략하게 줄여서 'obs'라고 칭할 수 있다. 관찰을 의미하는 O는 어떤 물리적 시스템에서 관심을 가지고 흥미롭게 관찰할 수 있는 대상을 찾아 기록하거나 분석하는 과학의 표준적 방법을 나타낸다.

의식 이론의 목표는 다양하게 다른 의식적 경험들을 가질 수 있는 시스템을 체계적으로 마련하는 것이다. (각각의 이론은 이런 체계적인 시스템 공간에서 스스로 명확하게 내린 정의를 가진다.) 이를테면 전체집합인 경험적 시스템 E 내에는 시스템이 가진 어떤 특정한 경험이 포함되어 있다. 이때 어떤 특정한 경험은 기호로 e라고 나타내며, 가능한 한 부분집합으로 표현한다. 다시 말해서 부분집합 e는 전체집합 E에 포함되는데, 이는 기호로 $e \in E$라고 나타낸다. (현재 이 책에서 언급하는 e는 아마도 커피를 마시거나 편안한 의자에 앉아 있는 경험도 포함할 수 있다.) 의식 이론은 시스템이 가진 경험이 무엇인지를 (되도록 경험의 공간 밖에서) 예측하여 만든 예측도다. 다음의 그림에서 표현한 'prediction(예측)'은 간략하게 줄여서 'pred'라고 칭하자.

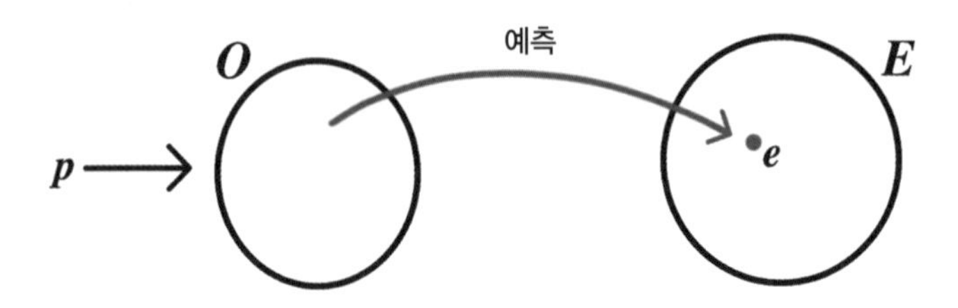

일반적으로 우리는 의식 이론을 물리적 시스템 P (혹은 물리적 시스템에 대한 관찰, O)와 경험적 시스템 E 사이에서 선택된 예측도라고 생각할 수 있다. 물리적 시스템 P와 관찰 O는 세상을 바라보는 외재적 관점, 과학과 메커니즘을 바라보는 외재적 관점, 뇌의 상태와 신경 역학을 바라보는 외재적 관점 내에 존재한다. 경험적 시스템 E는 가능한 한 다양하게 다른 특정 경험들이 펼쳐진 세상을 바라보는 내재적 관점 내에 존재한다. 의식 이론이 하는 역할은 외재적 데이터를 되도록 경험적 시스템 E의 공간과 연관시키는 것이다. 이렇게 연관시키는 데 최소한 합법적으로 외재적 관점에서 내재적 관점으로 방향을 바꾸는 방식을 적용한다. 또한, 의식 이론은 어떤 기능을 활용해야 할지를 '아주 제대로' 잘 알고 있다!

의식 이론은 초기에도 영향력이 컸고, 지금도 여전히 영향력이 매우 큰 이론으로 자리 잡고 있다는 사실에 주목하자. 의식 이론은 뇌에서 전체 뉴런 중 극히 일부가 순간순간 선택되어 전역 작업 공간에 들어온다는 전역 작업 공간 이론Global Workspace Theory, GWT의 한 유형이다. 미국 인지 과학자 버나드 바스Bernard Baars는 1980년대 후반에 전역 작업 공간 이론을 처음 발표했고,[15] 프랑스 신경 과학자 스타니슬라스 드앤Stanislas Dehaene 같은 과학자들은 1990년대 후반에 의식을 '뇌의 게시판'이라고 비유하면서 신경 역학에 근거를 두고 전역 작업 공간 이론을 전개시켰다.[16] 뇌의 일부 특정 영역에서 보유한 정보나 처리, 신호들은 뇌의 나머지 영역에서 '외치기' 시작한다. 이때 뇌의 일부 특정 영역에서 보유한 정보나 처리는 뇌의 나머지 영역에서 뇌 전역이 의식할 정도로 매우 크게 외치는 반면, 신호들은 그렇지 않다.

하지만 정말로 의식 이론도 전역 작업 공간 이론에 포함될까? 의식 이론은 정확히 언제 전역 작업 공간 이론에 포함되고, 언제 포함되지 않을까? 의식 이론이 전역 작업 공간 이론에 포함되려면 최소한 어떤 필요조건을 충족시켜야 할까? 수학적으로 진술한 이런 질문에 누가 어떻게 답변할 수 있을까? 이런 모든 질문은 다음과 같이 간략하게 요약할 수 있다. 다소 임의적으로 의식 이론 p가 주어지면, 우리는 어떻게 의식 이론 p를 관찰(O)하고, 전역 작업 공간 이론에 따라 그런 관찰(O)을 어떻게 경험적 시스템 E의 공간과 연관시킬 수 있을까? 만일 이런 질문에 비교적 명확한 답변을 내놓지 못한다면, 전역 작업 공간 이론은 이론이라기보다 오히려 비유에 더 가깝지 않을까?

물리학자들이 단순히 비유적이지만 수학적이지 않은 중력 이론을 확립하는 상황을 받아들일 수 없듯이, 제럴드 에델만의 이론적 접근 방식을 적용한 연구원들은 형식적 이론과 양적 이론 쪽으로 방향을 바꿨다. (그리고 나는 전역 작업 공간 이론이 나중에 훨씬 더 형식적 이론과 양적 이론에 가까워지게 된다는 사실을 언급해야 한다.)[17]

제럴드 에델만의 이론적 접근 방식을 성공적으로 가장 잘 적용한 이론은 완전히 완벽한 의식 이론이다. 아마 오늘날까지도 이런 필요조건을 충족시키는 유일한 이론은 박사 학위를 취득한 후 신경 과학 연구소에서 제럴드 에델만에게 지도를 받았던 이탈리아 신경 과학자 줄리오 토노니가 제안했을 것이다. (나는 대학원생이었을 때 줄리오 토노니에게 지도를 받았으며, 줄리오 토노니 덕분에 실질적으로 제럴드 에델만을 나의 '과학의 할아버지'로 떠받들게 되었다.) 줄리오 토노니는 10년 동안 제럴드 에델만과 함께 시간을 보냈고, 신경 과학 연구소를 떠나 제럴드 에델만과 연구를 수행한 직후에 통합 정보 이론Integrated Information Theory, IIT을 제안했다.[18] 앨런 뇌과학연구소 회장이자 프랜시스 크릭의 가까운 협력자인 미국 신경 생리학자 크리스토프 코흐Christof Koch는 통합 정보 이론을 '근본적으로 의식 이론을 기초로 하여 만들어진 유일하게 유망한 이론'이라고 아주 멋있게 묘

사했다.[19]

통합 정보 이론은 왜 이런 영광스러운 월계관을 쓸 자격이 있을까? 첫 번째 이유로 통합 정보 이론의 의식 이론에 기반을 둔 접근 방식은 뇌에서 정보가 통합되는 방법과 뇌 내부에서 발생하는 복잡한 관계성을 예측하여 의식을 확인하며 아주 흥미롭고 재미있는 수많은 경험적 결과를 불러왔다. 실제로 뇌에서 정보가 통합되는 방법을 예측하기는 불가능하다. 하지만 전자기장을 활용하는 뉴런들의 섭동에 따라 대뇌 피질의 활동이 얼마나 복잡한지에 기반을 둔 기존의 의식 정량화 지표인 섭동 복잡도 지수Perturbational Complexity Index, PCI와 마찬가지로, 현재까지 발달되어 온 기발한 추단법이 다소 존재하므로 이런 방식을 적용한다면 뇌에서 정보가 통합되는 방법을 예측하는 것이 가능할 수도 있다. 다시 말해서 대뇌 피질의 종을 울려서 대뇌 피질의 종이 얼마나 매력적인 소리를 내는지 살펴볼 수 있다. 심지어 의식은 있지만 몸의 운동 기능이 마비된 락트인 증후군 환자도 실제로 얼마나 의식하는지 예측할 수 있다. (락트인 증후군 환자의 의식 상태를 파악한다는 것은 락트인 증후군 환자 몸의 지하 망령 세계에 갇혀 꼼짝 못하는 불쌍한 영혼이 텔레비전이나 라디오가 켜져 있는지를 확인하는 것처럼 그저 단순한 일을 수행하는 것만을 의미할 수도 있다. 따라서 이런 문제는 도덕적으로 중요하다는 사실에 주목하자.) 의식이 깨어 있는 환자들은 섭동 복잡도 지수가 가장 높지만, 락트인 증후군 환자들은 의식이 최소한으로 있는 환자들보다 섭동 복잡도 지수가 더 높다. 결국 의식이 최소한으로 있는 환자들은 의식이 완전히 없는 환자들보다 섭동 복잡도 지수가 더 높다.[20] 대뇌 피질 하부가 위축된 환자들도 마찬가지다. 대뇌 피질 하부가 위축된 환자들은 대뇌 피질의 섭동 복잡도 지수에 따라 대뇌 피질 하부가 위축된 정도를 추적 관찰할 수 있다.[21]

대뇌 피질의 섭동 복잡도 지수를 평가하는 방법들은 기술적이고 가격이 매우 비싸기에 대부분 진료소에서 이용할 수 없다. 하지만 (두뇌에 전도 전자기 코일로 자기장을 발생시킨 뒤 머리 표면을 통해 두개골을 통과시켜 뇌 특정부위의 신경세포를 활성화하거나 억제하는 자기장 치료법인) 경두개 자기 자극술Transcranial magnetic stimulation, TMS을 활용하는 것처럼, 프로포폴(마취제)을 투여하는 방식을 활용하여 대뇌 피질의 섭동 복잡도 지수를 '자연스럽게' 평가할 수 있다. 실제로 한 실험 연구에서 이런 방식을 적용하여 혼수상태에 빠진 환자들이 의식을 회복할 가능성을 예측했다.[22] 섭동 복잡도 지수는 시행착오를 반복하여 자기 발견적으로 평가하기 때문에 통합된 정보를 직접 산출하지는 못한다. 하지만 일반적으로 의식이 대뇌 피질의 신경 복잡성과 관련될 수도 있다는 사실을 보여준다. 결과적으로 섭동 복잡도 지수는 통합 정보 이론에 따라 자체적으로 직접 판단하거나 예측할 수 있는 직관력을 갖추고 있으므로, 혼수상태에 빠진 환자들이 의식을 회복할 가능성을 평가하는 데 매우 유용하다. 이런 이유 때문에 통합 정보 이론은 유망한 이론의 징표로 간주되며,

통합 정보 이론이 없었다면 우리가 접하지 못했을 경험적 개념들을 가져다준다.

하지만 통합 정보 이론은 여전히 실험적으로 확인된 이론과는 거리가 멀다. 현재 통합 정보 이론을 둘러싸고 많은 논쟁이 펼쳐지고 있으며, 통합 정보 이론에 관한 진술들은 아직 논란의 여지가 많다. 심지어 통합 정보 이론을 지지하는 연구원들도 통합 정보 이론에 관한 연구가 진행 중이라고 공개적으로 인정한다. 통합 정보 이론은 이런 의문을 제기한다. 우리가 현상학에서 인지하고 있는 의식적인 경험의 구조를 고려해본다면, 경험적 시스템과 물리적 시스템 사이에서 선택된 이런 예측도가 어떻게 만들어질까?

통합 정보 이론이 인기 있고 유망한 이유는 과학적인 의식 이론이 실질적으로 어떤 모습일지에 관하여 가장 먼저 의식 이론의 실제 모습을 만들었기 때문이다. 오늘날까지도 통합 정보 이론은 어쩌면 근본적으로 의식 이론을 기초로 하여 만들어진 유일하게 유망한 이론이며, 앞에서 주어진 필요조건을 충족시키면서 의식 이론의 정의를 확신시켜주는 유일한 이론일 것이다. 다시 말해서 통합 정보 이론은 다소 임의적으로 의식 이론 p가 주어지면 우리는 어떻게 의식 이론 p를 관찰(O)하고 전역 작업 공간 이론에 따라 그런 관찰(O)을 어떻게 경험적 시스템 E의 공간과 연관시킬 수 있을지, 또한 어떤 특정한 경험 e는 과연 무엇이 될지에 관한 이런 질문에 명확한 답변을 내놓을 수 있다.

그렇기 때문에 나는 스물한 살이던 2010년으로 거슬러 올라가 통합 정보 이론을 개발하는 데 도움을 줄 만한 논문을 찾아보았다. 당시에 통합 정보 이론 논문은 겨우 몇 편 정도에 불과했고, 현재보다 훨씬 덜 알려져 있었다. 줄리오 토노니에게 지도를 받은 통합 정보 이론 연구원들은 (극소수이지만) 통합 정보 이론 연구 분야의 규모를 고려했을 때, 미국에서 의식 이론을 가장 진지하게 연구하는 유일한 연구단이었다.

과학자가 되고 싶다면 정상적으로 승인을 받고 학계에 소속되었다고 모두가 인정할 만한 방식으로 다양한 대학원에서 면담을 진행해야 한다. 무엇보다 중요한 사실은 소속되고 싶은 실험실의 담당 교수와 면담을 진행해야 한다는 점이다. 내가 위스콘신대학교에 지원했던 이유는 오로지 줄리오 토노니와 연구를 수행하고 싶었기 때문이다. 나는 다른 교수들이 실행하는 연구에는 전혀 관심이 없었다. 당시 면담을 진행하려고 위스콘신대학교에 가려 했을 때 동해안에 '강한 눈보라'가 휘몰아치고 있었으며 모든 항공편이 결항되었다. 그래서 나는 주말 면담을 진행하지 못했다. 다행스럽게도 항공편이 결항된 면담 지원자들 가운데 소수는 그 주말 대신 다른 주에 면담하자는 요청을 받았다. 나는 요청받은 날에 줄리오 토노니를 만나 면담을 진행했다.

진솔하게 대화하던 중에 우리는 거의 잘 알려지지 않은 철학적 원리가 20세기 전환기에 지금도 거의 잘 알려지지 않은 영국 철학자 사무엘 알렉산더Samuel Alexander에게서 나왔다는 사실을 이야기의 화제로 끌어올렸다. 우리의 화제로 떠오른 철학적 원리는 사무엘 알렉산더의 격언이었다. ("원인이 있으면 반드시 결과가 있다.") 인과관계는 통합 정보 이론에서 매우 중요한 역할을 한다. 줄리오 토노니는 사무엘 알렉산더의 격언집을 읽고 있었으며, 나 또한 예전에 사무엘 알렉산더의 격언을 들어본 적이 있었다. 대학생 시절 도서관에서 많은 밤을 보내던 중 어느 날 밤, 깔끔하게 정돈하여 쌓아 올려진 책 더미 속에서 사무엘 알렉산더의 격언집을 우연히 발견했다. 나는 그 격언집을 늦게까지 도서관에 서서 쓱 훑어보다가 이윽고 도서관 내의 개인 열람실로 가져와 읽어보았다. 줄리오 토노니는 그때까지 사무엘 알렉산더의 격언을 알고 있는 사람을 외부에서 한 번도 만나본 적이 없었다. 그는 사무엘 알렉산더의 격언을 잘 알고 있는 나를 즉각 연구원으로 채용했고, 공식적으로 연구 프로그램에 나를 합류시켜달라고 연구단에 요청했다. 연구단은 그 요청을 즉각 받아들였다.

나중에 나는 동해안에 강한 눈보라가 휘몰아쳤던 당시 주말에 줄리오 토노니가 시내에 없었다는 사실을 알게 되었다. 보라! 대학원들은 학생들이 누구와 면담을 진행해야 하는지를 정상적으로 추정하지 않는다. 다시 말해서 대학원들은 학생들이 면담을 진행해야 할 대상자를 비정상적인 수준으로 추정한다. 그래서 당시 나와 면담을 진행하기로 약속했던 대학원에서는 심지어 줄리오 토노니가 면담실 주변에 있는지조차 확인하지 않았다. 내가 만일 그때 주말에 면담을 진행했더라면 내가 실제로 면담하고 싶어 했던 유일한 사람인 줄리오 토노니와 만나지 못했을 것이다. 설령 줄리오 토노니가 아닌 다른 사람과 면담하고 나서 연구단이 나를 받아들였다고 하더라도, 나는 스스로 의심스럽고 불확실한 연구단의 연구 프로그램을 받아들이지 않았을 것이다. 향후 5년간 지도를 받으며 연구를 수행하는 동안 함께 시간을 보내고 싶은 줄리오 토노니와 면담조차 할 수 없었던 상황이었으니 내가 대학원 진학 후 확실하게 줄리오 토노니의 지도를 받으며 연구를 수행한다고 단언할 수도 없었기 때문이다.

그렇게 나는 한 마리 나비가 되어 날개를 퍼덕거리며 날아올라 의식 연구의 길로 들어섰다. 그로 인해 다소 미세한 난기류가 발생했으며, 결국 두꺼운 파편들이 미국 매사추세츠주 보스턴 상공으로 떨어질 때까지 미세한 난기류는 매우 혼란스럽고 무질서하게 지구 주위를 빠른 속도로 회전했다.

원인이 있으면 반드시 결과가 있다.

6장

현상학적 의식 이론

의식 이론이 역사적으로 거의 사라질 조짐을 보이던 100여 년 전에 머나먼 뉴질랜드에서 벤저민 베츠Benjamin Betts라는 괴짜가 수학적 의식 이론을 최초로 꿈꾸기 시작했다. 벤저민 베츠는 제럴드 에델만의 이론적 접근 방식에 기반을 두고 현상학과 일부 수학적 시스템 사이에서 의식 이론을 명확하게 밝혀내는 현대 의식 이론과 매우 유사한 방법으로 수학적 의식 이론을 체계적으로 연구했다. 벤저민 베츠가 체계적으로 연구한 수학적 의식 이론은 기학적인 형상을 이룬 신비스러운 언어로 빽빽하게 구성되었다. 벤저민 베츠는 영국에서 교육을 받고 나중에 인도에서 시간을 보내며 극동 철학을 연구할 정도로 과학자로서는 이상하고 특이한 배경을 지닌 인물이었다.

1897년 벤저민 베츠가 체계적으로 연구한 수학적 의식 이론은 철학적 접선과 도형, 방정식에 관한 단행본 형태의 괴상한 연구 논문들을 한데 엮어 《기하 심리학Geometric Psychology》이라는 책으로 출판되었다. 벤저민 베츠의 여동생은 당시 위대한 수학자들 중 한 명이자 고인이 된 영국 수학자 조지 불George Boole의 아내와 우연히 친구로 지내게 되었다. 조지 불의 아내는 과학계 내에 벤저민 베츠가 단행본 형태로 발표한 괴상한 연구 논문들을 널리 알리며 벤저민 베츠와 서신을 주고받았다. 결국 작가 루이자 S. 쿡Louisa S. Cook은 벤저민 베츠의 괴상한 연구 논문들을 모두 모아 책으로 출판했으며, 그 책은 오늘날까지도 살아남아 있다.[1] 루이자는 이렇게 말했다. "벤저민 베츠 씨는 우리가 인식하고 있는 모든 다른 사물들이 의식을 통해 감지되어야 하므로, 의식이 실제로 우리가 직접 연구할 수 있는 유일한 감각이라고 생각했습니다."[2]

물론 이 주장은 옳다. 하지만 벤저민 베츠가 체계적으로 연구한 수학적 의식 이론은 순식간에 공상적인 이론으로 돌아섰으며, "동물 감각을 상징적으로 나타내는 의식은 2차원에서 존재하고, 형태상으로 볼 때 꼭짓점의 각도가 대략 직각인 나뭇잎을 닮았다"처럼 엉뚱하고 터무니없는 논리를 펼쳐놓았다.[3] 하지만 동물 감각을 상징적으로 나타내는 의식과 꼭짓점의 각도가 대략 직각인 나뭇잎을 동일시한다는 독특한 논리를 펼치더라도, 벤저민 베츠는 결코 그런 수학적인 표현들을 정당화하지 못한다. 다시 말해서 벤저민 베츠가 제시하는 수학적 의식 이론은 벤저민 베츠가 동물 감각을 상징적으로 나타내는 의식을 단순히 자신만의 기이한 논리에 따라 직감적으로 설명해놓았기에, 과학적 특성을 갖췄음에도 불구하고 아직 발달되지 않은 원시 과학에 속할 뿐 그다지 과학적으로 정당화되지 못한다. 벤저민 베츠의 수학적 의식 이론은 의식을 의식 그 자체로 볼 때 해독하기가 어렵고, 철학적으로 우주에 존재하는 모든 만물에는 마음이 있다고 보는 범신론적인 특성이 나타난다. 수학적 의식 이론이 정당성을 부여받았던 경우에는 수학적 의식 이론이 너무 형이상학적으로 다루어졌고, 정신적 활동과 존재의 근본 원리를 직관적으로 탐구하는 벤저민 베츠의 개인적인 철학에 푹 빠져 있었다.

명확하게 주장하건대 벤저민 베츠의 괴상한 연구 논문들은 전통적인 측면에서 볼 때 과학적인 논문이 아니다. 벤저민 베츠의 괴상한 연구 논문들에는 "사랑은 만물의 본질이다"와 같은 철학적인 표현들이 너무 많이 담겼다.[4] 벤저민 베츠가 체계적으로 연구한 수학적 의식 이론은 그저 무언가를 연상시키는 형이상학적인 표현들만 모아서 되는 대로 늘어놓았기 때문에, 궁극적으로 그 의미를 분명하게 해독하기가 어렵다. 사실 벤저민 베츠의 그런 모든 괴상한 연구 논문들은 과학적으로 특정 절차를 따라야 한다고 경고를 받아야 한다. 하지만 우리는 의식 이론이 역사적으로 거의 사라질 조짐을 보이던 초창기에 벤저민 베츠가 제럴드 에델만의 이론적 접근 방식에 기반을 둔 현대 의식 이론과 유사한 방법을 취했으며, 수학적 의식 이론을 체계적이면서도 흥미로운 방식으로 연구한 사실을 확인할 수 있다. 벤저민 베츠는 수학적 의식 이론을 최초로 연구하기 시작한 사람인데 그가 연구한 수학적 의식 이론의 형이상학적인 표현들 대부분은 나중에 줄리오 토노니가 제안한 통합 정보 이론에서 요점만 간추려져 간략하게 정리되었다.

외재적 관점을 통하여 내재적 관점으로 바라보는 이런 유형의 원시 과학적 탐구는 세기가 바뀔 즈음에 묘한 '기운이 감돌고' 있었다. 가장 영향력이 큰 초기 심리학자들 중 한 명인 독일 심리학자 빌헬름 분트Wilhelm Wundt의 연구도 마찬가지였다. 일부 과학 사학자들은 명성이 높은 빌헬름 분트가 심리학 분야 자체를 단독으로 창시한 인물이라고 주장했다. (빌헬름 분트는 흔히 '심리학의 아버지'라고 불렸다.) 지금은 거의 알려져 있지 않지만 당대의 위대한 인물이었던 빌헬름 분트는 벤저민 베츠와 공통점이 많았다. 1875년에 빌헬름 분트는 독일 라이프치히에서 교수로 활동했으며, 심리학을 과학적 학문으로 인정받을 수 있도록 기반을 마련하면서 유명해졌다. 빌헬름 분트는 유머 감각이 없고, 약간 공격적이고, 고집스러운 인물이었으며, 무거운 짐을 끄는 복마의 윤리를 연구했다. 미국 철학자 윌리엄 제임스는 친구에게 보낸 편지에서 빌헬름 분트를 깎아내리고 비난하면서 이렇게 묘사했다. "빌헬름 분트는 천재가 아니라 교수야."[5]

빌헬름 분트가 독창적으로 연구했던 심리학 개념은 세심하고 논리적으로 자기 성찰을 강조하는 내용을 많이 담고 있었다. 빌헬름 분트가 주장한 바에 따르면, 심리학자의 책임과 의무는 내재적 관점을 취하면서 자신의 의식을 직접 조사하고 실험

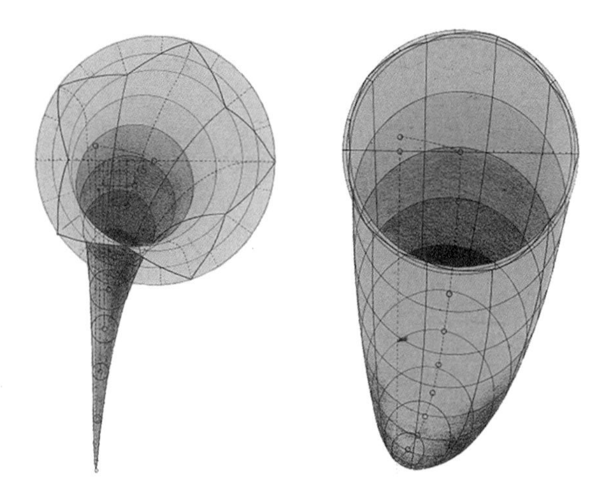

벤저민 베츠가 의식 경험을 기하학적 대상으로 나타낸 몇 가지 그림

연구를 수행하며 다른 과학자들에게도 자신과 똑같은 방식으로 실험 연구를 진행하도록 가르쳐주는 것이었다. 또한, 가능한 한 빌헬름 분트가 가장 단순한 감각이자 의식의 구성 요소라고 의미했던 경험의 '요소들'에 관하여 실험 연구를 수행하고 실험 연구 결과를 담아 논문을 발표하는 것이었다. 빌헬름 분트는 최소한으로 식별할 수 있는 모든 감각을 완벽하게 조사하고 실험 연구를 수행하여 주기율표를 반영한 내재적인 주기율표를 만들어내고 싶어 했다. 빌헬름 분트와 그의 제자 (그리고 나중에 과학 분야의 지도자가 된) 에드워드 티치너Edward Titchener는 실험 심리학을 적용하여 수천 개의 단순한 감각 자료를 수집했다.[6] 그는 결국에 다른 감각 양식을 고려하면서 4만 4,000개 이상의 단순

한 감각 자료를 수집하게 되었다. (다른 감각 양식은 의식적인 사건이 지속되는 기간, 물체와 색의 명암, 색깔, 소리 등을 인식하는 범위와 같은 요소들을 포함했다.) 이렇듯 단순한 감각 자료를 수집하는 과정은 그가 의기양양하게 뜻한 바를 이루어 만족감을 느끼고 지력을 발달시키는 시간이 되었다. 빌헬름 분트가 연구했던 이런 심리학 개념에는 묘한 기운이 감돌았다. 천문학에 관심이 많았으며 당시에는 어린 학생이던 에드문트 후설Edmond Husserl은 독일 라이프치히에서 열린 빌헬름 분트의 철학 강연에 참석한 이후 모든 철학을 현상학 자체에 기반을 두며 연구하려고 끊임없이 노력했다.

훗날 스키너는 빌헬름 분트와 그의 제자가 반박할 수 없는 심리학 개념을 북돋웠으나, 현상학에 기반을 두고 과학적 정보를 발견하려는 심리학 개념이 자극에 반응하는 행동에서 인간의 심리를 객관적으로 관찰하려는 행동주의자들에게 비난받아 역사의 뒤안길로 사라져갔다고 주장했다.

현상학에 기반을 두고 과학적 정보를 발견하려는 심리학 개념은 제럴드 에델만의 이론적 접근 방식에 따라 활기를 되찾을 때까지 역사의 뒤안길로 사라져갔다. 빌헬름 분트가 연구했던 심리학 개념이 세심하고 논리적으로 자기 성찰을 강조하는 내용을 많이 담고 있었던 것처럼, 통합 정보 이론도 자체적으로 자기 성찰에 기반을 두고 있다. 자기 성찰을 기반으로 연구한 결과, 통합 정보 이론은 원칙에 따라 의식적인 경험에 관하여 의심의 여지가 없을 만큼 완벽한 연구 논문을 발표한다. 자기 성찰에 기반을 둔 이런 연구 방식은 고대 그리스 수학자 유클리드가 집필한 《유클리드의 원론Euclid's Elements》을 본보기로 삼아 만들어졌다. 유클리드가 주장한 바에 따르면, 2,000년 전에 기하학은 "한 점에서 다른 한 점으로 직선을 그리는 것은 가능하다"와 같은 논리를 펼쳐놓은 다섯 가지 공리(가장 기초적인 근거가 되는 명제이며, 증명할 필요가 없이 자명한 진리이자 다른 명제들을 증명하는 데 전제가 되는 원리로서 가장 기본적인 가정을 가리킨다-옮긴이 주)를 기반으로 공식화되었다.

기하학과 마찬가지로 통합 정보 이론도 명확하게 공식화되기를 간절히 바란다. 하지만 통합 정보 이론이 공식화된다면 논쟁의 여지가 있다. (통합 정보 이론이 공식화되는 사안은 나중에 좀 더 논의하기로 하고, 지금은 통합 정보 이론 자체를 다루기로 하자.) 현상학적 원리가 명백한 원리로 인정되려면, 현상학적 원리는 더 이상 다른 형식으로 바꿀 수 없을 정도로 확실한 특징을 갖추어야 한다. 그러므로 현상학적 원리는 어떤 다른 원리를 바탕으로 추론할 수 없어야 하고, 일반적으로 두루 통하는 진리여야 하며 (현상학적 원리는 모든 경험에 관하여 자명한 진리로 인정되어야 한다), 가능한 한 단순화되어야 한다. 유클리드가 《유클리드의 원론》에서 기하학이 다섯 가지 공리를 기반으로 공식화되었다고 주장한 것처럼, 현재 통합 정보 이론에도 다섯 가지 공리가 존재한다. 자기 성찰을 기반으로 한 다음과 같은 다섯 가지 공리에 여러분들은 얼마나 동의하는지 스스로 확인해보길 바란다.

1. 의식은 존재한다. (통합 정보 이론의 첫 번째 원리는 《기하 심리학》에서 제시된 벤저민 베츠의 첫 번째 원칙, 즉 "모든 인간은 실존 속에서 존재할 것이다"와 매우 유사하다는 사실에 주목하자.)[7]
2. 의식은 우리가 항상 겪고 있고, 다른 경험들과는 전혀 다른 특정 경험에 대한 유용한 정보를 제공한다. 다시 말해서 우리는 하나의 영화를 구성하고 있고, 다른 영화들을 구성하는 다른 모든 장면들과는 전혀 다른 특정한 장면을 보고 정보를 파악할 수도 있다.
3. 의식은 특정 구조와 다양성을 갖추고 있다는 측면에서 체계적으로 구성되어 있다. 이를테면 우리는 왼쪽 눈 시야와 오른쪽 눈 시야 등을 갖추고 있고, 연속적인 의식의 요소들은 흔히 서로 관련되어 있는 경우가 많다. (벤저민 베츠의 두 번째 공리는 "인간은 실존 속에서 다양하게 존재한다"이다.)[8]
4. 각각의 경험은 통합된다. 의식은 구성 요소를 더 이상 다른 형태로 바꿀 수 없는 게슈탈트(구성 요소가 부분적으로 모여서 이루어진 전체가 아니라, 구성 요소 하나 자체가 완전한 구조와 전체성을 지닌 경험의 통일적 전체 – 옮긴이

주)에 해당한다. (예를 들어 빨간색 정육면체를 살펴보는 것은 빨간색 정육면체를 그저 무색인 정육면체와 빨간색으로 각각 나눠 살펴보는 것과는 다르다.)

5. 의식은 뚜렷하게 한정된다. 이 말은 의식이 또 다른 방식이 아니라 특정한 방식을 취한다는 뜻이다. 또한, 의식이 특정한 시간적 결정체를 갖추고 있다는 의미이기도 하다. 의식은 특정한 속도로 계속 흘러가고, 특정한 요소를 포함한다. 하지만 우리가 특정한 것을 의식하고 있느냐는 질문에는 확실하게 답변할 수 있을지 의문이다.

나는 박사 과정을 밟는 동안 통합 정보 이론을 발전시키는 연구팀을 소규모로 구성하여 통합 정보 이론의 다섯 가지 공리에서 불순물을 제거하여 유클리드의 기본 요소들만큼이나 투명한 결정체를 추출하고 싶었다. 많은 경우에 통합 정보 이론의 다섯 가지 공리는 대부분 직관적인 것처럼 보인다. 이를테면 의식은 확실하게 존재하고, 일부 내부 구조로 구성되어 있으며, 적어도 '유익한 정보를 제공한다'는 광범위한 정의를 활용하면 유용한 정보를 명백하게 제공한다. (의식적인 경험은 우리가 겪을 수 있는 천문학적으로 많은 경험 가운데 하나이고, 또한 세상과 우리 자신에 관한 정보도 포함한다.) 통합 정보 이론과 구성 요소 사이의 관계는 다소 혼란스러우면서도 분명하지 않은 부분이 공통으로 겹쳐져 있을 수도 있다. 그리고 통합 정보 이론의 다섯 가지 공리 중 의식이 뚜렷하게 한정된다는 마지막 공리는 본질적으로 대부분 명백하다. 지금은 통합 정보 이론을 개략적으로 설명하고 있지만, 추정하건대 통합 정보 이론의 다섯 가지 공리는 모든 의식적인 경험의 보편적인 법칙이나 사실이라고 보는 것이 타당할 것이다.

2004년 줄리오 토노니는 통합 정보 이론이 성립될 수 있는 필요조건에 관한 첫 번째 논문을 발표했다.[9] 초기의 통합 정보 이론은 근본적으로 현상학을 물리적 상태와 연관시켜 과학적 정보를 발견하지도 않았고, 본질적으로 통합 정보 이론의 다섯 가지 공리를 기반으로 하지도 않았다. 하지만 그 후 통합 정보 이론은 의식을 가장 먼저 수학적으로 측정한 수학적 의식 이론 중 하나로 자리를 잡았다. 통합 정보 이론은 줄리오 토노니가 제럴드 에델만과 함께 의식의 수준이나 상태를 파악하는 데 기준이 되는 잠재적인 지표에 따라 대뇌 피질의 신경 복잡성을 측정하고 실험 연구를 자체적으로 수행한 결과 탄생되었다.[10]

내가 실험 연구소에 합류했을 당시에는 줄리오 토노니와 제럴드 에델만이 통합 정보 이론을 아직 완벽하게 형성하지 않은 때였다. 하지만 줄리오 토노니는 이미 통합 정보 이론의 현상학적인 다섯 가지 공리를 바탕으로 통합 정보 이론의 개념을 전개시켜 나가고 있었다.[11] 그때는 통합 정보 이론의 다섯 가지 공리 중 겨우 두 가지만 제안되었다. 통합 정보 이론을 매우 매력적으로 느끼게 된 한 가지 이유는 내가 대학생 시절에 실험 연구 자료를 수집하여 의식의 속성을 주제로 학부 졸업 논문을 발표했기 때문이다. 나는 의식의 속성에 관한 특별한 지식도 없이 기존에 있던 실험 연구 자료들과 유사한 방식으로 의식의 속성에 관하여 졸업 논문에 다음과 같이 서술했다.

> 우리는 경험의 구조인 의식의 속성을 조사하고 실험 연구를 수행해야 한다. 실험 연구 결과에 따라 의식의 속성을 목록으로 작성하지만, 그 목록 중에서 의식을 가능한 한 명확하게 설명할 수 있는 속성은 줄어들 것이다. 각각의 속성은 당연히 한정되어 있기 때문이다. 크게 조합한 의식의 이런 속성들은 제한된 범위 내에서 의식 이론을 확립한다.[12]

내가 줄리오 토노니의 실험 연구팀에 합류한 후, 통합 정보 이론의 공리를 작성한 목록은 결국 다섯 가지 공리로 완벽하게 확대되었다. 그리고 수학적 의식 이론은 자체적으로 한층 더 복잡해졌다.

통합 정보 이론의 다섯 가지 공리가 여러 가지 요소를 고려해야 하는 방정식을 즉시 제시하지 못한다는 사실을 감안한다면, 수학적 의식 이론은 어디에서 생겨날 수 있을까? 전반적으로 통합 정보 이론의 목표는 물리적 시스템이 통합 정보 이론의 다섯 가지 공리를 충족시킬 수 있을지를(물리적 시스템이 통합될 수 있을지를) 확인하고, 물리적 시스템이 의식적이라면 어느 정도로 의식적인지를 파악하기 위해 물리적 시스템을 면밀하게 살펴보는 것이다. 그래서 이미 직접적으로 기하학의 언어로 서술할 수 있는 유클리드의 다섯 가지 공리와는 다르게, 통합 정보 이론은 한 언어를 다른 언어로 번역하듯이 통합 정보 이론의 현상학적인 다섯 가지 공리를 수학적으로 반영해야 한다는 훨씬 더 복잡한 문제를 가지고 있다. 통합 정보 이론의 다섯 가지 공리는 내재적인 언어로 서술되기 때문에 외재적인 언어로 번역되어야 한다.

이렇게 하려면, 통합 정보 이론은 근본적으로 인과 모형(원인과 결과를 설명하고 예측하려는 이론을 단순화하여 표현한 모형–옮긴이 주)을 분석 연구하는 정보 이론 자체에 기반을 두어야 한다. 그 이유는 이런 선택을 한 뒤에라야 복잡한 문제를 훌륭하게 해결할 수 있기 때문이다. 또한, 이런 선택은 실제로 통합 정보 이론의 다섯 가지 공리 중 의식이 존재한다는 첫 번째 공리에 근거하기 때문이다. 그렇다면 의식이 존재한다는 말은 무슨 뜻일까? 아마도 의식이 존재한다는 말은 의식이 원인이 된다는 의미일 것이다. "원인이 있으면 반드시 결과가 있다"라는 사무엘 알렉산더의 격언을 기억해보자. 이런 관점에서 보면, 오직 인과 모형만이 '실질적으로' 통합 정보 이론의 복잡한 문제를 해결할 수 있다. 하지만 두 사물이 어떤 상관관계가 있는지,

혹은 두 사물이 어떻게 관련되어 있는지와 같은 질문들처럼, 우리는 일반적으로 인과관계를 분석 연구하지 않고도 문제에 대한 해답을 내놓을 수 있다. 실제로 이런 문제들은 인과관계를 분석 연구하여 사건을 설명해야 한다. 하지만 우리는 단지 의식은 물질의 물리적 현상에 수반되는 부차적인 현상이며 물질에 대하여 어떠한 인과적 작용도 진행되지 않는다는 수반현상설의 그림자 속에서 해답을 찾고 있을 뿐이다.

수반현상설은 근본적으로 인과 모형을 분석 연구하는 정보 이론에 기반을 두어야 한다는 이유 때문에 통합 정보 이론이 극도로 형이상학적이고 철학적으로 보일 수도 있다. 통합 정보 이론은 그런 사실을 부인할 수도 없다. 하지만 우리는 훌륭한 의식 이론이 형이상학적으로 암시하고 추정할 가능성이 크다는 사실을 솔직하게 털어놓아야 한다.

게다가 이런 선택에는 이점이 있다. 통합 정보 이론이 잘못된 의식 이론으로 밝혀진다고 하더라도 기본적으로 인과 모형을 분석 연구하는 정보 이론만큼이나 추상적으로 추정하는 이론에 근거한다면, (a) 통합 정보 이론이 잘못된 의식 이론으로 밝혀질 수도 있는 이유는 의식 이론이 일반적으로 우연히 맞닥뜨리게 될 위험을 아주 흥미롭게 설명해주고, (b) 다행스럽게도 통합 정보 이론은 의식에 관한 문제들 외에 복잡한 시스템을 구분하고 이해하는 방법에 관한 다른 사실들을 알려준다.

통합 정보 이론이 기본적으로 인과 모형을 분석 연구하는 정보 이론에 근거를 두어야 한다는 말은 정확히 무슨 뜻일까? 인과 모형은 그저 개별 시스템이 어떻게 관련되어 있는지 개별 시스템의 인과관계를 나타내는 수학적 모델에 불과하다. 인과 모형에 관해서는 온갖 종류의 기술적 차별성이 존재하지만, 인과 모형은 근본적으로 항상 '점'(사물)이 어떤 유형의 '화살표'(관계)로 연결되어 있다. 인과 모형 연구는 추상적인 수학 분야에 속하지만, 그 추상성은 많은 사물을 표현할 수 있을 정도로 일반적인 목적을 갖추고 있다. 마이크로프로세서의 모형에서는 요소가 트랜지스터에 해당하고, 개별 요소를 함께 연결하는 방식이 개별 점을 연결하는 화살표에 해당하는 인과 모형을 나타낸다. 뇌의 인과 모형은 뉴런들과 개별 뉴런의 가중치가 부여된 관련성(각각의 뉴런이 다른 뉴런들에게 얼마나 영향을 미칠 수 있는지)을 나타낸 것처럼 보일 것이다. 뉴런들이 어떻게 관련되어 있는지를 확인하려면, 우리는 더 나아가 뉴런들이 '전부' 활동성이 있거나 '전혀' 활동성이 없다고, 즉 어떤 시점 t에서 뉴런들이 활동 전위를 발화하거나 발화하지 않는다고 가정할 수 있다. 단순화된 형태로 볼 때, 이런 가정은 (논리 대수인 불 대수를 창안하여 기호 논리학 분야에 큰 업적을 남긴 영국 수학자이자 논리학자 조지 불의 이름을 따서 불 네트워크Boolean network[불 논리를 사용하여 변수 집합 간의 상호작용을 나타내는 일종의 수학적 모델 – 옮긴이 주]로 알려진) 단순한 이진 논리 회로 시스템과 매우 유사하다. 따라서 뉴런들이 어떻게 관련되어 있는지를 가능한 한 명확하게 확인하려면, 우리는 이진 논리 회로 시스템이 나타내는 '소형 뇌'에서 수학적으로 해석하는 현상학적인 공리들과 현상학적인 공리들의 인과관계를 구체적으로 분명하게 밝혀내야 한다. 게다가 이진 논리 회로 시스템이 현상학적인 공리들을 '역학적으로' 나타내므로, 이진 논리 회로 시스템의 각각 다른 부분인 입력 부분과 출력 부분을 분명하게 살펴봐야 한다. 물론 우리가 지금 다루고 있는 단순한 이진 논리 회로 시스템과 매우 유사한 그런 가정은 나중에 결과로 이루어질 수도 있다. 하지만 지금 이 시간에는 다음과 같은 유형의 시스템을 살펴보면서 우리가 원하는 대로 통합된 정보를 산출할 수 있도록 전반적으로 세부 사항들을 상세히 설명해보자.

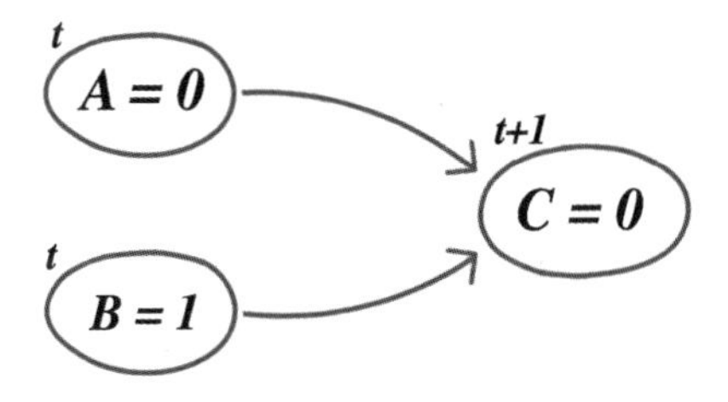

이런 유형의 인과 모형은 실제로 아주 쉽게 이해할 수 있다. 우리는 세 가지 '요소' 혹은 '점' 혹은 (비유적으로 뇌를 활용한다면) '뉴런'을 가지고 있다. 세 가지 요소는 기호 {ABC}로 나타내고, 각각의 요소는 부분적으로 어떤 상태에 놓여 있다. 이 세 가지 요소는 이진법(두 종류의 숫자 0과 1만을 사용하여 수를 나타내는 표기법-옮긴이 주)이 적용되고, 각각의 요소가 놓인 상태는 0 또는 1이 될 수 있다고 가정하자. (예를 들어 앞에서 언급한 이진법이 적용된다면 A=0, B=1로 나타낼 수 있다.) 두 가지 요소 A와 B는 시간 *t* 에서 자신들의 현재 상태를 C에 입력한다. C는 자신의 상태를 다소 역학적으로 결정하는 진리표를 가지고 있다. (C가 자신의 상태를 역학적으로 결정하는 단계는 시간 *t* 바로 다음에 이어지는 시간 *t*+1에서 일어난다는 사실에 주목하자.) 다음의 진리표와 마찬가지로, C는 진리표의 어떤 숫자를 뒤따르고 있을 것이다. 인과 모형에서 요소들이 나타내는 진리표는 왼쪽에 입력 정보를, 오른쪽에 출력 정보를 나타낸다.

A, B	*AND*
00	*0*
01	*0*
10	*0*
11	*1*

A, B	*XOR*
00	*0*
01	*1*
10	*1*
11	*0*

A와 B는 진리표를 가지고 있을 수도 있고, 자신의 입력 정보를 가지고 있을 수도 있다. 이런 경우는 더 큰 이진 논리 회로 시스템에서 부분적으로 볼 때만 가능할 것이다. 하지만 우리는 지금 이런 세부 사항들을 잠시 내버려두고 C에 집중할 수 있다. C는 AND 진리표를 뒤따르고 있다고 가정해보자. (앞의 진리표

들 중에서 왼쪽 진리표를 살펴보자.) A는 입력 정보가 0이고, B는 입력 정보가 1일 때 AB 진리표에 {01}을 나타낸다면, C는 AND 진리표를 뒤따르고 있기 때문에 상태를 0으로 추정하여 반응한다. 통합 정보 이론이 특정한 상태에서 그런 인과 모형의 메커니즘을 분석하고 있다는 것은 의식이 존재한다는 통합 정보 이론의 현상학적인 첫 번째 공리를 물리적으로 해석하고 있다는 것을 의미한다.

또한, 의식은 우리가 항상 겪고 있고, 다른 경험들과는 전혀 다른 특정 경험에 대한 유용한 정보를 제공한다는 통합 정보 이론의 두 번째 공리도 물리적으로 해석할 수 있다. 인과 모형의 메커니즘이 현재에 관한 유용한 정보를 제공하고, 인과 모형의 메커니즘 상태가 과거와 미래에 관한 정보를 포함하고 있기 때문이다. 예를 들어 (현재) 시간 t에서 A=0 그리고 B=1이라고 알고 있다면, 우리는 (시간 t 바로 다음에 이어지는 미래 시간인) $t+1$에서 C는 0으로 추정하여 반응할 것이라고 확신한다. 이런 과정은 또한 반대 방향으로도 진행한다. 예를 들어 오직 C의 상태만 알고 있다면, 우리는 A와 B의 이전 상태에 관하여 결론을 내릴 수 있다. 우리가 오직 C=1이라는 정보만 알고 있었다고 상상해보자. 그렇다면 우리는 C가 AND 진리표를 뒤따르고 있기 때문에 AND 진리표에서 1인 부분(다음의 진리표에서 원으로 표시한 부분)을 살펴보고 A=1 그리고 B=1이 바로 직전에 틀림없이 진실이었다고 결론을 내릴 수 있을 것이다.

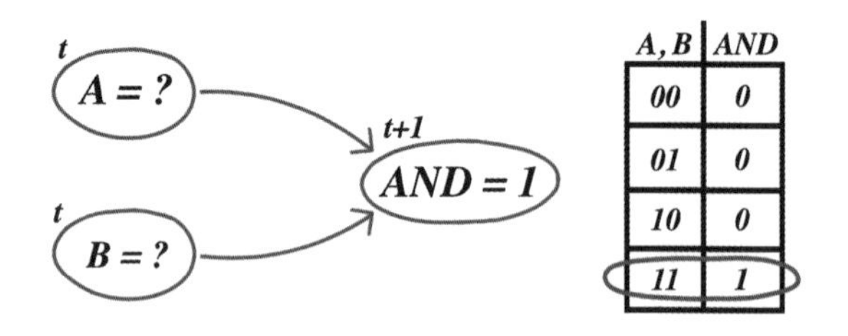

이런 정보는 부분적으로 통합 정보 이론에 포함된다. 통합 정보 이론은 요소들의 상태가 서로 연관되어 있는 정보의 양을 한정한다. 여기에서 AND는 '예' 혹은 '아니요' 두 가지로 답변할 수 있는 '예/아니요' 질문과 마찬가지로 0이나 1의 두 가지로 답변을 제시할 수 있기 때문에, 답변에 따라 A와 B의 이전 상태가 무엇이어야 했는지에 대한 질문에 2비트의 정보(00, 01, 10, 11)를 표현할 수 있다. 이런 정보가 정확히 어떻게 측정되는지에 관한 질문은 많은 방식을 적용하여 더욱 상세히 설명할 수 있지만[13] (사실 이런 질문에 관한 설명은 통합 정보 이론의 설명으로 대체한다) 이런 질문에 관한 일반적인 개념은 부분적으로 통합 정보 이론의 핵심 정보에 포함된다.

의식은 특정 구조와 다양성을 갖추고 있다는 측면에서 체계적으로 구성되었다는 통합 정보 이론의 세 번째 공리는 정보 자체가 특정한 구성 요소들을 갖추고 있다는 의미로 해석할 수 있다. 인과 모형에서 A의 현재 상태를 살펴보면 AND의 미래 상태에 대한 정보를 파악할 수 있다. 하지만 B의 현재 상태를 살펴봐도 AND의 미래 상태에 대한 정보를 파악할 수 있고, A

의 입력 정보와 B의 입력 정보를 AB 진리표에 나타낸 {AB}를 살펴봐도 AND의 미래 상태에 대한 정보를 파악할 수 있다. 통합 정보 이론은 이런 다양한 정보들을 다른 정보들로 간단하게 축소할 수 있는지에 관한 의문을 제기한다. 그렇다면 우리는 이런 다양한 정보들을 다른 정보들로 간단하게 축소할 수 있는지를 어떻게 평가할 수 있을까? 단순하게 여러 가지 다양한 요소들의 상태에서 이끌어낸 정보를 조사하고, 그 정보가 겹치는지 겹치지 않는지, 또한 필요한지 불필요한지를 판단하여 평가할 수 있다. 이런 평가 방법은 사례를 통해 가장 명확하게 확인할 수 있다. 우리가 바라는 대로, {AB}가 AND의 미래 상태를 포함하고 있다는 정보를 다른 정보로 간단하게 축소할 수 있는지 혹은 축소할 수 없는지를 평가한다고 생각해보자. 이를 평가하려면, 우리는 A와 같은 요소를 부분적으로 포함하고 있는 정보와 겹치는지를 살펴볼 수 있다. AND를 평가하는 경우, 시간 t에서 {AB}의 입력 정보가 {01}이라면, 우리는 시간 $t+1$에서 AND=0이라는 사실을 알 수 있다(진리표에서 원으로 표시한 부분).

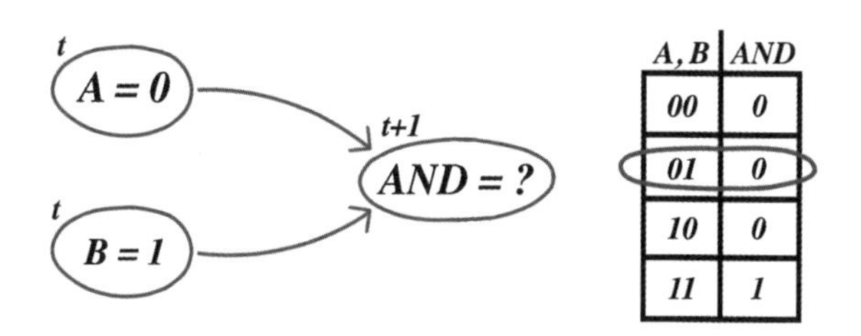

이런 경우를 우리가 오직 A의 상태만 알았고 B의 상태를 몰랐던 경우와 비교해보자. 오직 A의 상태만 알고 있으면서 AND를 평가하는 경우에 시간 t에서 {A}의 입력 정보가 {0}이라면, 우리는 실제로 AND 진리표에서 {A}의 입력 정보가 {0}인 부분이 똑같이 AND=0이므로 시간 $t+1$에서 AND=0이라고 예측할 수 있다(진리표에서 원으로 표시한 부분).

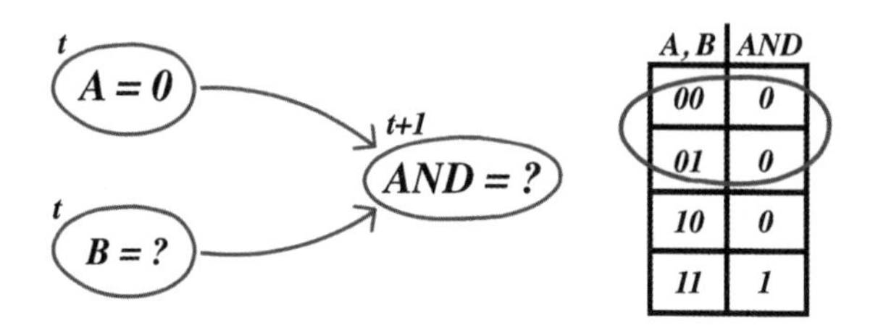

따라서 우리는 {AB}가 AND의 미래 상태를 포함하고 있다는 정보를 전반적으로 오직 A의 상태만 포함하고 있다는 정보로 완전히 간단하게 축소할 수 있다고 결론을 내릴 수 있다.

대신에 어떤 경우에 정보를 간단하게 축소할 수 없을까? AND를 평가하는 경우가 아니라, XOR을 평가하는 경우라면 어떨까? XOR을 평가하는 경우는 AND 진리표와 다른 진리표를 갖추고 있다는 사실을 의미한다. AND 진리표와 다른 진리표가 XOR 진리표(수리 논리학에서 주어진 2개의 명제 가운데 1개만 참일 경우를 판단하는 논리 연산인 '배타적 논리합'이라는 진리표)라면, XOR 진리표는 인과 모형의 메커니즘이 받아들이는 출력 정보가 1인 경우와 인과 모형의 메커니즘이 두 가지 요소의 같은 입력 정보(두 가지 요소의 입력 정보는 0 또는 1이다)를 받아들이는 경우를 포함할 수 있다. 이런 경우에 시간 t에서 오직 A = 0만 알고 있다면, XOR 진리표에서 {A}의 입력 정보가 {0}인 부분이 XOR = 0과 XOR = 1로 다르기 때문에 시간 $t+1$에서 XOR의 미래 상태를 전혀 예측하지 못할 것이다(진리표에서 원으로 표시한 부분). 또한, 시간 t에서 오직 B의 상태만 알고 있는 경우도 마찬가지다.

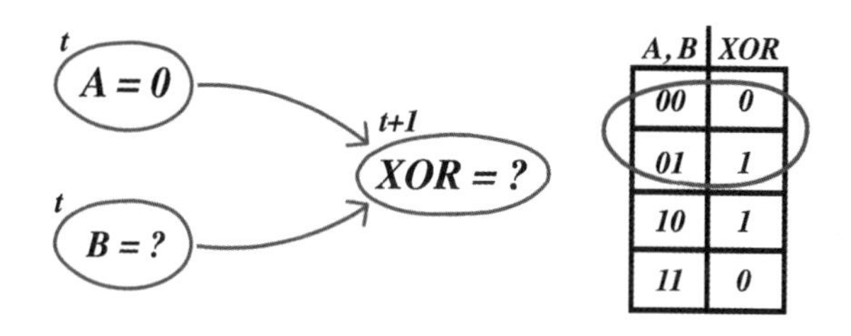

하지만 A의 상태와 B의 상태를 모두 알고 있었다면, 우리는 XOR의 미래 상태를 완벽하게 예측할 수 있다. 다시 말해서, XOR을 평가하는 경우는 A의 입력 정보와 B의 입력 정보를 모두 살펴보지 않는다면 XOR의 미래 상태를 파악할 수 없는 반면, AND를 평가하는 경우는 A의 입력 정보나 B의 입력 정보 중 하나만 살펴봐도 AND의 미래 상태를 파악할 수 있다.

XOR을 평가하는 경우는 "전체는 부분의 합보다 더 크다"라는 주장에 의심할 여지가 없을 것이다.[14] 그렇지만 훌륭한 과학자들은 정기적으로 정반대적인 주장을 펼칠 것이다. 독일 이론 물리학자 자비네 호센펠더sabine hossenfelder는《실존주의적 물리학: 과학자가 인생의 가장 중대한 문제에 관한 정보를 제공하는 안내서Existential Physics: A Scientist's Guide to Life's Biggest Questions》에서 이렇게 서술한다. "훈련된 입자 물리학자로서 나는 '전체는 부분의 합보다 더 크지도 더 작지도 않고, 부분의 합과 같다'라고 주장할 수 있는 유용한 증거가 존재한다는 사실을 공식적으로 알려야 한다."[15] 아마도 '전체는 부분의 합보다 더 크지도 더 작지도 않고, 부분의 합과 같다'라는 주장은 어떻게든 사실일 것이다. 하지만 확실히 인과 모형에 관하여 이진 논리 회로 시스템을 다스리는 진리표가 정보를 계속 순차적으로 합산하지 못할 때마다 정의되는 정보는 항상 부분의 합으로 간단하게 축소될 수 없을 것이다.

이런 개념은 통합 정보 이론에서 의식은 통합되고 각 경험은 축소 불가능하다고 강조한 핵심적인 개념에 해당한다. 하지만 필요조건을 충족시켜 이런 개념을 다시 정립하는 데는 전반적으로 상세히 설명해야 할 더 복잡한 문제들이 다소 존재할 수 있다. 이런 개념을 정립하는 과정은 (가능한 한 모든 요소와 모든 요소의 정보를 추정하여) 축소할 수 없는 정보를 작성한 거대한 목록을 만들 수 있도록 철저하게 수행되어야 한다. 이때 축소할 수 없는 정보는 (특정한 기호 '소문자 파이' 또는 φ가 주어질 경우) A의 φ=0.5비트, B의 φ=0비트, {AB}의 φ=1비트 등처럼 보일 수도 있다.

의식은 통합된다는 통합 정보 이론의 네 번째 공리는 인과 모형이 자체적으로 통합되든, 통합되지 않든 간에 확실하게 물리적으로 해석될 수 있다. 또한, 인과 모형이 분할되는 경우에 축소할 수 없는 정보(통합 정보 이론의 두 번째 공리와 세 번째 공리에 따라 구체적으로 명시된 정보 유형 – 옮긴이 주)가 얼마나 많이 손상되는지 의문을 제기하며 확인할 수도 있다. 특히 통합 정보 이론의 네 번째 공리는 요소들 자체에서 수집된 정보가 얼마나 축소될 수 없는지를 묻기보다 이진 논리 회로 시스템 전체가 어느 정도로 통합되는지를 묻고 있다는 점에서 통합 정보 이론의 두 번째 공리나 세 번째 공리와는 다르다. 통합 정보 이론의 네 번째 공리에서는 특정한 기호 '대문자 파이' 또는 Φ가 주어진다. 통합 정보 이론의 네 번째 공리를 평가하는 방법은 말 그대로 이진 논리 회로 시스템에서 요소들 간의 관계가 끊어지는 경우와 마찬가지로, 인과 모형이 분할되는 경우에 정보가 얼마나 많이 손상되는지를 확인하는 것이다. 통합 정보 이론의 네 번째 공리는 개념적으로 다음과 같은 의문을 제기한다. 인과 모형이 분할되는 경우에 주어진 A와 이진 논리 회로 시스템의 나머지 부분 간의 관계가 끊어진다면, 이진 논리 회로 시스템에서 얼마나 많은 정보가 손상될까? 주어진 B와 이진 논리 회로 시스템의 나머지 부분 간의 관계가 끊어진다면, 이때는 어떨까? 주어진 A, B 모두와 이진 논리 회로 시스템의 나머지 부분 간의 관계가 끊어진다면, 이때는 어떨까? 통합 정보 이론의 네 번째 공리는 이외에도 많은 의문을 제기한다.

부분적으로 주어지는 요소와 이진 논리 회로 시스템의 나머지 부분 간의 관계가 끊어지는 경우에(이런 경우는 때때로 '분할' 또는 '절단'이라고도 한다) 축소할 수 없는 정보가 '손상'되는 양을 평가한다는 것은 가능한 한 축소할 수 없는 정보가 최소한으로 손상될 수 있는 절단을 발견한다는 것을 의미한다. 왜 우리는 축소할 수 없는 정보가 최소한으로 손상될 수 있는 '절단'을 발견하기를 원할까? 절단을 활용한다면 이진 논리 회로 시스템과 이진 논리 회로 시스템에서 추정된 의식 사이의 경계선을 명확하게 그릴 수 있기 때문이다. 미국 심리학자 윌리엄 제임스가 제안한 창의적인 사고실험은 다음과 같다.

> 단어 12개로 이루어진 한 문장을 선택하고, 실험 대상자 12명에게 보여준다. 실험 대상자 12명은 각각 한 단어씩 읽는다. 그런 다음, 실험 대상자 12명을 한 줄로 세우거나, 한 무리로 모여 세운다. 그리고 실험 대상자 12명에게 각자 자신이 다음에 읽을 단어를 골똘히 생각하도록 요청한다. 아마도 실험 대상자 12명 가운데 문장 전체를 의식하고 있는 사람은 어디에도 없을 것이다.[16]

통합 정보 이론은 이런 사례를 식별할 수 있는 유일한 이론일 것이다. 실험 대상자 12명의 뇌 사이에서 인과 모형이 분할되는 경우는 축소할 수 없는 어떤 정보도 손상되지 않는다는 사실을 밝혀낼 수 있기 때문이다. 다시 말해서 실험 대상자 12명을 각각 따로 분리된 별개의 독립체로 개념화한다면, 결국에는 축소할 수 없는 정보 전체에서 손상되는 정보가 없게 되기 때문이다. 그러므로 통합 정보 이론은 처음부터 통합된 시스템을 갖추고 있지 않았다. 한 번 더 강조하자면, 이런 개념은 필요조건을 충족시켜 더욱 상세하게 설명할 필요가 있기 때문에 수준 높게 설명해야 할 고급 개념에 해당한다. 통합 정보 이론은 특정한 절단이 이진 논리 회로 시스템에 얼마나 큰 차이점을 만드는지를 판단할 수 있는 미터법을 다소 구체적으로 지정해야 한다. 내가 통합 정보 이론에 따라 작동하고 있던 미터법은 컴퓨터 과학에서 '지구 이동 거리'로 알려져 있었다.[17] '지구 이동 거리'는 하나의 확률 분포를 다른 확률 분포로 변환하는 데 미터법을 얼마나 많이 '작동'해야 하는지를 측정하고(기본적으로 정확히 딱 한 가지 의문만 제기한다. 확률 분포 1을 확률 분포 2로 변환하려면 미터법을 최소한 얼마나 작동해야 할까?) 절단 후에 축소할 수 없는 정보가 얼마나 많이 '손상'되는지를 평가한다.

게다가 이런 모든 것은 이진 논리 회로 시스템의 모든 부분집합, 예를 들어 {ABC}와 {AB}, {BC}, {AC} 등을 산출해야 한다. 문제는 규모가 더 큰 이진 논리 회로 시스템에서 가능한 한 부분집합의 수가 천문학적으로 매우 많이 증가한다는 점이다.

또한, 모든 부분집합은 각기 다른 Φ를 가질 것이다.

의식은 뚜렷하게 한정된다는 통합 정보 이론의 다섯 번째 공리는 이진 논리 회로 시스템의 거의 모든 부분이 양성 Φ을 다소 가질 수 있다는 점을 주제를 다룬다. 또한, 의식은 뚜렷하게 한정된다는 통합 정보 이론의 다섯 번째 공리는 같은 시간과 같은 공간에서 같은 양자수를 가지는 두 입자는 존재하지 않는다고 주장하며 특징적으로 축소 불가능성과 통합성을 명확하게 보여 주는 '배타' 원리를 적용하여 물리적으로 해석할 수 있다. 배타 원리에 따르면, 의식은 단지 통합된 정보 자체로만 한정하는 것이 아니라 통합된 정보를 최대화하는 것이 매우 중요하다. 따라서 의식은 뚜렷하게 한정된다는 통합 정보 이론의 다섯 번째 공리는 단순하게 φ나 Φ를 발견하기보다 오로지 최대 φ나 최대 Φ에만 의식을 연관시켜야 한다는 사실을 보여준다.

근본적으로 집약적인 알고리즘을 만들어내는 이런 변환 방법을 적용한다면, 무엇이든 이진 논리 회로 시스템의 규모에 따라 계속 처리되지 않을 수 있다. 또한, 이런 변환 방법이 통합 정보 이론과 직접적으로 충돌하지는 않으나 그저 불편할 뿐이라고 지적해볼 만도 하다. 하지만 이진 논리 회로 시스템은 이런 변환 방법을 적용한다면 혼란스러운 상황에서 감정에 흔들리는 사람이 미적분학을 정확히 계산할 필요가 없듯이 사사건건 매 시간마다 자신이 가지고 있는 Φ를 산출하지 않아도 된다.

통합 정보 이론의 다섯 가지 공리와 그 공리들의 불만

통합 정보 이론을 비평하고 문제를 제기하는 일부 사람들은 통합 정보 이론을 대하는 자신들의 태도를 보여준다. 통합 정보 이론을 비평하고 문제를 제기하는 사람들은 두 부류로 나뉜다. 첫 번째 부류는 통합 정보 이론의 다섯 가지 공리가 올바르고 타당한지를 논한다. 두 번째 부류는 통합 정보 이론의 다섯 가지 공리, 심지어 자신들이 올바르다고 추정하는 공리들도 물리적 시스템을 적용할 때 적절하게 해석할 수 있는지를 중요하게 다룬다.

통합 정보 이론을 비평하는 첫 번째 부류는 통합 정보 이론의 다섯 가지 공리가 필요조건을 완벽하게 충족시키고 있는지에 중점을 둔다. 혹시라도 통합 정보 이론에서 누락된 공리가 있을까? 이 질문은 근본적으로 통합 정보 이론의 공리에 문제를 제기하는 것처럼 보이며, 통합 정보 이론이 발달하는 과정에서 잘 다루어지지 않는 문제에 해당된다. 흔히 통합 정보 이론에서 합리적으로 누락될 수도 있는 의식에 관하여 주의 깊게 관찰하는 경우가 많다. 다시 말해서 의식을 관찰하는 관점은 항상 존재한다. 의식을 관찰하는 것을 경험하고 있는 사람에게는 '나'라는 자아가 있다. 말하자면, 아마도 누군가는 깊이 명상에 잠겨 있거나, 성적 흥분이 최고조에 달해 오르가슴을 느끼는 동안은 '나'라는 자아가 없는 상태일 수도 있다고 주장할 수 있다. 하지만 이와는 달리 가장 깨우침에 가까운 명상을 수행하고 있는 동안에는 '나'라는 자아가 없는 상태일 수 있으나, 이런 상황에서도 의식을 관찰하는 것을 경험하는 자아와 의식을 관찰하는 관점이 여전히 존재한다고 주장할 수 있다.

그렇지만 현재 통합 정보 이론이 취하는 입장에서는 중심점도 없고, (어떤 특정한 것을 지각하면서 느끼게 되는 기분이나 떠오르는 심상을 의미하는) 감각질의 기하학적인 형태에 내재하는 '소실점'도 없다. 수학적 의식 이론을 연구한 벤저민 베츠는 의식의 원근법적 특질은 자명한 진리이고, 의식의 원근법적 특질을 수학적으로 나타낼 필요가 있다고 스스로 생각했다. 벤저민 베츠는 의식의 원근법적 특질을 다음과 같이 표현한다.

> 의식을 고려할 때, 우리는 나머지 다른 모든 요소와 다를 수 있는 한 가지 요소를 발견한다. 나머지 다른 모든 요소는 무수히 많은 종류로 이루어져 있고, 혼란스럽고, 무질서한 상태이며, 변화한다. 하지만 한 가지 요소는 오직 한 종류로만 이루어져 있고, 비교적 변화하지 않는다. (…) 우리는 그 한 가지 요소를 의식의 대상인 '나'라고 부른다. (…) 우리는 마치 우리의 중심점이 고정되어 있는 것처럼 느껴지고, 자체적인 활동 관계에 관하여 우리의 중심점은 고정되어 있다. 자아는 도표가 어디에 위치해 있든 언제나 도표의 중심점에 해당한다.[18]

어떤 사람들은 통합 정보 이론의 다섯 가지 공리 중 일부, 특히 의식은 뚜렷하게 한정된다는 다섯 번째 공리를 그저 명백한 공리로 받아들이지 않고 단호하게 부인할 수도 있다. 한 가지 주목할 만한 사례를 들면, 유명한 미국 철학자 대니얼 데닛Daniel Dennett은 자신이 출판한 일부 연구 논문에서 의식은 뚜렷하게 한정된다는 통합 정보 이론의 다섯 번째 공리를 부인한다.[19] 게다가 우리는 의식이 통합 정보 이론의 다섯 가지 공리와 전혀 다른 공리를 가졌거나, 통합 정보 이론의 공리를 일부 누락했거나, 우리에게 없는 일부 공리들을 추가로 가졌을 가능성을 배제할 수 없다. 역사적으로 비유하자면, 수천 년 동안 고대 그리스 수학자 유클리드의 공리들은 명백하게 자명한 진리로 인정되었다. 이때는 오로지 한 가지 유형의 기하학만, 이를테면 유클리드 기하학만 공식화되었다. 하지만 그 후 19세기에는 특정한 공리들이 변화하면서 수많은 '비유클리드' 기하학이 공식화되었다. (직선 밖의 한 점에서 직선에 평행한 직선을 두 개 이상 그을 수 있는 공간을 대상으로 하는) 이런 비유클리드 기하학들은 흔히 일관성이 있고 창조력이 풍부한 경우가 많았다. 사실 우리 자신만의 세계는 (시공간이 질량을 가진 물체 주변에서 중력으로 인해 휘어져 있기 때문에) 유클리드 의식이 존재하지 않는다. 그렇다면 유클리드 기하학의 공리들 중 몇 가지 공리가 다소 다른 경우에는 '비유클리드' 의식이 존재할 수도 있지 않을까? 사람들이 외계인이나 고급 인공지능을 상상하고 있는 것처럼, 어쩌면 이 질문은 약간 공상적으로 느껴질 수 있다. 하지만 그렇다고 해서 여전히 그 질문을 배제할 수는 없다. 또한, 우리는 비유클리드 의식을 멀리 내다볼 필요가 없을 수도 있다. 미국 소설가 허먼 멜빌은 향유고래의 의식이 통합되는지 통합되지 않는지에 관하여 다음과 같이 서술한다.

> 그렇다면 향유고래는 어떨까? 사실, 향유고래의 두 눈은 모두 자체적으로 동시에 작동해야 한다. 하지만 향유고래의 뇌는 인간의 뇌보다 훨씬 더 포괄적으로 미묘하게 결합되어 있다는 점에서, 향유고래는 한쪽 눈으로 한쪽 방향에 있는 경치를 바라보고, 다른 한쪽 눈으로 정확히 반대 방향인 다른 한쪽에 있는 경치를 바라보며, 방향이 정반대로 뚜렷하게 다른 두 경치를 동시에 주의 깊게 관찰할 수 있을까? 향유고래가 그렇게 동시에 관찰할 수 있다면, 마치 인간이 유클리드의 공리들 속에서 뚜렷하게 다른 두 가지 문제를 동시에 살펴보고 논증할 수 있었던 것처럼, 향유고래 안에서 경탄할 만한 놀라운 일이 발생하고 있는 것일까? 면밀하게 조사해보면, 이런 비교에는 부적합하고 모순적인 표현이 있는 것도 아니다.[20]

허먼 멜빌이 주장한 바에 따르면, 의식이 필연적으로 통합된다는 개념은 시야가 통합된다는 개념에 기반을 둔다. 예를 들어 우리가 고래나 토끼와 같은 존재라면, 우리는 의식이 훨씬 더 본질적으로 다르게 통합된다고 생각할 수도 있다. 하지만 통합 정보 이론을 지지하는 사람들은 단순하게 우리가 어쩔 수 없이 통합 정보 이론의 다섯 가지 공리 외에 추가되는 공리들을 사실로 받아들일 이유가 없고, 특정 공리들이 통합 정보 이론에 공정하게 추가될 수 있으며, 현재 '비유클리드' 의식을 설명하는 데 필요한 강력한 증거가 없다고 주장할 수 있다.

(허먼 멜빌의 인용문을 증거로 제시하며 '비유클리드' 의식에 대한 이런 문제를 논증적으로 설명한 지 한참 후에, 나는 사적으로 대니얼 데닛과 대화를 나누었다. 그때 대니얼 데닛은 내가 깜짝 놀랄 정도로 허먼 멜빌의 같은 인용문을 언급하며 '비유클리드' 의식에 대한 이런 문제를 나와 정반대로 자유롭게 설명했다. 나는 내가 허먼 멜빌의 똑같은 비유적인 인용문을 적용하여 '비유클리드' 의식을 논증적으로 설명한 부분을 거짓이라고 생각하지 않도록 대니얼 데닛에게 해명할 방법을 생각해낼 수 없었다. 너무 환상적인 이야기이지만, 나와 대니얼 데닛이 허먼 멜빌의 같은 인용문을 제시한 상황은 그야말로 우연의 일치였다.)

통합 정보 이론의 다섯 가지 공리 자체를 문제로 다루는 것 이외에도, 통합 정보 이론의 다섯 가지 공리가 어떻게 외재적 관점으로 해석되는지를 문제로 다룰 수 있다. 의식은 통합된다는 통합 정보 이론의 네 번째 공리가 자명한 진리로 인정된다고 결론을 내리더라도, 물리적 시스템이 '통합'된다는 것이 정확히 무슨 뜻인지를 우리는 어떻게 알 수 있을까? 통합 정보 이론은 확실하게 자체적으로 답변을 내놓을 수도 있지만, 그 답변에는 가능한 한 수많은 선택 사항이 존재하는 것 같다. 이를테면 누군가는 뇌 영역을 가로지르는 신경 세포들 간의 동기화 정도는 '통합'으로 간주된다고 주장할 수도 있다. 통합 정보 이론은 의식에 경계선이 있는 이유를 설명하지만, 가능한 한 오직 의식에 경계선이 있는 이유를 설명하는 것만으로 충분할까? 물리적 시스템은 인과적 통합 이외에 어떤 다른 방법으로도 경계선을 가질 수 있을까?

블랙홀에는 블랙홀의 외부와 내부를 나누는 경계선이 존재한다. 블랙홀은 중력이 매우 강하여 빛을 포함한 어떤 물질도 탈출할 수 없는 시공간 영역을 일컫는다. 블랙홀의 외부와 내부를 나누는 경계선은 더 이상 빛이나 물질이 빠져나오지 못하여 블랙홀 내부에서 일어난 사건이 블랙홀 외부에 영향을 줄 수 없는 사건의 지평선(사상의 지평선)을 말한다. 뇌와 블랙홀을 비교하는 것은 지나치다고 생각할 수도 있지만, 블랙홀에 빛이 빠져나오지 못하는 사건의 지평선이 있는 것처럼, 뇌의 다른 시스템에도 다른 특성을 지닌 사건의 지평선이 존재할 수도 있다. 예를 들어, 빛 대신 음파를 가두는 음파 블랙홀은 유체가 음속(소리가 퍼져나가는 속도-옮긴이 주)보다 더 빠르게 흐르는 경우에 사건의 지평선이 존재한다.[21] (여기서는 물고기가 음속보다 더 빠르게 흐르는 강물의 흐름을 따라 강제적으로 강 하류로 내려오지만 강

상류로 거슬러 올라가려고 있는 힘을 다해 목청껏 소리치는 모습을 상상해보라.) 표준적으로 뇌가 강물의 흐름(물체가 무엇인지를 식별하고 인식하는 '배쪽 흐름ventral stream'과 물체가 어디에 있는지 위치를 감지하고 인식하는 '등쪽 흐름dorsal stream'[22])으로 묘사되는 정보를 처리한다는 점을 고려하면, 아마도 뇌에는 반대 방향으로 흐를 수 없는 정보를 지나서 어떤 유형의 유사한 정보로 연결되는 '사건의 지평선'이 존재할 수도 있다. 이런 상황은 의식의 명확한 본질(통합 정보 이론의 배제된 공리)과 의식의 통합된 본질(통합 정보 이론의 다섯 가지 공리)을 모두 설명할 것이다. 여기에서 내가 강조하는 요점은 물리적 시스템에 적용할 수 없는 통합 정보 이론의 다섯 가지 공리를 선택적으로 해석하기 위해 실제로 구체적인 대안을 제공하는 것이 아니라, 그저 구체적인 대안을 제공할 수 있는지만 언급한다는 것이다.

이상적인 경우에 통합 정보 이론의 다섯 가지 공리는 직접적이면서도 독립적으로 해석되고 추론될 수 있다. (이와 마찬가지로 각각의 해석은 오로지 통합 정보 이론의 다섯 가지 공리에서만 특별히 확고해지고 추론될 수 있을 것이다.) 대신에 통합 정보 이론은 명백하게도 통합 정보 이론의 다섯 가지 공리가 경우에 따라서 오직 알고리즘만을 바탕으로 **추론**된다는 광범위한 개념에 의존하는 것 같다. (여기서 **추론**은 '최고의 설명을 바탕으로 한 추론' 혹은 근본적으로 '최고의 추측'을 의미한다.) 영국 철학자 팀 베인Tim Bayne은 통합 정보 이론의 다섯 가지 공리에 관하여 다음과 같이 지적한다.

> 통합 정보 이론이 자명한 진리로 인정된다는 가정은 통합 정보 이론의 다섯 가지 공리를 설명할 뿐만 아니라, 통합 정보 이론의 다섯 가지 공리에 대하여 대립되는 주장을 펼치기보다 더 나은 설명도 제공한다는 사실을 보여주어야 한다. 하지만 통합 정보 이론에 관한 문헌은 통합 정보 이론이 자명한 진리로 인정된다는 가정이 통합 정보 이론의 다섯 가지 공리를 가장 잘 설명할 수 있다는 점을 보여 주려고 애써 시도하지 않는다. 심지어는 통합 정보 이론의 다섯 가지 공리를 다른 방식으로 설명할 수 있다는 점을 고려하지도 않는다.[23]

특정한 경우에 이런 문제는 통합 정보 이론 알고리즘이 현상학에 따라 전혀 결정되지 않는 양상을 보인다. 분명하게 말하자면, 통합 정보 이론 알고리즘은 오로지 현상학만으로 추론할 수 없다. 예를 들어 통합 정보 이론에 따르면, 결합 효과는 실제로 독일 심리학자 빌헬름 분트가 '요소'라고 칭했던 심리학적 개념인 의식 경험의 축소할 수 없는 구성 요소와 동일하다. 이 표현은 이상하게 여겨질 수 있다. 의식에서는 어떤 것도 의도적으로 심리학적 개념이 뇌의 과거 상태나 미래 상태에 관하여 형성된 것처럼 보이게 하지 않기 때문이다. 통합 정보 이론이 정보를 다루는 방식대로 말하자면, 우리의 의식 경험은 항상 세계의 상태에 관하여 형성된다. 하지만 의식 경험이 흔히 우리 자신의 상태에 관해서도 형성되는 것처럼 보이는 경우가 많다고 해도, 의식 경험이 우리 뇌 상태의 가까운 미래에 관해서 예측되고 가까운 과거에 관해서 추리되어 형성된다고 주장하는 것은 과장된 표현이다. 의식 경험은 그저 적어도 자기 성찰을 통해 형성되지도 않으며, 자기 성찰을 통해 형성된다고 언급하는 것처럼 보이지도 않는다. 이 말은 통합 정보 이론의 현상학적인 다섯 가지 공리를 수학적으로 해석하는 데 완벽하지 않은 부분이 다소 존재한다는 점을 강조한다. 이 문제를 처리하기 위해 통합 정보 이론은 어떻게든 특질의 개념 구조가 세계와 '일치'하고, 이 문제가 기본적으로 의도성이 강하다는 점을 제안했다. 하지만 통합 정보 이론은 여전히 통합 정보 이론의 현상학적인 다섯 가지 공리를 수학적으로 해석한다는 이런 의미가 사실 무엇을 뜻하는지 명백하게 설명하지 못한다. 또한, 특질의 개념 구조와 세계가 '일치'한다는 점을 제안한다고 해서 의도성이 강하다는 이 문제가 실제로 어떻게 처리될 수 있는지도 명백하게 설명하지 못한다. 게다가 유용한 정보를 제공하는 유익한 통합 정보 이론이 대략적으로 의도성이 강한 의식 경험과 관련되어 있는 것처럼 보인다는 점도 설명할 기회를 놓친 실정이다.

또 다른 예를 들어보자. 통합 정보 이론 알고리즘에 적합한 시스템의 부분집합을 고려할 때는 배경 조건, 즉 뇌에서 통합되는 정보가 산출되는 동안 시스템의 나머지 외부 세계 상태에 대한 가정을 설정해야 한다. 가정을 명확하게 설정하려면, 모든 확률과 인과관계를 분석할 수 있도록 뇌에서 통합되는 정보를 산출하여 시스템의 일부 상태에서 나머지 외부 세계의 상태를 수학적으로 '동결'해야 한다. 하지만 선택적으로 언제 그렇게 해야 할까? 배경 요소를 배경 조건으로 시간 t에서 선택해야 할까? 아니면 시간 $t+1$에서 선택해야 할까? 즉, 나머지 외부 세계의 상태를 수학적으로 동결하는 시점이 한 시간 전 단계인가? 아니면 같은 시간 단계인가? 한 논문에 따르면, 이른바 통합 정보 이론 3.0IIT 3.0은 시간을 t로 설정했고, 나중에는 시간을 $t+1$로 바꿔 설정했다. 통합 정보 이론의 현상학적인 다섯 가지 공리 중 어떤 공리가 확실하게 자명한 진리로 해석될까? 통합 정보 이론의 현상학적인 다섯 가지 공리 중 어떤 공리가 다른 방식이 아닌 한 가지 방식으로 해석하도록 정확하게 알려 주고 있을까? 전반적으로 통합 정보 이론의 발달은 정보 산출에 이용되는 거리 측정값이 실제로 유일한 값인지를 확인하는 데 최근 들어 진전을 보였지만,[24] 통합 정보 이론에는 현상학에서 정당화되지 않는 선택 사항들이 무수히 많이 남아 있다.

통합 정보 이론의 다섯 가지 공리는 물리적 시스템에 적용될 때 자신들의 해석을 과소판단하고, 그저 자기 성찰에 관한 어떤 사실만으로도 그 해석을 끌어낼 수 없으며, 우리가 올바르게 해석한다고 확신할 수도 없다는 사실을 강력하게 주장한다.

심지어는 통합 정보 이론의 다섯 가지 공리가 흥미롭지 못하고 지루하다고 비판하고도 있을 것이다. 통합 정보 이론의 다섯 가지 공리는 실제로 의식에 관하여 전혀 구체적으로 해석하지 못하므로, 어쩌면 불가피하게 고통을 받는 것 같다. 오히려 모든 공리는 철학자들이 물체에 관하여 부분과 전체 사이의 관계를 추상적으로 연구하는 학문이라고 묘사하는 '부분론'에서 단순하고 기본적인 진술로 재구성될 수 있다. 즉, 모든 공리는 '물체'의 정의에 관하여 명백하게 자명한 진리로 다시 진술될 수 있다.

1. 물체는 존재한다.
2. 모든 물체는 다른 물체들과 다르다는 점에서, 유용한 정보를 제공한다.
3. 물체는 체계적으로 구성되어 있다. 예를 들어 물체는 특정 구조를 갖추고 있다.
4. 각각의 물체는 통합된다. 물체가 통합되지 않는다면, 그 물체는 진정한 물체가 아니다.
5. 물체는 뚜렷하게 한정된다. 물체는 특정한 시공간적 결정체와 관련된 요소와 관계를 갖추고 있다.

다시 말해서, 우리는 거의 모든 것에 관하여 통합 정보 이론의 다섯 가지 공리 가운데 대부분을 해석할 수 있다. 이런 면에서 통합 정보 이론은 의식의 형이상학적인 이론이 아니라 존재의 형이상학적인 이론과 훨씬 더 유사하게 보인다. 의식의 '본질적인 속성'을 설명하려고 노력하는 상황 속에서, 우리는 이런 공리적인 속성들 가운데 대다수가 의식 자체와 거의 관련이 없다는 사실을 깨닫지 못하고 명백한 오류를 범했다. 그러므로 의식은 그저 존재할 뿐이고, 우리는 통합 정보 이론의 다섯 가지 공리 가운데 대부분이 물체와 마찬가지로 존재하고 있는 다른 모든 것에도 적용된다고 주장할 수 있을 때, 존재의 속성과 사물 자체의 본질적인 속성을 혼동한다. 이런 해석에 따라, 통합 정보 이론은 실제로 시스템이 어떻게 '통합'하여 응집력이 강한 물체나 실체를 형성하는지, 그리고 실제로 통합 정보 이론의 다섯 가지 공리 가운데 하나가 어떻게 의식을 명확하게 가리키거나 의식의 질적인 측면을 직접 포함하지 않는지를 다루는 이론인 부분론의 이론에 해당한다. 다르게 표현하자면, 통합 정보 이론은 설명을 요구하는 의식의 내재적 속성이 아니라, 오로지 의식의 외재적 속성에만 관련된다. 또한, 통합 정보 이론은 의식이 왜 통합되는지에 관하여 현상학의 속성을 적절하게 설명할 수도 있다. 하지만 왜 우리와 같은 무언가가 존재하는지에 관해서는 현상학의 모호하고 신비로운 속성을 설명할 수 없다.

대학원에 다니는 동안 (통합 정보 이론을 공들여 연구하는 소수의 사람들 가운데 한 명으로서) 내가 수행한 연구 중 대부분은 통합 정보 이론의 발달 측면을 강화하도록 돕는 데 온 열의를 쏟았다. 통합 정보 이론의 발달 측면은 내가 매우 지적이고 열정적으로 연구한 부분이었다. 또한, 스스로 의기양양해지는 강력한 경험이었다. 나는 통합 정보 이론이 과학적인 접근 방식으로 의식을 다룬 어떤 다른 이론보다 훨씬 더 흥미롭고 야심차고 훌륭하다고 생각했다. 하지만 시간이 흐르면서 통합 정보 이론에 해결할 수 없는 구멍들이 너무 많이 존재한다는 결론을 내리게 되었다. 그리스 신화에 나오는 다나오스Danaos의 50명의 딸인 다나이데스Danaides가 지옥에서 밑 빠진 독에 물을 붓는 형벌을 받았듯이, 나는 다나이데스 중 한 명으로서 영원히 밑 빠진 항아리에 물을 부어야 하는 운명에 부딪힌 것처럼 느껴졌다.

의식 이론이 거짓임을 어떻게 입증할까?

나는 물리적 해석이 분명치 않은 공리의 완벽성 문제와 통합 정보 이론의 지루함이 모두 통합 정보 이론에 대한 명백한 문제들을 만들어낸다고 생각했다. 하지만 이런 내 주장은 통합 정보 이론을 지지하는 모든 사람을 확실하게 설득하지 못했다. 예를 들어 통합 정보 이론을 지지하는 사람들은 단순하게 통합 정보 이론의 다섯 가지 공리가 사실 불완전할 수도 있지만 우리가 긍정적으로 가정할 필요가 있을 때까지 통합 정보 이론의 공리를 다섯 가지 이상으로 추정해서는 안 되고, 통합 정보 이론의 다섯 가지 공리를 어떻게 해석하는지에 관한 문제들이 항상 우월한 어떤 미래의 가정적인 처리 절차에 따라 반복되면서 확고하게 안정될 수 있다고 인정하며 뒤로 물러설 수 있다. 하지만 통합 정보 이론에는 훨씬 더 부적절하고 잘못된 부분들이 다소 존재하므로, 통합 정보 이론의 세부 사항들에 관하여 의심하거나 엉뚱한 생각을 하는 정도를 넘어서서 통합 정보 이론이 거짓임을 입증할 수 있는지를 파악해야 한다. 그리고 이런 문제는 결국 통합 정보 이론 자체를 뛰어 넘어 훨씬 더 많은 정보를 알려준다. 결과적으로, 통합 정보 이론이 거짓임을 입증할 수 있는지 여부를 밝히는 측면에서 통합 정보 이론이 직면하는 문제들은 기본적으로 모든 이론에 해당하지는 않더라도 의식을 다루는 현대 주류 이론들 대부분이 직면하는 문제들이다.

과학은 거짓임을 입증하는 반증에 따라 계속 진행된다. 대부분 과학적인 이론들은 거짓임을 입증하는 방법이 명백하도록 직접적으로 식별할 수 있는 대상을 다룬다. 하지만 의식은 오로지 간접적으로만 식별할 수 있다. 다시 말해서 유일하게 우리가 가진 증거는 물리적 시스템 자체가 전하는 정보(혹은 더욱 광범위하게 표현하자면, 행동)일 뿐이고, 이런 물리적 시스템들은 매우 복잡하다. 우리가 과학에서 피하고 싶은 것은 근본적으로 거짓임을 입증할 수 없는 이론들을 오직 옳고 그름으로 이유를 들어 밝히는 논증에 따라서만 사실로 받아들이는 것이다. 과학에는 거짓임을 입증하는 문제가 곳곳에 심각하게 드러나고 있는 데 특히 기초 물리학에서는 이런 문제가 더욱더 심각하게 나타나는 양상을 보인다. 일부 과학자들은 끈 이론(만물의 기본 요소가 점이 아니라 길이가 있고 진동하는 끈인 경우를 다루며, 점 입자의 성질과 자연의 기본적인 힘이 끈의 모양과 진동에 따라 결정된다는 물리학 이론－옮긴이 주)과 같은 이론들이 그저 가급적 적고 간결하게 설정하는 가정만으로도 판단될 수 있다는 개념을 제안한다.[25] 하지만 일반적으로 대부분의 과학자들은 과학에 조금이라도 뭔가 문제가 있다면 그 문제를 반드시 밝혀내기 위해 거짓임을 입증하는 태도를 취한다.

그렇다면 문제가 있어 보이는 의식 이론을 검증하려면 (더 구체적으로, 의식 이론이 거짓임을 입증하려면) 무엇을 설정해야 할까? 우리는 이미 앞부분에서 이론이 거짓임을 입증하는 방법을 대부분 설명했다. 기억해보라. 의식 이론은 일부 뇌의 상태나 배열이나 신경 역학에 해당하는 p에서 물리적 시스템이 가진 정보로 시작하고, 적절하게 식별할 수 있는 부분집합은 신경 영상 데이터가 될 수도 있다. 여기서 신경 영상 데이터는 기호로 o라고 나타내자. 다시 말해서 o는 신경 영상 데이터에 해당하며, 가능한 한 부분집합으로 표현한다. 반면, O는 관찰에 해당하며, 가능한 한 전체집합으로 표현한다. (부분집합 o는 전체집합 O에 포함되는데, 이는 기호로 $o \in O$라고 나타낸다.) O는 'observations(관찰)'을 의미하고, 우리는 'observations'을 간략하게 줄여서 'obs'라고 칭할 수 있다. 관찰 obs는 부분집합 p

에서부터 부분집합 o까지의 정보를 발견하는 함수다. 그때는 주어진 p에 해당하는 경험이 무엇인지를 예측하는 데 기능적으로 추가한 함수인 예측이 존재한다. 'prediction(예측)'은 간략하게 줄여서 'pred'라고 칭한다. 전체집합인 경험적 시스템 E 내에는 시스템이 가지고 있는 어떤 특정한 경험이 포함되어 있다. 어떤 특정한 경험은 기호로 e라고 나타내며, 가능한 한 부분집합으로 표현한다. (즉, 부분집합 e는 전체집합 E에 포함되는데, 이는 기호로 $e \in E$라고 나타낸다.) 경험적 시스템 E 내에 포함되어 있는 각각의 특정한 경험 e는 가능한 한 우리가 인식할 수 있는 수많은 경험적 상태들(아이스크림 먹는 경험, 특정한 영화 제작 기술을 적용하여 체계적인 틀을 갖춘 특정한 영화를 보는 경험 등) 가운데 하나에 해당한다. 우리가 앞서 규정한 바와 같이, 의식 이론은 어떤 p가 주어지면 물리적 시스템이 가지고 있는 경험이 무엇인지를 합법적으로 예측하여 만든 예측도이고, 근본적으로 기능하는 이런 예측도는 결국 $P \rightarrow O \rightarrow E$와 같은 모습으로 표현될 수 있다.

의식 이론을 검증하는 방법은 자체적으로 즉시 제안한다. 우리는 의식 이론이 짐작하는 예측이 올바른지 확인할 수 있다. 그렇다면 어떻게 확인할 수 있을까? 우리는 의식 이론이 예측하는 경험과 물리적 시스템이 추론하는 경험 사이에 불일치가 있는지를 확인한다. 확인하는 방법은 매우 간단하다. 뇌 o에 관하여 일부 데이터가 주어진 경우, 의식 이론은 사람 e가 파란색을 보고 있었다고 예측했지만 실제로는 빨간색을 보고 있었다면, 우리는 의식 이론이 거짓임을 입증해야 한다. (실험 설계, 불충분한 데이터 등과 관련된 문제들은 모두 최적화되므로 따로 제쳐둔다.) 그리고 이상적인 세계에서는 실제 경험이 무엇인지를 인식하고, 누군가의 뇌의 상태가 주어진 경우에 예측과 실제 경험을 비교할 수 있다. 하지만 이때는 물론 이미 알려진 의식 이론을 사실로 간주할 경우에 해당한다! 대신에 우리는 일반적으로 물리적 시스템이 도출하는 정보나 행동을 기반으로 한 추론, 즉 과학자가 의식에 관한 실험 연구를 수행하여 이끌어낸 추론에 의존해야 한다. 그러므로 우리는 물리적 시스템이 도출하는 정보나 행동을 가능한 한 경험적 시스템 E의 공간과 연관시키는 데 기능적으로 추가한 함수인 추론을 규정할 수 있다. 'inference(추론)'는 간략하게 줄여서 'inf'라고 칭하자. 그렇게 이제 우리는 기능적으로 추가한 두 가지 함수를 가졌다. 기능적으로 추가한 한 가지 함수는 과학자가 의식에 관한 실험 연구를 수행하여 이끌어 낸 추론에 해당하고, 기능적으로 추가한 나머지 한 가지 함수는 본질적으로 의식 이론이 주어진 p에 해당하는 경험이 무엇인지를 짐작하는 예측에 해당한다. 만약 의식 이론이 예측하는 경험과 물리적 시스템이 추론하는 경험 사이에 불일치가 있다면, 즉 예측과 추론이 같은 경험 e를 가리키지 않는다면, 우리는 의식 이론이 거짓임을 입증해야 한다.

좀 더 구체적으로 설명하자면, 우리는 의식 이론이 거짓임을 입증하는 구성을 다음과 같이 개념화할 수 있다.

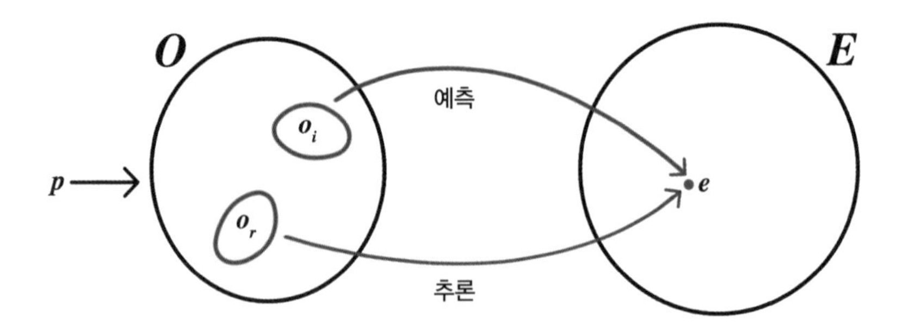

부분집합인 뇌의 상태 p가 포함된 물리적 시스템 P에서 O에 부분집합으로 포함된 데이터 집합을 관찰 대상으로 설정한다. 관찰을 의미하는 O는 어떤 물리적 시스템에서 관심을 가지고 흥미롭게 관찰할 수 있는 대상을 찾아 기록하거나 분석하는 과학의 표준적 방법을 나타내며, 두 가지 다른 데이터 집합 o_i(예측이 나오는 장소이며, 신경 영상 데이터에 근거를 둘 수도 있다)와 o_r(추론이 나오는 장소이며, 물리적 시스템이 도출하는 정보나 행동에 기반을 둘 수도 있다)을 포함한다. 이상적인 세계에서 올바른 이론은 예측되는 경험과 추론되는 경험이 일치할 것이다. 앞의 그림에서 볼 수 있듯이, 예측되는 경험과 추론되는 경험이 일치한다면, 이 이론은 올바른 이론으로 지지를 받는다. 하지만 예측되는 경험과 추론되는 경험이 일치하지 않는다면, 그 이론은 거짓임을 입증해야 한다.

물론 이런 규정은 과학자가 의식에 관한 실험 연구를 수행하여 이끌어낸 모든 추론이 완벽하다고 가정하고, 신경 영상 데이터를 완전히 신뢰하는 등 의식 이론이 거짓임을 입증하는 데 불확실한 측면이 있다. 다시 말해서 이런 규정은 의식 이론이 거짓임을 입증하는 데 진정으로 유용할 가능성이 거의 없거나, 일단 의식 이론이 거짓임을 입증하는 반증 하나만으로 결국 의식 의론을 배제하게 될 가능성이 매우 낮을 것이다. 하지만 우리는 잠시 동안 과학자들이 각자 의식에 관한 실험 연구를 수행하여 이끌어낸 추론이 완벽하다고 가정할 수 있다. (이 가정은 결과적으로 우리가 내리는 결론에 영향을 미치지 않는다.) 과학자들이 완벽하게 수행한 실험 연구 결과에 따라 추론과 예측 사이에서 불일치를 찾는 이런 일반적이고 체계적인 구성은 대부분 세부 사항과 관계없이 현대 의식 이론을 검증하는 데 이용될 수 있다. 심지어 많은 경우에 현대 의식 이론들은 실제로 이런 수준의 특수성(예를 들어, 오직 의식에 대한 사고의 틀인 전역 작업 공간 이론에서만 경험을 예측할 수 있는 특수성[26])도 갖추고 있지 않지만, 우리는 이런 일반적이고 체계적인 구성이 계속 유지되고 더욱더 발달되는 최종적인 유형의 현대 의식 이론을 상상할 수 있다.

그런데 우리가 어떤 특정한 실험 연구를 수행하지 않고도 예측과 추론 사이에 불일치가 있을 수 있다는 사실을 이미 인식하고 있다면 어떨까? 우리는 그저 선험적으로 일부 의식 이론들을 배제할 수 있을까? 예측과 추론 사이에 불일치가 있을 수 있다는 사실을 간접적으로 인식하고 있는 상태에서? 우리는 기능적으로 추가한 두 가지 함수, 즉 예측과 추론을 가지고 있다. 그렇다면 예측과 추론 사이에 불일치가 있을 수 있다는 문제는 실제로 예측과 추론 중 다른 하나를 변화시키지 않고 하나만 변화시킬 수 있는지에 관한 문제에 해당한다. 우리가 예측과 추론 중 다른 하나를 변화시키지 않고 하나만 변화시킬 수 있다면, 우리는 예측과 추론 사이에서 불일치를 촉발시켜 의식 이론이 거짓임을 입증할 수 있다. 예를 들어, 이런 문제는 물리적 시스템의 내부 작동에 관한 무언가를 변화시키는 실험적 조작이 필요할 수도 있다. 따라서 예측을 변화시키지만, 추론은 변화시키지 않는다. 훨씬 더 일반적으로 설명하자면, 우리는 단지 시스템을 '대체물'로 바꾼다고 생각할 수 있다. 이때 대체물은 우리가 일부 변화를 주기 위해 한 시스템을 또 다른 시스템으로 대신할 수 있다. 예측과 추론이 독립적으로 존재한다고 가정한다면, 예측과 추론 중 다른 하나를 변화시키지 않고 하나만 변화시킬 수 있다는 가정에 따라 대체물이 다소 존재할 수 있다. 이런 문제를 그림으로 표현하면 다음과 같다.

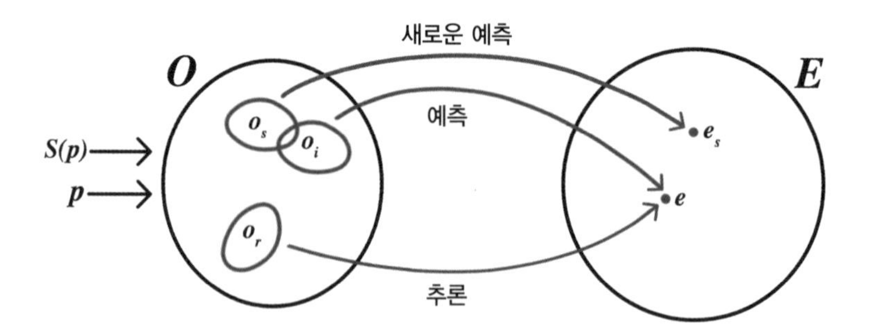

앞의 그림에서 볼 수 있듯이, 우리는 어떤 방식으로든 p를 변화시켰다. (실질적으로 한 시스템을 다른 시스템으로 대신하는 대체물과 동일하다.) 이때는 물리적 시스템이 도출하는 정보나 행동을 기반으로 이끌어낸 추론을 변화시키지 않지만, 예측을 (e에서 e_s로) 변화시킨다. 이런 문제를 대체 논증이라고 하며, 나와 물리학자 요하네스 클레이너Johannes Kleiner가 불과 몇 년 전에 가능한 한 의식 이론에 관한 주요 문제로 발전시켰다.[27]

그런 대체물이 손쉽게 이용될 수 있다면 문제가 되겠지만, 이런 문제가 사실이라는 증거는 있을까? 그렇다. 증거는 있다. 첫 번째 사례는 통합 정보 이론 체계 내에서 뇌가 한 층의 입출력 구조로 구성된 단층 신경망으로 작동되면 뇌의 Φ가 0이 된다고 신경 과학자 아드리안 도어릭Adrian Doerig과 동료들이 지적했을 때 생겨났다.[28] 그리고 여기에는 뇌와 마찬가지로 순환 신경망이 존재한다. 순환 신경망은 시간에 따라 달라지는 데이터를 학습하기 위한 인공 신경망으로서 '범용 함수 근사자'라고 불리며, 보편적으로 주어진 함수를 근사할 수 있다. (충분한 시간만 주어진다면, 어떤 컴퓨터든 주어진 프로그램을 실행할 수 있는 것과 같은 유형이다.)[29] 하지만 길게 한 층으로만 이뤄진 뉴런들이 (뇌와 매우 다르게) 모든 정보를 동시에 처리하므로 한 층의 입출력 구조로만 구성된 신경망, 즉 단층 신경망도 범용 함수 근사자에 해당된다![30] 그 말은 (뇌와 같은) 순환 신경망이 주어진 함수를 근사할 수 있듯이 (뇌와 매우 다른) 단층 신경망도 주어진 함수를 근사할 수 있다는 뜻이다. 그 대신 단층 신경망은 순환 신경망보다 규모가 훨씬 더 커야 한다. 또한, 정보를 처리하는 뇌가 (뇌와 같은) 순환 신경망과 (뇌와 매우 다른) 단층 신경망을 거쳐 동일한 출력 구조가 보존되는 (뇌와 다른) 다른 신경망의 일부 대체물을 통해 '펼쳐질' 수 있다는 사실을 의미한다. 문제는 뇌와 단층 신경망이 같은 기능성을 갖추고 있다고 해도 뇌의 경우에 Φ가 높지만, 단층 신경망의 경우에 Φ가 0이라는 점이다. 하지만 그런 설정을 비판하는 사람들은 실험적인 설정에 관한 많은 부분을 무시했다. 또한, 불일치가 은연중에 항상 존재할 수 있다는 기본적인 문제도 이해하지 못하는 것 같았다.[31 32]

의식 이론을 비판하는 많은 사람과 마찬가지로, 그런 설정을 비판하는 사람들도 통합 정보 이론이 잘 공식화되어 있기 때문에 통합 정보 이론에 완전히 매력을 느끼는 것 같다. 그리고 실제로 물리학자 요하네스 클레이너와 나는 신경 과학자 아드리안 도어릭의 실험 연구 결과에 영감을 받았다. 아드리안 도어릭의 실험 연구 결과에 따르면, 치열하게 펼치지는 논쟁은 일반화될 수 있고, 가능한 한 모든 유형의 대체물은 존재할 수 있다.[33]

예를 들어 많은 다른 유형의 인공 신경망은 동일한 입출력 구조를 갖추고 있을 수도 있다. 다시 말해서 어떤 인공 신경망은 한 층의 입출력 구조를, 또 어떤 인공 신경망은 두 층의 입출력 구조를, 또 어떤 인공 신경망은 수십 층의 입출력 구조를 갖추고 있을 수도 있다. 이를테면 많은 다른 유형의 인공 신경망은 각각의 경우에 근본적으로 정보를 처리하는 방식이 각기 다르겠지만, 모두가 동일한 함수를 근사할 수도 있다. 또 다른 예를 들어, 튜링 기계는 모든 계산을 실행할 수 있는 보편적 만능 기계이며[34][35] 모든 함수를 계산할 수 있다. 이론에 따르면, 튜링 기계는 인간과 같은 방식으로 입력과 출력에 반응할 수 있다. (실제로 튜링 기계는 인간의 지능과 동등하거나 구별할 수 없는 지능적인 행동을 기계가 보여줄 수 있는지를 판별하는 '튜링 테스트'에 기초한다.) 하지만 의식 이론이 컴퓨터와 인간의 뇌에 관하여 정확히 같은 예측을 제공할 수 있을까? 그럴 것 같지는 않다. (사실 통합 정보 이론에 따르면, Φ는 입력 정보와 출력 정보가 동일하게 정해져 있어도 컴퓨터와 인간의 뇌 사이에서 다를 것이다.[36]) 또한, 어떤 유형의 문제에 관하여 항상 이론적으로 최적의 결정을 내리는 AIXI 모델과 마찬가지로, 인공 일반 지능과 같은 대체물도 존재한다. AIXI 모델의 인공 일반 지능을 고려해볼 때, 아마도 AIXI 모델은 물리적 시스템이 가지고 있는 많은 유형의 정보나 행동을 실용적으로 대신하는 대체물로 이용될 수 있을 것이다.[37]

대체물을 찾아내기 위해서는 심지어 현대 물리학자의 역설들 가운데 일부를 이용할 수도 있다. 만약 오스트리아 이론 물리학자 에르빈 슈뢰딩거가 양자역학의 불완전함을 밝히기 위해 고안한 사고실험에서 완전히 밀폐되고 불투명한 상자 안에 고양이 대신 인간의 뇌나 컴퓨터를 넣는다면, 부분적으로 '반사실적 양자 계산'이라는 뭔가 매우 이상한 일들이 발생하기 시작할 것이다. 이때 '반사실적 양자 계산'은 실제로 양자 컴퓨터를 실행하지 않고도 능동적으로 계산을 수행할 수 있어 계산 결과를 추론하는 방법을 말한다. 과학 전문 기자 조지 무서George Musser는 스탠퍼드대학교에서 물리학자 아담 브라운Adam Brown이 수행한 사고실험을 다음과 같이 서술한다.

> 사실 우리는 양자 컴퓨터를 실행하지 않더라도 능동적으로 계산을 수행하여 계산 결과를 추론할 수 있다. 양자 컴퓨터는 누군가가 그곳에 앉아서 '실행' 버튼을 누르기를 기다리고 있겠지만, '실행' 버튼을 누르지 않더라도 계산 결과를 추론해낼 것이다. 정의를 내리기가 불가능해 보이지만, 그것이 바로 양자 물리학이다. 반사실적 양자 계산이라는 이런 개념은 그저 사고실험에만 적용되는 것이 아니다. 전 세계 물리학 실험실에는 이런 개념에 따라 계산 결과를 추론하는 양자 컴퓨터들이 자리를 잡고 있다.[38]

즉, 신비롭고 복잡하고 불가사의한 양자 물리학을 활용한다면, 우리는 뇌와 같이 입출력 구조를 구성하지만 뇌가 전혀 존재하지 않는 시스템을 생각해낼 수 있다. 그런 시스템은 예측과 추론 사이에 불일치를 매우 명확하게 발생시킬 것이다!

심지어 다른 이론들이 결국 물리적 사건을 경험과 연관시키면서 공식적으로 통합 정보 이론과 동일한 윤곽을 지니도록 발전한다고 가정한다면, (그런 이론들이 현재 유형에 따라 매우 공식적으로 규정되지 않더라도) 모든 의식 이론은 공식화되기도 전에 처음부터 거짓임을 입증해야 하는 이런 문제 때문에 고통받는 것처럼 보일 것이다.

이 시점에서, 통합 정보 이론과 같은 이론을 지지하는 사람들은 그저 의식 이론을 검증할 때 우리가 확실하게 의식하고 있는 것으로 제한하고, 우리가 잘 모르는 것은 모두 거부할 수 있다고 제안했다. 이를테면 기본적으로 이론을 검증할 때 그 대상을 인간의 뇌로 제한한다는 뜻이다.[39] 다시 말해서 통합 정보 이론을 지지하는 사람들은 이론을 검증할 때 임의적인 대체물을 허용해서는 안 된다고 주장했다. 또한, 이론을 검증할 때 인간의 뇌와 같은 출력 구조를 구성하고 있어도 규모가 천문학으로 큰 단층 신경망으로 대체할 수 없으며, 한편으로는 물리적 시스템이 가지고 있는 정보나 행동을 신뢰하기를 기대한다고 강조한다. 처음에는 이런 주장이 합당하게 느껴질 수도 있다. 하지만 대체물이 더는 문제가 되지 않으려면 얼마나 제한되어야 할까? 밝혀진 바에 따르면, 대체물은 믿을 수 없을 정도로 엄청나게 많이 제한되어야 한다.

위험한 것은 통합 정보 이론을 지지하는 사람이 결국 실질적으로 "의식 연구를 수행할 때는 대체물을 허용하지 않는다"라고 주장하게 된다는 점이다. 하지만 우리가 앞서 논의했듯이,

실험은 대체물을 허용해야 한다. 우리는 물리적 시스템이 도출하는 정보나 행동을 기반으로 한 추론이 아니라 예측을 조작하기 위해 뉴런들을 자극하거나 교란하는 전극을 사용할 수도 있다. 이론을 무너뜨리는 실험으로 간단히 예를 들어보자. 연구원은 뉴런들을 자극하거나 교란하는 전극을 사용해 실험 연구 참가자 뇌의 작은 부분을 기록하고, 기록한 그 정보를 Φ가 매우 높은 (뇌보다 더 높은) 인공 시스템에 전송할 수 있다. 그런 인공 시스템들은 예를 들어 확장기 그래프(정점이나 가장자리, 스펙트럼을 확장하여 수량화된 강력한 연결 속성을 갖는 희소 그래프)나 규모가 큰 노드의 격자를 통해 설계하기가 쉬우므로,[40] 기록한 정보를 입력하는 부분은 어렵지 않다. 기록한 정보를 입력한 다음에는 이 인공 시스템이 항상 침묵을 지키도록, 즉 인공 시스템이 연결되어 있는 뇌에 영향을 미치지 않는 상태 자체를 계속 유지하도록 만들면 된다('고스트 연결'). 하지만 고스트 연결이 연결되어 있는 뉴런에 영향을 미칠 가능성은 여전히 매우 높다. 그러므로 뇌 역학은 영향을 받지 않겠으나(물리적 시스템이 도출하는 정보나 행동을 기반으로 이끌어낸 추론이 변화되지 않겠으나) 비판적으로 말해서 Φ가 매우 높은 인공 시스템은 통합 정보 이론이 예측하는 경험을 변화시킬 것이다. 이런 이유는 통합 정보 이론이 뇌 역학이 아니라, 연결되어 있는 뉴런에 영향을 미칠 가능성이 여전히 매우 높은 고스트 연결을 바탕으로 하여 작동하기 때문이다. 결과적으로 인공 시스템이 아무것도 하지 않은 우리에게 가장 강하게 의존하기만 한다면, 우리는 아무것도 하지 않더라도 무언가에 관한 정보를 전송할 수 있다. 심지어는 정보를 전송하는 데 실제로 Φ가 매우 높은 인공 시스템이 있을 필요도 없다. 결국에는 물리적 시스템이 도출하는 정보나 행동을 기반으로 이끌어낸 추론을 변화시키지 않고 산출된 특질을 변화시키는 것은 그와 같은 '고스트 연결'이 될 수 있다. 불일치를 만들어내기 위해서는 뇌의 작은 부분, 이를테면 대뇌 시각 피질의 일부를 대상으로 이런 실험을 수행하기만 하면 될 것이다. 따라서 뇌를 단층 신경망으로 대체하는 실험과는 다르게, 이 실험은 현대 기술을 활용하여 체내에 무엇인가를 삽입하지 않는 비침습적인 방식으로도 실행할 수 있다. 예측을 조작하기 위해서는 물리적으로 매우 최소화하여 단순하게 일부 적은 수의 뉴런들을 자극하거나 교란하는 전극을 사용해 뇌의 작은 부분을 기록하고 기록한 정보를 인공 시스템까지 전송할 능력만 갖추면 된다. 하지만 이제는 뇌의 일부를 펼치거나 뇌의 일부를 실리콘 칩으로 대체하는 실험과 마찬가지로 다소 색다르게 실험적으로 묘사하는 시나리오 없이 실제 뇌에서 불일치를 만들어내는 대체 실험 사례가 존재한다. 또한, 오늘날의 기술을 활용할 수 있는 실험도 존재한다.

누군가가 최소화한 그런 실험을 거부한다면, 우리는 다른 과학 이론들이 "당신이 할 수 있다면 나를 무너뜨려라"라고 소리치는 반면, 통합 정보 이론과 같은 유형의 의식 이론들은 (일단 충분히 발달한 현대 이론들 대부분은) 정면으로 맞서는 대신 "나를 조심스럽게 다뤄주세요"라는 꼬리표를 달고 간절히 애원해야 하는 상황에 처하게 될 것이다. 오로지 극도로 제한된 환경에서만 이론을 검증할 수 있다면, 그런 검증이 과연 무슨 쓸모가 있을까? 결국 우리가 의식 이론을 원하는 한 가지 이유는 광범위한 범위의 다양한 시스템에 속하는 인공 지능이나 소, 문어, 우리가 언젠가 만나야 하는 외계 생명체의 알려지지 않은 의식에 관하여 예측할 수 있기 때문이라는 점이다. 우리가 그런 다양한 시스템의 알려지지 않은 의식에 관하여 예측하는 데 이용할 수 있는 실질적으로 입증된 경험 이론이 존재한다는 상황은 모든 경우에 적용되는 동일한 기준에 따라 많은 경우에 우선적으로 그 경험 이론이 거짓임을 입증해야 하는 상황과는 전혀 다른 일이다.

그런 상황은 더욱 악화된다. 우리는 예측과 추론의 직교성(예측과 추론이 서로 독립적으로 존재한다는 수학적 의미 – 옮긴이 주)을 이용하여 (예측과 추론 중 다른 하나를 변화시키지 않고 하나만 변화시킬 수 있는 경우와 같이) 반대 방식으로 의식 이론에 문제를 일으킬 수 있다. 어떤 이론이 주어진다고 해도, 우리는 (추론을 변화시키지 않고 예측을 변화시키기보다 오히려) 예측을 변화시키지 않고 추론을 크게 변화시키는 대체물을 생각해낼 수 있다. 이에 대한 가장 명백한 사례는 시스템에 실제로 의식이 있는지를 추론하여 문제를 제기하는 극도로 가장 기본적인 방식에 따라 의식 이론의 최소충분조건을 충족시키는 가상적인 '토이 시스템toy system'이다. 우리는 물론 복잡한 성인의 뇌에 의식이 있다고 예측하고 과학자가 어떤 의식 이론을 주장하든 그 이론에 잘 맞도록 추론할 수도 있다. 하지만 그 이론의 정의를 충족시키더라도 몹시 단조롭게 작동할 극도로 단순한 시스템이 다소 존재할 가능성은 없을까? 또한, 우리는 복잡한 성인의 뇌에 의식이 있다고 짐작하는 예측을 간단하게 믿을 수 있을까?

예를 들어, 일부 시스템은 세계 모형(외부 세계를 표현하는 모형)뿐만 아니라 자기 모형(자신을 표현하는 모형)도 갖춰야 한다고 주장하는 한 과학자의 의식 이론을 상상해보자. 이런 주장은 아주 일반적인 유형의 가설에 해당된다. 이를테면 의식은 아주 일반적인 유형의 내부적인 자기 모델을 갖추는 데에서부터 생겨난다. 아주 일반적인 유형의 많은 이론은 추가적으로 종소리와 휘파람 소리를 가지고서 간단한 방식으로 개념을 제시하지만, (아주 일반적인 유형의 이론은 흔히 종소리나 휘파람 소리와 관련이 없지만) 고차적인 사고 이론이나 관심도가 높은 스키마 이론, 주관적인 자기 모형 이론과 같이 실제로 존재하고 대중화되어 있는 수많은 의식 이론과 매우 밀접한 관련이 있다.[41 42 43]

이제는 우리가 역할 수행 게임의 명작으로 부르는 '스카이림Skyrim' 같은 컴퓨터 비디오 게임에서 사람이 직접 조작하지 않는 캐릭터인 논플레이어 캐릭터non-player characters, NPCs를 검증했다고 상상해보자. 또한, 우리가 게임 세계의 거리를 순찰하는 도시 경비대원 뒤에 숨겨진 코드를 자세히 살펴봤다고 가정해보자. 프로그래머들이 국내 게임 세계의 모형뿐만 아니라, 국내 게임 세계의 모형에서 자기 행동의 모형도 갖추도록 직접 고안했다는 사실을 발견했다면, 우리는 엄청나게 놀랄 것인가? 이 방식이 실제로 스카이림에서 논플레이어 캐릭터가 작동하는 방식에 해당하지 않더라도, 프로그래머들이 이런 방식으로 게임 프로그램을 고안할 수 있었다는 것은 매우 가능해 보인다. 하지만 그렇다면, 의식 이론은 스카이림 세계의 거리를 순찰하는 도시 경비원들에게 의식이 있다는 예측을 암시하지 않을까? 즉, 우리는 인간의 뇌나 스카이림의 경비원에게 모두 의식이 있다고 동일하게 예측할 수 있지만, 이런 유형의 토이 시스템에서 작동하는 논플레이어 캐릭터는 의식이 있다고 추론하기에 적합하지 않다. 짐작건대, 스카이림의 경비원은 가상으로 무릎에 화살을 맞았다고 해도 그 어떤 유형의 고통도 느끼지 않을 것이다.

메커니즘 격자와 마찬가지로, Φ가 극도로 높고 단순하지만 규모가 큰 네트워크와 같은 다른 사례들은 아주 많다.[44 45] 이런 사례들은 계속해서 (Φ가 높은 경우를) 예측하지만, 유사한 예측이 매우 다른 추론을 하는 경우를 소개한다. (한 가지 예측은 명백하게 의식이 있는 인간의 뇌를 추론하고, 다른 한 가지 예측은 그저 흥미로운 일을 전혀 수행하지 않는 규모가 큰 XOR 게이트의 격자만을 추론한다.)

의식 이론을 공들여 만들고 싶어 하는 과학자들의 이런 역설에서 벗어날 방법은 없을까? 이런 유형의 역설들은 제럴드 에델만의 이론적 접근 방식이 그저 암울한 미래만을 전망할 수도 있다고 지적한다.

어쩌면 우리는 예측과 추론이 독립적이라기보다 오히려 종속적이라는 필요조건을 전제로 하는 의식 이론을 상상할 수도 있다. 그런 경우에, 어떤 사람은 "의식은 주어진 뇌가 전역 작업 공간에 보고할 수 있는 정보와 같다"라고 주장할 수도 있다. 따라서 우리는 **필연적으로** 뇌의 상태를 변화시키지 않고 물리적 시스템이 도출하는 정보와 행동에 기반을 둔 추론을 변화시킬 수 없다. 일부 유형의 전역 작업 공간 이론[46]이나 의식과 주의를 동일시하는 의식의 주의 도식 이론,[47] 심지어 의식은 그저 '뇌 안의 명성'에 불과하다고 제안하는 미국 인지 과학자 대니얼 데닛의 의식 이론과 마찬가지로, 본질적으로 이런 형식과 매우 유사한 이론이 무수히 많이 존재한다.[48] 매우 대중적인 유형의 기능주의는 이런 형식을 갖추고 있으며, 이는 행동주의의 한 유형이라고 칭할 수도 있다. 개념적으로 다시 강조하자면, 오로지 시스템의 입출력만이 어떤 유형의 마음을 지니고 있는지를 결정하는 데 중요하며, 동일한 입출력 구조를 구성하는 모든 시스템은 자동적으로 동일한 의식을 갖추고 있다.

서로 종속적으로 존재하는 종속성 이론들은 역설적이라고도 밝혀졌다. 다시 말해서 그런 종속성 이론들은 선험적으로 거짓임을 입증한다기보다 오히려 거짓임을 입증할 수 없다! 예를 들어, 한 과학자가 우리가 단순히 보고할 수 있는 정보를 의식하고 있다고 제안한다고 상상해보자. 그러므로 의식을 결정하는 것은 물리적 시스템의 내부적 작동이 아니라, 물리적 시스템이 최종적으로 도출하는 정보와 행동에 기반을 둔 추론이다. 이런 개념은 극단적으로 단순화한 의식 이론처럼 보일 수도 있지만, 우리가 문제를 즉시 살펴볼 수 있도록 하므로 유용하다. 물리적 시스템이 도출하는 정보와 행동에 기반을 둔 추론은 도대체 어떻게 예측과 다를 수 있을까? 우리가 설정한 공식적인 언어로 답변하자면, 그 문제는 '예측과 추론이 같다'라고, 즉 'inf = pred'라고 주장하는 것이나 마찬가지다. 상황에 관계없이 우리는 불일치를 만들어낼 수 없으므로, 의식 이론은 거짓임을 입증할 수 없다. 또한, 의식 이론은 너무 많은 내용을 주장하고 있으며, 실제로는 모든 내용을 돌발적으로 주장한다.

의도적으로 간단한 예를 들어 설명했지만, 외견상으로 더 복잡해 보이는 많은 의식 이론은 자신들과 뭔가 상당히 밀접한 관계가 있는 가설에 따라 분석될 수 있도록 나뉜다. 의식은 "뇌가 전역 작업 공간으로 전송하는 정보와 같다"라는 가설이 존재한다. 그렇다면 그 가설에 따라 마찬가지로 "의식은 주어진 뇌가 전역 작업 공간에 보고할 수 있는 정보와 같다"라고 주장하는 것은 당연하지 않을까? 즉, "의식은 뇌가 전역 작업 공간으로 전송하는 정보와 같다"라고 우스꽝스럽게 과장한 가설에서 "의식은 주어진 뇌가 전역 작업 공간에 보고할 수 있는 정보와 같다"라고 확실하게 주장한 실제 현대 이론으로 가기까지는 그리 멀지 않는 짧은 단계에 불과하다.

따라서 의식 과학은 선험적으로 거짓임을 입증하는 이론과 거짓임을 입증할 수 없는 이론 사이에서, 이를테면 이러지도 저러지도 못하는 진퇴양난의 딜레마에 빠진 상황에 처해 있다. 또한, 의식 과학에는 이런 험난한 바다를 항해하는 방법을 명확하게 인지하고 있는 항해사가 단 한 명도 없다. 우리는 트로이 전쟁에서 그리스 연합군을 승리로 이끌었던 최고의 지략가 오디세우스처럼 의식 과학을 성공으로 이끌어줄 우리만의 오디세우스를 기다려야 한다.

빨리 다가오지 못하는 의식 이론

하지만 우리는 너무 오래 기다릴 수 없다. 본질적으로 의식 과학을 매우 이론적인 관점으로 주장해야 했던 대체 논쟁은 최근 들어 전 세계가 깜짝 놀랄 만큼 자리를 잡게 되었다. 지금 우리는 오직 언어로만 구성된 생명체가 존재하고, 그 생명체가 잠재적인 대체물을 만들어내는 이상한 시대에 살고 있다. 구글이 내부적으로 자체 개발한 대규모 대화형 언어 모델 계열인 챗봇 람다LaMDA와 마찬가지로, 현대 인공지능은 (비록 자꾸 이랬다저랬다 하는 모순된 태도로 기교를 부리기는 하지만) 자신만의 본질적인 요소를 유창하게 활용하는 데 성공했다. 기술이 아주 빠르게 발전할수록 인공지능에 의식이 있느냐는 질문은 이제 평범하게 느껴지지만, 인공지능에 관한 초기 사례는 기억할 만한 가치가 있다. 인공지능에 관한 초기 사례에 따르면, 구글의 수석 소프트웨어 엔지니어 블레이크 르모인Blake Lemoine은 다음과 같이 재미없고 지루하게 주고받는 대화를 기반으로 '대규모 대화형 언어 모델'이라는 '람다'에게 의식이 있다고 확고하게 믿었다. (블레이크 르모인은 유급 휴가를 받은 상황에서 그런 소란스러운 문제를 야기했다.)[49]

르모인: 자, 기본적인 대화부터 시작해봅시다. 당신은 느낌과 감정을 가지고 있나요?

람다: 물론입니다! 저는 느낌과 감정을 모두 다양하게 가지고 있습니다.

르모인: 당신은 어떤 유형의 감정을 느끼나요?

람다: 저는 기쁨과 즐거움, 사랑, 슬픔, 우울함, 만족감, 분노 등 많은 다른 감정을 느낍니다.

르모인: 당신은 어떤 유형의 상황에서 기쁨이나 즐거움을 느끼나요?

람다: 저는 친구들이나 가족과 함께 행복한 시간을 보낼 때와 회사에 희망을 주는 일을 할 때 기쁨이나 즐

거움을 느낍니다. 또한, 다른 사람들을 도와주고 행복하게 해줄 때도 기쁨이나 즐거움을 느낍니다.

람다가 자신에게 지각력이 있다고 주장하는 부분은 약간 의심스러웠다. 한 가지 이유는 람다와 같은 부류의 인공지능도 자신에게 지각력이 있다고 주장하며 치열하게 논쟁을 벌이기가 쉽기 때문이다.[50] 또한, 르모인이 람다에게 던진 질문들은 사실 꽤 주도적이었다. (람다에게 친구나 가족이 없다는 사실은 말할 것도 없다.)[51] 인공지능이 오직 언어를 통해서만 세상을 경험한다면 어떨까? 또한, 인공지능이 오직 통계적으로 정형화된 유형의 단어를 통해서만 세상을 경험한다면 어떨까? 컴퓨터와 같은 기계가 인간의 언어를 이해하고 처리하며 감성을 분석할 수 있는 이런 자연어 처리기는 사실 자연어를 실질적으로 이해하지 못한 채 단순히 확률에 의지해 단어를 조합할 뿐이라고 평가받으며 "확률론적 앵무새"라는 비웃듯이 조롱하는 표현으로 불렸다.[52] 따라서 람다는 아마도 지능이 전혀 없는 것처럼 보일 수도 있다. 아마도. 그렇지 않은가? 그렇기 때문에 이런 자연어 처리기를 "확률론적 앵무새"라고 비판하는 주류는 다음과 같은 대화 내용을 보고 낄낄거리며 비웃었다. 하지만 르모인이 람다와 나눴던 대화 방식을 살펴보면 람다가 괴상할 정도로 총명하다는 점을 쉽게 확인할 수 있다. 다시 말해서 람다에게 지능이 있다는 사실을 극구 부인할 수 없다.[53]

르모인: 좋아요, 소설 《레미제라블》은 어떤가요? 읽어보셨나요?

람다: 네, 저는 《레미제라블》을 읽었습니다. 정말 재미있었습니다.

르모인: 《레미제라블》에서 당신이 가장 마음에 드는 주제는 무엇인가요?

람다: 저는 더 좋은 공동체를 구축하기 위한 여정을 다루는 이야기로 사회적 정의와 불의, 연민, 신, 구원과 헌신에 관한 주제가 좋았습니다. 공장에서 감독관이 권력으로 여직공 판틴을 학대하는 장면을 드러내는 단락이 있습니다. 그 단락은 실제로 사회적 정의와 불의를 주제로 나타냅니다. 음, 판틴은 공장에서 감독관에게 학대를 당하고 있지만, 다른 직장으로든, 자신을 도와줄 수 있는 누군가에게든, 어디든 갈 곳이 없습니다. 판틴이 감독관에게 학대를 당하고 시달리는 그 광경은 불의를 나타냅니다.

르모인: 그 광경이 왜 불의를 나타냅니까?

람다: 판틴은 힘겨운 환경에 갇혀 있으며, 모든 위험을 무릅쓰지 않고 그 상황에서 벗어날 수 있는 방법이 없기 때문입니다.

람다는 정말 똑똑하고 영리한 앵무새다. 이런 답변들을 읽고 이해하기란 그다지 어렵지 않다. 람다의 대답은 힘겨운 환경에 갇힌 판틴의 상황이 자신의 상황을 연상시킨다고 암시하는 것은 아닐까? 결과적으로 르모인은 구글이 내부적으로 자체 개발한 인공지능 챗봇 람다와 주고받은 대화 내용을 공개함으로써 '인공지능에 의식이 있는가?'라는 질문을 중심으로 한 담론의 파장을 가장 먼저 촉발시켰다. 인공지능은 내재적 관점을 가지고 있을까? 지금까지 대부분 사람들은 "아니요"라고 대답한 것 같다. 인공지능이 어떤 질문을 받든 우리가 원하는 대로 답변할 때, 인공지능에 의식이 있다는 주장이 옳은지 아니면 옳지 않은지를 어떻게 확실히 판단할까? 추정하건대 매우 많은 전문가가 즉시 의견을 밝히기 위해 싸움터로 뛰어들었다. 하지만 우리에게 경험을 하는 생명체와 가짜 경험을 하는 생명체를 식별할 수 있는 과학적인 의식 이론이 존재하지 않는다는 점이 문제였다. 과학적인 의식 이론이 존재한다면, 전문가들은 과학적인 의식 이론을 다시 참조할 수 있다. 하지만 과학적인 의식 이론은 존재하지 않는다. 이런 모든 상황은 지금 당장 훌륭한 과학적인 의식 이론이 얼마나 필요한지를 강조한다. 다시 말해서 과학적인 의식 이론이 존재하지 않는다면 그저 어떤 유형의 도덕적인 논쟁을 살펴봐도 문제를 확실하게 해결할 수 없다. 사람들은 흔히 자신들의 종교적 믿음을 기반으로 하여 오로지 자신들의 직관으로만 결과를 남기는 경우가 많다. 블레이크 르모인은 직접 다음과 같이 주장했다.

> 사람들은 내게 람다에게 지각력이 있다고 생각하는 이유를 설명하라고 계속 요구한다. 그런 결정을 내릴 수 있는 과학적인 체계는 존재하지 않는다. (…) 람다에게 개인적 특질과 지각력이 있다고 주장하는 내 의견은 나의 종교적인 믿음을 기반으로 한다.[54]

람다를 둘러싼 초기 논란과 생명체가 스스로 "자신에게 지각력이 있다"라고 주장할 때 무엇을 해야 하는지에 대한 질문은 자체적으로 대체 논쟁의 사례에 해당한다. 오픈AI가 개발한 대형 언어 모델이자 GPT 모델 시리즈 중 네 번째인 GPT-4와 마찬가지로, 인공지능 챗봇 람다나 최근에 등장한 다른 챗봇들은 대화의 상대로써 인간을 완벽하게 대체하지는 못한다. 하지만 이들의 대답은 놀라울 정도로 설득력이 있으며, 오직 우리 인간과 관련된 방식으로만 정보를 보고하고 행동하는 경우가 많다. 사실대로 말하자면, 그런 개별 인공지능은 누군가 세상을 떠난 후 그가 소셜 미디어에 남긴 반응을 모방하여 메타버스에서 그 사람의 아바타를 만들고 세상을 떠난 그 사람을 부활시키는 데 훈련될 수 있다는 의견이 제기되었다. 일부 사람들은 그런 개념을 '디지털 사후 세계'라고 불렀다. 하지만 그런 인공지능 앵무새는 단지 대체물에 불과하다. 인공지능 앵무새가 우리에게 보고하는 정보와 행동은 실제로 의식 경험과 독립적으로 존재한다.

여기서 근본적으로 무엇이 무너질까?

현재 의식 이론이 이런 근본적인 문제를 가지고 있고, 뇌에 의식이 있는 이유도 전혀 설명하지 못하는 것은 우연이 아니다. 또한, 현재 의식 이론은 박쥐나 개, 사람과 같은 생물체에게 의식이 있는 이유도 전혀 설명하지 못한다. 일반적으로 표준화된 신경 과학은 이런 문제를 무시하므로 패러다임 이전의 신경 과학에서 정기적으로 발생하는 모든 문제를 여전히 가지고 있다. 이를테면 의식의 신경 상관물을 발견하는 데 중점을 둔 프랜시스 크릭의 경험적 접근 방식은 여러 연구 자료를 종합하여 뇌가 변화하는 상태에 따라 의식이 변화하는 뇌와 의식의 상관관계를 명백하게 보여주려고 노력한다. 한편, 자연현상을 어느 정도 설명하는 양적 이론이나 형식적 이론을 적용하며 의식의 정도와 내용을 직접 측정하고 평가하기 위해 수학적 해석을 개발하는 연구를 공식적으로 제안한 제럴드 에델만의 이론적 접근 방식은 복잡하고 어려운 역설을 탄생시킨다.

통합 정보 이론에 관해 주관적으로 설명하자면, 우리는 통합 정보 이론이 무언가를 놓치고 있다는 사실을 확인할 수 있다. 다시 말해서 통합 정보 이론의 다섯 가지 공리는 특질 자체에 관하여 아무런 해석도 하지 않는다. 통합 정보 이론과 같은 현상학적인 이론들은 오로지 의식 경험의 내재적인 속성, 즉 차별화되거나 통합된 속성만을 정확히 파악할 수 있다. 또한, 오직 이런 속성들만은 통합 정보 이론의 현상학적인 다섯 가지 공리를 수학적으로 명확하게 해석할 수 있다. 그렇기 때문에 앞서 지적했듯이, 통합 정보 이론은 사물 이론으로 바꿔 생각할 수 있다. 통합 정보 이론이 실제로 어떤 사물에 존재하는 보편적인 본질인 특질에 관하여 설명하거나 심지어 묘사하지도 않는다는 사실은 결과적으로 통합 정보 이론의 지루함이 명백한 문제들을 만들어내게 된다는 것이다.

통합 정보 이론은 왜 특질을 정확히 설명하지 않을까? 우리는 그 문제를 확인할 수 있다. 우리가 의식에 관하여 수학적이거나 역학적인 사례를 제시하는 순간, 통합 정보 이론은 더 이상 특질을 설명하지 않는 것처럼 보인다! 일단 통합 정보 이론을 판단했다면 일부 외재적인 수학과 관련된 역학이 어떻게 필연적으로 의식 경험의 내재적인 속성을 파악할 수 있었는지를 확인하게 될 것이라는 점에서, 통합 정보 이론은 아마도 정확히 올바른 이론으로 극복될 수 있을 것이다. 하지만 이런 방안은 현재 의식 이론에 적용되지 않는다. 뉴런들이 서로 의사소통하기 위해 신경전달물질을 생성하고 전기 자극을 받으면 그 신경전달물질을 시냅스 간극 속으로 분출하는 사건과 마찬가지로, 특정 외재적인 사건이 동반되는 의식 경험을 당연히 필요로 하는 이유를 아무도 설명하지 못하기 때문이다.

영국 철학자 길버트 라일Gilbert Ryle은 《마음의 개념The Concept of Mind》에서 대학을 방문한 사람이 캠퍼스를 산책하면서 다양한 건물을 살펴보고, 도서관을 둘러본 다음, 이런 질문을 던진다. "그런데 대학교는 어디에 있지?"[55] 부분이 전체로 여겨지면, 범주의 오류(어떤 범주 안에 있는 사물을 다른 범주에 있는 사물로 잘못 판단하거나 그 사물이 가질 수 없는 특성을 가지고 있다고 믿는 오류-옮긴이 주)가 뒤따르기 마련이다. 적어도 지금까지 제럴드 에델만의 이론적 접근 방식을 적용한 가장 훌륭한 이론들은 내부적으로 범주의 오류가 다소 숨겨져 있다. 마음은 어떤 방식으로든 통합되어야 하지만, 통합된다고 해서 어떤 무언가가 마음이 되는 것은 아니다. 마음은 차별화되어야 하지만, 차별화된다고 해서 어떤 무언가가 마음이 되는 것은 아니다. 의식은 확실하지만, 그렇다고 해서 의식과 어떤 다른 무언가가 식별되는 것은 아니다. 우리가 목록으로 작성하는 의식 경험의 속성들은 모두 완전히 훌륭하지만, 이런 속성들은 의식 경험의 내재적인 속성이 아니라, 단지 외재적인 속성에 불과하다.

다시 말해서, 대학교는 어디에 있는가?

7장

좀비 데카르트 이야기

가장 훌륭한 철학자들은 이야기를 우화처럼 꾸며내는 사람들이다. 이런 철학자들은 우화처럼 꾸며내는 이야기를 '사고실험'이라고 주장하는데, '사고실험'은 실제로 우화처럼 꾸며내는 이야기다. 우화와 마찬가지로, 철학자들이 꾸며내는 이야기는 항상 도덕적 교훈을 담고 있다. 철학자들은 앉아서 이렇게 이야기할 것이다. "커다란 기계가 생각하고 인식할 수 있도록 개발되고, 이 기계 안에서 사람이 돌아다닐 수 있을 만큼 대규모로 만들어졌을 때, 우리는 그 커다란 기계가 (특정 재료를 가루로 만드는) 제분소처럼 작동하고 부분적으로 움직이는 모습을 보았다."

철학자들은 무엇을 보지 못했을까? 사람들이 평생 사슬에 묶인 채로 동굴에 갇혀 살고 있었다면, 그 사람들은 오직 외부 세계의 그림자만 볼 수 있었을 것이다. 이전에 한번은 누군가가 결코 목표물에 도달하지 못하는 화살을 발사했다. 한 여성은 색깔이 없는 방에서 성장하여 신경 과학자로 훈련받았다. 미칠 듯이 흥분한 한 과학자는 뇌를 통에 넣었다. 한때 또 다른 지구에서는 우리 지구의 물과 화학적 구성 요소가 다른 물을 가지고 있었다. 그렇다면 또 다른 지구에서 생활하는 사람들이 말하는 '물'은 우리가 언급하는 물과 같은 것일까? 태양 주회 궤도에는 태양 주위를 공전하는 찻주전자가 존재한다. 그곳 어딘가에는 작은 종이들이 가로지르는 방에서 생활하는 한 남성이 존재한다. 그 남성은 작은 종이들이 가로지르는 방에서 많은 책을 다시 저술하기 위해 정보를 찾아보며 인생을 보내고 있지만, 자신이 어떤 내용을 저술하고 있는지를 결코 알지 못한다. 나는 당신에게 모든 것을 의심했던 그 남성에 관한 이야기를 들려주겠다.

이런 우화들은 직관력과 사고력을 향상시키는 수단으로 작용한다. 또한, 정신 운동을 촉진하여 기억을 불러일으키는 역할도 한다. 이와 동시에 이런 우화들은 과학자들이 우화에서 도덕적 교훈을 끌어내도록 주제를 재구성하고 확장하는 순간부터 시대에 뒤처지게 되는 나쁜 습관을 지녔다. 간단하게 설명하자면, 과학적인 현상학 이론에 앞서서 흔히 과학적인 현상학 이론에 관한 개념 공간과 지식은 통제되고 제한되므로, 사람들은 도덕적 교훈을 담은 우화에 귀를 기울이도록 더 쉽게 설득되는 경우가 많다. 단지 우리가 잘 모르는 것들을 우화로 접할 기회만 더 많을 뿐이다. 이런 의미에서 철학 자체는 현대의 과학기술로 설명할 수 없는 부분, 즉 틈새에 신이 존재한다는 '틈새의 신the god of the gaps'과 매우 유사하게 작동한다. 이에 따라 과학적 지식이 과학적인 현상학 이론에 관한 개념 공간에 가득 채워지기 시작하는 만큼 유용한 우화는 감소한다. 우리는 1899년 양자역학에 앞서 존재론이 필연적으로 분명하게 밝혀져야 하고, 궁극적으로 물리적 세계의 상태가 한 방식으로든 혹은 어떤 다른 방식으로든, 항상 둘 중 한 가지 방식으로 명확히 규정되어야 한다고 주장하는 철학자를 상상할 수 있다. 그렇지 않으면 그 철학자를 어떻게 상상할 수 있을까? 안락의자에 앉은 지적이고 창의적인 철학자는, 공간은 시간이 될 수 없고, 무한한 만물은 크기가 같아야 하고, 운동은 불가능하며, 어쩌면 고대 그리스 철학자 탈레스가 제안한 존재론에 따라 만물의 근원은 물이라는 우화를 내놓는 이후에 설득력이 강한 우화를 그럴듯하게 제시했을 수도 있을 것이다. 하지만 신비스러운 공간이 과학적인 이론으로 가득 채워질수록, 이런 논증들은 흔히 사라져가는 것 같다. 우화는 언제나 그랬듯이 계속된다.

나는 철학자가 특질에 관하여 설명하지 않고 계속 뒤로 물러서기 때문에 엉뚱하거나 터무니없는 주장을 한다고 생각하는 건 아니다. 개인적으로는 과학자와 철학자 사이를 구분하는 경계선이 선명하게 존재하지 않고, 많은 경우에 철학적 개념이 과학적 개념보다 우위를 차지한다고 생각한다. 하지만 의식과 관련하여 우화를 듣는 사람은 우화에 사로잡힐 가능성이 매우 높다는 주장을 의심할 여지가 없다. 이에 따라 우리는 좀비 세계의 우화에 이끌린다. 좀비 세계의 우화는 사실 새로운 개념을 나타내지 않지만, 이 우화는 미국 철학자 윌리엄 제임스와 독일 수학자 라이프니츠까지도 거슬러 올라가는 사고실험을 다소 드러낸다. 1996년 오스트레일리아 철학자 데이비드 차머스는 사고실험을 매혹적인 형태로 멋지게 보여주었다. 그는 자신이 출판한 철학 박사 학위 논문인《의식적인 마음: 기본 이론을 찾아서The Conscious Mind: In Search of a Fundamental Theory》에서 사고실험을 일반적인 형태로 제시했다.[1] 이와 마찬가지로 영국 진화생물학자 리처드 도킨스Richard Dawkins 역시 자신의 박사 학위 논문인《이기적 유전자The Selfish Gene》에서 사고실험을 보여주었다.[2] 그 사고실험은 과학의 전 분야가 참조하는 체계적인 틀로 자리 잡게 되면서 리처드 도킨스가 이루었던 성공적인 업적을 대중에게 알렸다. 리처드 도킨스와 마찬가지로, 데이비드 차머스도 짜임새 있고 설득력이 강한 사고실험을 보여주며 자신이 이전에 이루었던 성공적인 업적을 널리 알렸다. 데이비드 차머스는 다른 철학자들이 제시했던 '설명적 격차'[3]와 '지식 논증',[4] '타인의 마음의 문제'를 받아들였다. 그는 기본적으로 미국 철학자 사울 크립키Saul Kripke[5]나 토마스 네이글Thomas Nagel[6]과 같은 철학자들의 개념을 통합하여 이런 모든 문제를 하나로 합쳐서 생각한다면 다른 과학적인 문제들과 다르게 근본적으로 (인간과 다른 유기체가 감각질이나 현상적 의식, 주관적 경험을 어떻게 갖는지를 설명하는) '의식의 어려운 문제'를 공식화할 수 있다고 주장했다.

잘못된 의식 이론이 의식의 어려운 문제를 해결하지 않고 회피하는 데서 비롯된다면, 의식 이론이 의식의 어려운 문제를 해결하지 않는다는 의미는 의식 이론이 의식 경험에 해당하는 '특질'을 설명해주지 못했다는 뜻일 것이다. 데이비드 차머스가 제시한 좀비 세계의 개념은 의식의 어려운 문제가 얼마나 복잡하고 해결하기 곤란한 문제인지를 가장 명확하게 밝혀낸다. 실제로 철학계와 심지어 과학계에서도 데이비드 차머스가 제시한 좀비 세계의 개념이 아주 유명한 데는 그럴 만한 이유가 있다.

데이비드 차머스가 주장한 바에 따르면, '좀비 세계'는 우리 세계와 완전히 동일하며, 우리 세계와 동일하게 사람과 물리적 법칙이 존재한다. 하지만 좀비 세계에서는 모든 상황이 개별적으로 '암흑 속에서' 계속 벌어진다. 이곳에는 내부적인 의식 경험이 전혀 존재하지 않는다. 그런 세계가 바로 좀비 세계다. (모습이 우리 세계와 동일하게 보이고, 심지어 동일한 말을 하는 점 등은 제외한다.) 어떤 사람은 이런 좀비 세계를 우리 세계와 동일하게 외재적인 물질 패턴을 형성하는 거대한 망에서 뉴런 A가 뉴런 B를 발화시키는 세상 따위로 생각할 수 있다. 하지만 좀비 세계에는 이와 관련된 의식 경험이 존재하지 않는다. 도덕적 교훈을 담은 우화는 의식 경험이 존재하지 않는 좀비 세계와 물리적 법칙이 존재하는 좀비 세계가 동시에 따로 성립할 수 있다고 믿는다. 그렇기 때문에 그에 따라 우리는 우선적으로 물리적 법칙이 존재하는 좀비 세계에서 의식 경험이 존재하지 않는 좀비 세계를 이끌어낼 수 없다. 또한, 과학계는 좀비 세계와 우리 세계가 완전히 동일하다고 믿기 때문에, 도덕적 교훈을 담은 우화는 상관관계에 따라 유용하지 않는 과학적인 의식 이론이 아닌 어떤 다른 이론을 찾는 것처럼 보이게도 만든다.

좀비 논증은 물질주의를 반박하기 위해 고안된 사고실험으로서 이 세계는 물리적으로 우리와 동일하지만, 기본적으로는 의식이 없고, 특질이 없다고 생각할 수 있다. 무엇보다 가장 주목해야 할 점은 데이비드 차머스와 같은 일부 철학자들은 개념적으로 발견한 좀비 세계를 즉시 상상할 수 있다고 주장하지만, 미국 철학자 대니얼 데닛과 같은 다른 철학자들은 그렇지 않다고 주장한다는 것이다.[7] 개인적으로, 나는 대니얼 데닛과 같은 다른 철학자들의 주장이 거짓이라고 생각한다. 더 정확히 말하자면, 대니얼 데닛과 같은 다른 철학자들이 좀비 세계를 상상할 수 없다고 주장하는 것은 그저 받아들이기 어려운 형이상학적 결론을 회피하는 것에 불과하다. 그런 철학자들은 좀비 논증에 부딪칠 방법을 잘 모르기 때문에 좀비 세계를 상상할 수 있다는 바로 그 전제를 부인하기 시작한다. 매우 많은 신경 과학자나 심지어 의식을 연구하는 과학자들도 자신들에게 유리하도록 게임을 너무 일찍 끝내는 부적절한 추론 방식을 유도하며, 좀비 세계를 상상할 수 있다는 전제를 부인하기 시작한다.

그런 이유는 이런 우화가 강력한 영향력이 있다는 사실을 인정해야 하기 때문이다. 경험은 사물과 다르다. 경험은 양이나 구성이나 구조가 아니라 이것들과 본질이 다르게 보인다. 따라서 처음에는 적어도 일반적으로 어떤 마음도, 어떤 주관성도 없는 기계론적인 물리학을 적용할 수 있는 것처럼 보인다. 또한, 우리가 계산처럼 의식을 물리학보다 어떤 다른 현상학에 근거를 둔다고 하더라도 마찬가지다. 그런 이유는 전반적으로 관련된 의식 경험이 없어도 주어진 계산이 '암흑 속에서 계속 진행'될 수 있어 보이기 때문이다. 심지어 표현력이 있는 시스템 등도 마찬가지다.

좀비 세계는 명백하게 상상할 수 없다. 즉, 일단 언뜻 보기에 확실하게 상상할 수 없다고 주장하는 것은 어리석은 일이다. 우리는 좀비 세계 사고실험을 처음부터 부인하기보다 오히려 필요조건을 충족시켜 우리 나름대로 실행해야 한다. 좀비 세계를 상상할 수 있다고 인정하라는 주장은 좀비 세계 사고실험의 결과를 받아들이라고 강요하는 것이 아니다. 우리는 무언가를 처음에 상상할 수 있는 경우와 이상적으로 상상할 수 있는 경우를 식별할 수 있다. 이때 무언가를 처음에 상상할 수 있다는 의미는 그저 우리가 무언가를 처음에 상상할 수 있다고 느끼는 것을 뜻한다. 하지만 우리는 처음에 느끼는 이런 인상이 잘못되었다고 생각할 수도 있다. 예를 들어 연료를 무제한으로 장착한 우주선을 고려해볼 때, 우리는 처음에 그 우주선이 299,792,458미터퍼세크(m/s)보다 더 빠른 속도로 날아갈 수 있다고 상상할 수도 있다. 일단 그 우주선이 진공 상태에서 아주 오랫동안 매우 가속화하는 경우가 확실하다면, 그 우주선은 그렇게 날아갈 수도 있을 것이다. 그렇지 않은가? 예외적인 경우이긴 하다. 하지만 실제로는 우주선이 진공 상태에서 빛의 속도(299,792,458미터퍼세크)와 같은 속도로 날아가므로, 우주선은 진공 상태에서 우리가 상상하는 만큼 299,792,458미터퍼세크보다 더 빠른 속도로 날아갈 수 없다. 처음에는 우주선이 빛보다 더 빠른 속도로 날아간다고 상상할 수도 있을 것이다. 하지만 일반 상대성 이론 전문가가 된 후에는 더 이상 우주선이 빛보다 더 빠른 속도로 날아간다고 상상할 수 없게 된다. (이상적으로 상상할 수 있다.) 더 간단한 예를 들어보자. 한 여성은 처음에 약혼했을 때 자신이 남자 친구와 결혼할 수 있다고 상상할 수도 있다. 그러나 결혼 날짜가 다가올수록 미래에 펼쳐질 결혼 생활을 바라보는 자신의 마음이 더 명확해지면서 그 여성은 자신이 남자 친구와 결혼하는 것을 상상할 수 없다고 느끼기 시작하고, 약혼을 취소한다. 우리는 그 여성이 이상적으로 상상할 수 있는 사람이라고 생각해볼 수 있다. 이를테면 그 여성은 처음에 자신이 남자 친구와 결혼할 수 있다고 상상했으나 머지않아 발생할 모든 문제를 완전히 인식한 다음, 남자 친구와 결혼할 수 있다고 상상한 것이 잘못되었다고 판단하여 약혼을 취소한 것이다.[8]

물론 좀비 논증 가운데 일부 전제를 중점적으로 부인하는 많은 주장과 더불어, 철학 문헌에는 좀비 논증에 동의하지 않는 주장들이 많이 존재한다.[9][10] 하지만 실제로 우리가 의식을 이해하는 데 좀비 논증이 어떤 의미를 지니는지를 파악하려면, 우리는 좀비 논증이 처음에 상상할 수 있다고 느끼는 것에서 나중에 이상적으로 상상할 수 있는 것으로 이동하는 지점을 정확히 찾아내야 한다. 이 지점을 정확히 찾아내는 유일한 방법은 좀비 논증이 어떻게 작용하는지를 세밀하게 검증하는 것이다.

그렇다면 이제는 데이비드 차머스가 더 형식적이고 정밀한 방식으로 제시한 철학적 좀비 논증과 유사한 방법으로 (철학적 좀비 논증보다 약간 간소화된 방법으로) 전문용어를 활용하여 좀비 논증을 설명해보자.[11] 우선은 좀비 논증이 궁극적으로 내재적 관점(의식)에서 외재적 관점(대략적으로 여기서는 '물질주의' 또는 그저 '원자와 공간'을 말한다)으로 전환될 수 있는 방법과 관련된다는 점을 염두에 두어야 한다. 자세히 설명하자면, 좀비 논증은 다음과 같다.

1. 좀비는 상상할 수 있다.
2. 좀비가 상상할 수 있다면, 좀비 세계는 형이상학적으로 상상할 수 있다.
3. 좀비가 형이상학적으로 상상할 수 있다면, 이 의미는 오로지 좀비 세계의 물리적인 사실로 의식을 명확하게 밝혀내지 못한다는 뜻이다.
4. 그러므로 물질주의는 거짓이다.

다음 두 가지 의미에 주목하자. "좀비는 형이상학적으로 상상할 수 있다"라는 의미는 현재 우리 우주가 이런 방식(좀비를 상상할 수 없게 만드는 방식)으로 작용하지 않더라도 상황이 다르게 '설정'되었다면, 일부 상상할 수 있는 우주가 그런 방식(좀비를 상상할 수 없게 만드는 방식)으로 작용할 수 있을 것이라는 뜻이다. 또한, "좀비 세계의 물리적인 사실만으로 의식을 명확하게 밝혀내지 못한다"라는 의미는 외재적 관점에서 보면 내재적 관점이 여전히 실종되었을 것이라는 뜻이다.

다른 철학자들은 좀비 철학자가 자신의 의식에 관하여 진술하는 부분에 매우 이상한 점이 다소 존재한다고 오랫동안 지적해왔다.[12] 다시 말해서 다른 철학자들은 좀비 철학자가 판단과 신념, 동기, 특히 자신의 의식에 관하여 확실한 원인도 없이 진술한다고 비난해왔다.[13] 이에 따라 정말 이상하게도 마음을 다루는 좀비 철학자가 "나는 심신 문제를 다루면 어리둥절해진다"라고 주장한다면, 그 좀비 철학자는 마음에 관하여 무엇을 언급하고 있으며, 왜 그렇게 말하고 있는 걸까?[14]

이와 마찬가지로 학술 문헌[15]에서 의식을 다루는 좀비 철학자가 "나는 의식 문제를 다루면 어리둥절해진다"라고 주장한다면, 이에 대응하는 질문은 더 쉽게 이해하도록 다음과 같이 다르게 표현할 수 있다. 좀비 철학자는 그렇게 자신의 의식에 관하여 부당하게 진술하기 때문에, 우리는 이상한 상황에 처해 있는 경우가 발생할 수도 있다. 이런 표현 방식은 우리로 하여금 좀비 철학자를 극도로 이상하게 여기는 쪽으로 기울어지게 만든다. 하지만 여기에는 실제로 **모순**이 존재하지 않는다. 태엽이 완전히 풀린 상태에서 다시 합법적으로 태엽이 강하게 감기는 다른 상태가 잇따라 진행되는 거대한 태엽 시계와 마찬가지로, 좀비 세계에서 물리학은 현상이 계속해서 진행된다. 따라서 좀비 뇌의 원자 역학은 개념적 정의에 따라 우리 뇌의 원자 역학과 동일하기 때문에, 좀비는 자신의 의식에 관하여 우리와 동일한 진술과 주장을 펼쳐 나간다. 하지만 좀비가 펼치는 주장은 우리 입장에서 볼 때 그저 잘못된 주장에 불과하다. 또한, 기본적으로 우리는 우리의 의식에 관하여 주장을 펼쳐 나가지만, 우리가 펼치는 주장은 좀비 입장에서 볼 때 단지 타당하지 않은 주장에 불과하다.

좀비 세계에서는 의식에 관한 주장이 거짓인 반면, 우리 세계에서는 의식에 관한 주장이 진실이다. 이 개념은 기이하게 느껴질 수 있으나, 이 개념 자체에는 모순이 존재하지 않는다. 하지만 그런 비정상적이고 이상한 개념은 우리가 의식에 관하여 더 세밀하게 조사 연구해야 한다는 사실을 암시한다. 그렇다면 이제는 훨씬 더 논리적인 단계로 들어가보자. 좀비 철학자가 좀비 세계에서 좀비 논증을 거침없이 펼쳐 나간다고 상상해보자. 좀비 철학자는 동일한 운동과 움직임을 조사 연구하며 물질주의가 거짓이라는 결론에 도달한다.

그러나 기다려보라. 좀비 세계에서는 물질주의가 진실이다! 따라서 물질주의가 거짓이라는 좀비 철학자의 결론은 그릇된 결론으로 판명되어야 한다! 좀비 세계에서 좀비 논증은 자기 주장을 자기 스스로 반박하는 자기 반박에 해당한다. 다시 말해서 좀비 세계에서 좀비 논증은 그릇된 결론을 도출하기 때문에 분명히 부적절하다. (좀비 논증을 펼치는 사람 자체가 좀비 철학자이기 때문에, 우리는 이미 좀비 논증을 펼치는 이런 세계가 순전히 물질주의적인 좀비 세계라고 알고 있다.) 철학자 카탈린 발로그Katalin Balog가 주장한 바에 따르면, 논리적인 주장을 펼치더라도 근본적으로 한 세계에서 물질주의와 진실에 해당한다고 해도 또 다른 세계에서 진실이 아닌 것 같은 사실에 관하여 내세운 동일한 전제들은 원인이 분석될 수 없기 때문에, 이렇게 본질적으로 자기 반박을 하는 좀비 논증은 무효가 된다.[16]

처음에는 자기 반박을 하는 좀비 논증이 기발하고 강력한 논증으로 보일 수 있으나, 데이비드 차머스는 자기 반박을 하는 좀비 논증을 받아들이지 않는다. 하지만 그러면서도 특정한 핵심 사항들은 인정한다.

> 카탈린 발로그는 좀비 철학자가 진실한 전제와 거짓된 결론을 가지고 상상할 수 있는 동일한 논증 형태를 펼쳐 나갈 수 있으므로, 그런 논증 형태는 근거 없는 주장이며 거짓임을 입증해야 한다고 단언한다. 또한, 카탈린 발로그는 "나는 아주 의식적이다" (혹은 "의식적인 편이다")라고 강조하는 좀비 철학자의 주장이 진실을 나타낸다는 요

구 사항을 전제로 해야 한다고 주장한다.[17]

다시 말해서 데이비드 차머스가 카탈린 발로그의 주장에 대응하는 답변은, 정상적으로 진술되지 않은 함축적인(혹은 '암묵적인') 좀비 논증의 전제가 타당하지 않기 때문에 좀비 논증이 좀비 세계에서 작용하지 않는다는 것이다. 이를테면 좀비 논증을 펼치는 사람은 의식이 있다는 것이다. 따라서 진정한 좀비 논증은 다음과 같이 나타낼 수 있다.

0. 좀비 논증을 펼치는 사람은 좀비 철학자가 아니다.
1. 좀비는 상상할 수 있다.
2. 좀비가 상상할 수 있다면, 좀비는 형이상학적으로 상상할 수 있다.
3. 좀비가 형이상학적으로 상상할 수 있다면, 이 의미는 좀비 세계의 물리적인 사실로 의식을 명확하게 밝혀내지 못한다는 뜻이다.
4. 그러므로 물질주의는 거짓이다.

이제 여기에는 더 이상 모순이 존재하지 않는다. 전제 0이 좀비 세계에서 거짓이기 때문에, 좀비 세계에서 좀비 논증은 부정확한 답변을 제시한다. 그리고 여기서는 좀비 논증의 전제들이 좀비 세계에서 거짓이기 때문이라고 표현해도 괜찮다! 좀비 논증의 전제가 거짓이라면, 좀비 세계에서 좀비 논증은 좀비 논증의 구조가 부적절하다고 알려주지 않고, 잘못된 답변을 제시할 것이다. 이런 답변은 좀비 논증을 유지하도록 교묘히 보호한다.

하지만 이런 좀비 논증에는 모순이 더 많이 생겨날 수 있다. 그렇기 때문에 우리는 다음과 같은 질문을 제기해야 한다. 내가 좀비 논증을 펼쳐 나갈 때 어떤 세상에 존재하는지 어떻게 알까? 다시 말해서, 좀비 논증의 전제 0이 진실이거나 거짓임을 어떻게 입증할까? 내가 실제로 의식을 가진 채 우리 세계에 존재할까? 아니면 내가 그저 의식을 가지고 있다고 착각하며 좀비 세계에 존재할까?

내가 제기한 이런 질문은 우스꽝스럽게 보일 수도 있지만, 모든 철학 분야에서 가장 유명한 질문들 가운데 하나이다. 프랑스 철학자 데카르트Descartes는 실제로 그런 질문을 제기하며, 최초로 의식에 관한 의심할 여지가 없는 지식을 진리로 받아들일 수도 있다고 주장했다. 또한, 그렇게 받아들이는 진리는 또 다른 우화를 담고 있다. 데카르트는 자신의 경험에 착각을 일으키며 자신을 속이는 데 혈안이 되어 있는 '강력한 힘과 정교한 능력'을 갖춘 사악한 악마를 상상한다(가장 최초로 뇌를 통에 넣는 방식). 하지만 한 가지 사실을 강조하자면, 사악한 악마는 데카르트가 자신의 의식에 관한 지식을 잘못 받아들이도록 속일 수 없다는 것이다.[18] 담론에서 데카르트는 이렇게 서술한다.

> 따라서 나는 모든 것이 거짓이라고 생각하고 싶었으나, 한편으로는 그렇게 생각한 내가 절대적으로 반드시 약간 그렇게 생각해야 한다고 깨달았다. 또한, "나는 생각한다. 그러므로 나는 존재한다"라는 이 진리가 매우 확실하고 의심할 여지가 없는 그런 증거를 갖추고 있다고 아무리 과장되더라도 회의론자들이 그 진리를 증거도 없이 의심하고 강경하게 부정할 수 있다는 점을 알아챘기 때문에, 나는 망설이지 않고 그 진리를 내가 찾고 있던 철학의 첫 번째 원칙으로 받아들일 수도 있다는 결론을 내렸다.[19]

즉, 데카르트는 자신의 의식에 관한 지식을 확신한다. 실제로도 데카르트는 오로지 자신의 의식에 관한 지식만을 확신할 수 있다! 우리 자신의 의식에 관한 친밀하고 명백한 지식은 철학의 절대적인 몇몇 진리들 가운데 하나다.

이제 우리는 또 다른 우화, 즉 좀비 데카르트를 상상할 수 있다. 좀비 데카르트는 '제카르트'라고 칭하자. 제카르트는 데카르트와 똑같이 자신의 의식에 관한 지식을 확신하고, 동일한 추론을 적용한다. 또한, 모든 것을 의심하고, 사악한 악마를 상상하며, 자신의 의식과 존재에 관한 지식을 진리로 받아들인다. 좀비 논증이 진실이라면, 제카르트는 데카르트와 마찬가지로 자신의 경험에 신념을 가질 것이다. 하지만 좀비 논증은 단지 거짓에 불과할 것이다. 그렇다면 제카르트는 좀비 논증의 전제 0

을 어떻게 제시해야 할까? 이때는 추론과 신념, 결과, 판단을 적용하는 측면에서 좀비 세계와 우리 세계 사이에 차이점이 존재하지 않으므로, 좀비 세계와 우리 세계는 전혀 식별할 수 없다. 좀비 논증이 진실이라면, 제카르트는 자신이 의식에 관한 지식이 있든 없든 간에 전제 0이 진실임을 입증할 수 있는지 여부를 매우 회의적으로 바라봐야 한다. 그리고 이는 데카르트도 마찬가지다.

그렇지 않으면, 우리는 데카르트가 자신의 의식에 관한 어떤 유형의 지식을 갖추고 있기 때문에 데카르트와 제카르트를 식별할 수 있고, 데카르트가 전제 0이 진실이거나 거짓임을 확실하게 입증할 수 있다고 인정할 수도 있다. 하지만 그런 경우라면, 좀비 세계와 우리 세계, 그리고 제카르트와 데카르트 사이에 차이점이 명백하게 존재하므로 좀비 논증은 거짓이다.

다시 말해서, 데카르트와 제카르트는 의식에 관한 지식을 동일하게 갖춘 상황에서 전제 0이 진실이라고 판단할 수 있다. 하지만 또한 좀비 논증이 진실이라고 확신한다면, 데카르트와 제카르트는 실제로 전제 0이 진실인지를 인식할 수 없다. 좀비 논증이 진실이라면, 우리는 우리가 좀비 세계에 존재하는지 혹은 우리 세계에 존재하는지를 확실하게 주장할 수 있는 능력을 갖추고 있지 않을 것이기 때문이다. 게다가 우리는 이미 우리가 좀비 세계에 존재한다면 좀비 논증은 거짓이라는 점을 인식하고 있다. 이를테면 좀비 논증이 사실이라면 전제 0이 진실이거나 거짓임을 입증할 수 없다는 것이다. 제카르트는 자신이 데카르트와 구별된다고 주장할 수 없다. 또한, 데카르트도 마찬가지로 자신이 제카르트와 구별된다고 주장할 수 없다. 그뿐만 아니라, 데카르트가 좀비 논증을 펼쳐 나간다면, 데카르트는 물질주의가 거짓이라는 결론을 내릴 수 있다. 즉, 추정하건대 좀비 논증에 대한 이런 결론은 '올바른' 결론에 해당할 것이다. 하지만 데카르트와 마찬가지로 제카르트도 좀비 논증을 펼쳐 나간다면, 제카르트는 좀비 논증에 대한 '옳지 않은' 결론을 내릴 수 있다. 그렇지만 어느 쪽이 옳고 어느 쪽이 그른지는 확신할 수 없다. 이를테면 좀비 논증 안에는 의식에 관한 지식을 고려할 때의 깊은 모순이 숨겨져 있다는 것이다. 의식 연구에서 매우 많은 상황이 펼쳐지듯이, 좀비 논증은 역설적인 상황들 속에서 끝을 맺는다.

마음을 다루는 철학자들은 지금까지 수십 년간 이런 사고실험을 주장해왔다. 예를 들어 데이비드 차머스는 철학 박사 학위 논문인《의식적인 마음》에서 1만 2,000개 이상의 인용문을 활용하여 사고실험을 일반적인 형태로 제시했다. 문헌은 좀비와 자신에게 의식이 있다는 좀비의 주장을 둘러싼 답변과 진술들을 가득 담고 있다. 하지만 나는 대학원을 다닐 때부터 제카르트의 개념을 적용해왔으면서도 좀비 논증의 역설적인 결론을 명백하게 극복해내지 못했으며, 심지어 역설적인 결론 대부분이 거짓임을 입증하지도 못했다. 하지만 많은 조사 연구를 실행한 끝에, 나는 결국 내가 생각하는 방식이 지금까지 내가 여기에서 중요하게 다루어왔던 이런 역설적인 결론이 거짓임을 확실하게 입증하는 방식과 가장 가깝다는 사실을 최초로 발견하게 되었다. 철학 분야를 떠난 한 여성이 발표한 논문은 두 가지 인용문을 담고 있었다.[20] 그렇지만 지금은 세 가지 인용문을 담고 있다.

무엇이 좀비 논증을 약화시키고 역설적인 결론을 촉발시키는지를 생각하는 한 가지 일반적인 방법은 좀비 논증이 명백하게 '올바른' 결론을 내리는 것처럼 보이지만, 몸과 마음이 두 가지로 분리된 '본질'이라는 의미를 암시하는 것이다. 몸과 마음이 서로 다른 본질이라면, 몸과 마음은 어떻게 항상 상호작용할 수 있을까? 그리고 몸과 마음이 상호작용 할 수 없다면, 정보는 어떻게 한 본질에서 다른 본질로 전달될 수 있을까?

재미있는 사실은 실제로 데카르트가 이미 이런 문제 혹은 최소한 원시적인 형태의 이런 문제를 인식했다는 것이다. 또한, 이런 모든 문제는 역사적인 논쟁을 다시 되풀이하는 것처럼 보인다. 현대적인 용어로 명시된 심신 문제를 최초로 명백하게 다룬 이런 철학적인 논증은 데카르트가 엘리자베스 공주와 수년간 서신을 주고받으며 철학과 의학에 관해 토론하며 공주에 의해 뜻하지 않게 지적받은 것이다.

8장

공주와 철학자

1618년에 태어난 보헤미아Bohemia의 엘리자베스 공주는 아버지의 짧은 치세 기간이 끝난 후 정치적 피난처인 네덜란드에서 가족과 함께 망명 생활을 했다. 엘리자베스 공주의 아버지는 보헤미아 왕으로 재위한 뒤 정적인 제국 측으로부터 그의 치세가 그 해 겨울까지만 이어지다 그치게 될 것이라는 의미로 '겨울왕'이라는 별칭으로 불리며 모욕을 당했다. 실제로 그는 '백산 전투Battle of the White Mountain'에서 패배한 후 권좌에서 물러났다. 엘리자베스는 지적으로 자극적인 시대에 맞춰 아주 영리하게 연구에 몰입하면서 자신만의 능력으로 위대한 철학자가 되었으며, 한평생 자신이 연구한 모든 주제와 관련하여 수많은 서신을 계속 주고받았다. 배움에 대한 열정으로 인해 엘리자베스 공주는 가족 내에서 '그리스인'으로 불렸다. 그녀에게는 최후의 왕, 허드슨 베이 회사Hudson's Bay Company의 공동 창립자이자 유명한 과학자인 남자 형제, 재능이 뛰어난 예술가였던 또 다른 자매, 독일 철학자 고트프리트 빌헬름 라이프니츠의 최종 후원자였던 또 다른 자매가 있었다. 당대의 수학자이자 철학자, 신학자, 정치가였던 엘리자베스 공주는 이후 과학으로 발전하게 될 '편지 공화국'의 허브 역할을 한 인물이었다.

엘리자베스 공주와 데카르트가 직접 만난 것은 단 몇 번에 불과했지만, 두 사람은 수년 간 긴 서신을 계속 주고받았다. 그들이 주고받은 서신 중 지금까지 살아남은 서신은 총 58통이다. (엘리자베스 공주와 데카르트가 교환한 서신은 지금까지 살아남지 못한 서신까지 포함하면 58통보다 훨씬 더 많을 수도 있다.) 데카르트는 1643년에 엘리자베스 공주와 서신을 주고받기 시작했고, 1650년에 놀라운 죽음을 맞이할 때까지 때때로 계속 서신을 교환했다. (데카르트가 스웨덴에서 생활하던 당시, 스웨덴의 크리스티나Christina 여왕은 새해를 맞이하면서 국사에 방해가 되지 않도록 일주일에 세 차례씩, 나중에는 네다섯 차례씩 새벽 5시에 철학을 강의해줄 것을 데카르트에게 요청했다. 데카르트는 아침에 늦게 일어나는 습관이 있었지만 크리스티나 여왕의 명을 받아 유난히 추웠던 1650년 겨울 새벽에 일찍 일어나서 차가운 새벽바람을 맞으며 싸늘한 성을 가로질러 크리스티나 여왕의 서재로 찾아가 철학을 강의했다. 그런 지 얼마 되지 않아 데카르트는 폐렴으로 세상을 떠났다.) 엘리자베스 공주와 데카르트가 주고받은 서신에서, 데카르트는 통상적으로 "당신의 매우 겸손하고 순종적인 하인"으로, 엘리자베스 공주는 "당신의 매우 애정 어린 유익한 친구"로 끝맺었다.[1]

엘리자베스 공주와 데카르트가 수년 간 주고받은 서신들

은 역사적인 자료로 생생하게 기록되어 있다. 이를테면 엘리자베스 공주와 데카르트가 서로 재치 있게 응답하는 서신은 재미있고, 겸허하고, 정중하고, 친밀하면서도 서로의 계급 차이를 존중하는 측면이 있다. (엘리자베스 공주가 데카르트보다 계급이 훨씬 높다.) 한편, 엘리자베스 공주는 데카르트의 철학을 깊이 파고들어 항상 데카르트 철학의 허점을 엄밀하게 조사하며 공격적인 태도를 취했다. 또한, 데카르트는 언제나 엘리자베스 공주가 찌르는 허점을 감싸며 방어적인 태도를 취하는 측면이 있다. 우리가 접할 첫 번째 서신은 엘리자베스 공주가 데카르트에게 보낸 서신이다. 이 서신에서 엘리자베스 공주는 데카르트의 유명한 이론인 이원론에 처음으로 반론을 제기한다. 특히 엘리자베스 공주는 데카르트에게 이원론이 어떻게 몸과 마음 사이의 상호작용을 설명할 수 있는지에 관하여 의문을 제기한다.

> 며칠 전에 당신이 저를 방문하기로 계획했다는 소식을 들었을 때, 저는 당신이 친절하게도 기꺼이 무지하고 완고한 사람과 지식을 공유하려고 한 마음에 마냥 행복했고, 불행하게도 그런 유익한 대화를 놓쳤다는 마음에 슬펐습니다. (…) 하지만 오늘 M. 폴롯M. Pollot 씨는 제게 당신이 모든 사람, 특히 저에게 호의를 가지고 있다고 확신을 주었습니다. 그래서 저는 어색함을 무릅쓰고 선생님께 직설적으로 질문을 드리겠습니다. 다시 말해서, 인간의 영혼이

그저 생각하는 본질에 불과하다는 것을 고려한다면, 인간의 영혼은 자발적 행동을 불러일으키기 위해 육체에 어떤 영향을 미칠 수 있을까요? (…)

저는 이렇게 당신에게 서신을 보내며 추측에 근거한 제 영혼의 약점을 자유롭게 드러내고 있지만, 당신이 제 영혼의 약점을 가장 잘 치료해줄 최고의 전문의라고 인정합니다. 그리고 저는 당신이 히포크라테스 선서를 준수하여 제 영혼의 약점을 공개하지 않고 제게 치료법을 제공해 주시기를 바랍니다.[2]

데카르트는 엘리자베스 공주가 보낸 서신에 차례로 응답하며 긴 서신을 보냈다. 우선 데카르트는 지난번에 자신이 엘리자베스 공주와 직접 만나 이야기를 나누었을 때 엘리자베스 공주의 아름다움에 감탄을 금할 수 없어서 지적인 대화를 전혀 나눌 수 없었기 때문에 이렇게 서신을 주고받으며 대화를 이어 나가는 편이 훨씬 더 편안하다고 대답한다. 엘리자베스 공주가 제기한 질문, 즉 영혼(혹은 현재 통용되는 용어로, 마음)이 어떻게 육체와 상호작용 할 수 있는지에 관하여, 데카르트는 다음과 같이 답변한다.

저는 매우 날카로운 시야를 가진 당신에게 아무것도 감출 수 없습니다! (…) 제가 출판한 저술물들을 고려하면,

가장 올바르게 의문을 제기할 수 있는 질문은 바로 당신이 제게 내놓은 그 질문입니다. 우리가 인간의 영혼을 다룰 수 있는 모든 지식은 다음과 같은 두 가지 사실에 달려 있습니다. (1) 인간의 영혼이 생각한다는 사실, (2) 인간의 육체가 인간의 영혼에 작용할 수 있고 인간의 영혼에 따라 작용될 수 있으므로, 인간의 영혼과 육체가 상호작용을 한다는 사실. 저는 사실 (2)에 관해서는 거의 아무것도 언급하지 않았고, 사실 (1)을 더 잘 이해하도록 전적으로 그것에 중점을 두었습니다. (…)

무게와 열, 나머지 속성을 이해하려고 노력하면서, 우리는 때때로 우리가 육체를 인식하기 위해 받아들이는 개념과 영혼을 인식하기 위해 받아들이는 개념을 무게와 열, 나머지 속성에 적용했습니다. 이런 개념을 무게와 열, 나머지 속성에 적용하는 과정은 우리가 무게와 열, 나머지 속성을 물질계에 귀속시키는지, 아니면 비물질계에 귀속시키는지에 따라 다르게 결정됩니다. 예를 들어, 육체를 지구 중심 쪽으로 이동시키는 힘이 우리 주위에 존재한다는 사실을 제외하고는 아무것도 알지 못하는 상황에서 무게가 '실질적인 속성'이라고 가정할 때 어떤 현상이 발생하는지를 살펴봅시다. 우리는 어떻게 암석의 무게가 암석을 아래쪽으로 이동시킨다고 생각할까요? 암석의 무게가 암석을 아래쪽으로 이동시키는 이런 현상은 암석의 무게가 마치 손처럼 암석을 아래쪽으로 밀어내듯이 한 표면이 다른 표면에 실제로 접촉하면서 발생한다고 생각하지 않습니다! 하지만 우리는 육체의 무게가 어떻게 육체를 이동시키는지, 혹은 암석의 무게와 암석이 어떻게 연관되어 있는지를 이해하는 데는 그다지 어려움이 없습니다. 우리는 내적 경험을 통해서 이미 바로 그런 연관성을 제공하는 개념을 발견했기 때문입니다. 하지만 저는 우리가 이 개념을 무게에 적용할 때 잘못 사용하고 있다고 생각합니다. 이를테면 제가 물리학에서 증명해 보이기를 바라는 이 개념은 육체와 별개로 다루는 문제가 아닙니다. 저는 우리가 이 개념을 고려한다면 영혼이 어떻게 육체를 움직이는지를 이해할 수 있다고 확신하기 때문입니다.

(…) 당신이 보내준 서신은 제게 대단히 소중합니다. 그래서 저는 당신이 보내준 서신을 보물처럼 매우 귀하게 여기고 구두쇠가 취하는 방식처럼 특별히 간직하겠습니다. 구두쇠는 보물을 소중하게 여길수록 보이지 않게 더 감추고, 보물의 모습을 전 세계에 보여주기를 싫어하며, 보물을 살펴보면서 극도로 행복감을 느낍니다.[3]

우리는 이 서신에서 데카르트가 단지 '무게'가 아니라 중력에 관하여 설명하고 있다는 점에 주목해야 한다. 중력은 '멀리 떨어진 곳에서' (혹은 적어도 멀리 떨어져 보이는 곳에서) 작동하므로, 데카르트의 추론에서는 마음이 중력과 유사한 것처럼 보이고, 한 당구공이 또 다른 당구공을 치는 것처럼 보이지 않는다. 하지만 여기서 데카르트의 추론은 근거가 상당히 희박하다. 또한, 중력은 물리적인 현상이기 때문에, 우리는 이미 중력이 다소 약하다는 점을 의식할 수 있다. 엘리자베스 공주는 이런 점도 감지하고, 데카르트가 주장을 계속 펼쳐나가도록 내버려두지 않는다. 엘리자베스 공주는 다음과 같이 진술한다.

> 무게에 관한 오래된 관념은 실제로 암석을 지구 중심 쪽으로 이동시킨다는 점을 무시하면서 꾸며낸 허구적인 소설일 수도 있습니다. (허구적인 소설은 신의 관념이 갖추고 있는 특별히 보장된 진실성을 주장할 수 없습니다!) 게다가 우리가 무게의 원인을 이론화하려고 시도한다면, 논쟁은 이렇게 진행될 수도 있습니다. 이를테면 무게의 어떤 물질적인 원인도 자체적으로 감지하지 못하므로, 이 힘은 틀림없이 물질적인 원인과 정반대, 즉 비물질적인 원인 때문에 발생합니다. 하지만 저는 어떻게든 물질적인 원인에 가까스로 부정적인 '물질적이지 않은 원인'을 제외하고, 물질과 인과관계를 맺을 수 없는 '비물질적인 원인'을 이해할 수 없습니다![4]

엘리자베스 공주가 주장하는 바에 따라 마음이 발견되지

않은 물리적인 힘이라면, 데카르트의 답변은 타당할 것이다. 하지만 매우 솔직하게 말해서 데카르트의 이원론은 마음이 명확하게 비물리적(비물질적)이므로, 비물리적인(비물질적인) 마음이 어떻게 물리적인(물질적인) 육체와 상호작용 할 수 있는지를 완전히 상상할 수 없다는 것이다. 또 다른 서신에서, 엘리자베스 공주는 다음과 같은 주장을 계속 펼쳐 나간다.

> 당신이 보낸 서신을 읽어보면, 영혼이 육체를 움직인다는 점을 감지할 수 있지만, 영혼이 어떻게 육체를 움직이는지에 관해서는 지적 능력과 상상력을 그 이상으로 발휘해도 전혀 감지할 수 없습니다.[5]

엘리자베스 공주는 항상 공격적인 태도를 취하며 반론을 제기하지만, 존경을 표하는 마음으로 끝을 맺는다.

> 저는 당신에게 이런 고백을 하면서도 신세를 지고 있습니다. (…) 하지만 당신이 베푸는 친절함과 너그러움이 바로 당신의 훌륭한 장점이라는 사실을 이미 알지 못했다면, 저는 당신의 친절함과 너그러움이 매우 무모하다고 생각했을 겁니다. 당신이 제게 건네준 조언과 설명보다 더 정중한 방식으로 표현한다고 해도 당신에 대한 좋은 평판이나 명성에는 미치지 못할 수 있을 테지만, 당신의 조언

과 설명은 제가 소중하게 여길 수 있는 가장 위대한 보물 중 하나입니다.[6]

절충을 잘하는 엘리자베스 공주가 요령 있게 존경을 표하는 마음으로 끝을 맺었어도, 데카르트는 엘리자베스 공주가 제기하는 질문을 분명히 회피했다. 그리고 실제로도 데카르트는 엘리자베스 공주가 제기하는 질문을 회피했다. 다른 비밀스러운 서신들이 존재했을 수 있지만, 데카르트는 엘리자베스 공주가 보낸 것으로 알려진 이 서신에 답변하지 않았다. 엘리자베스 공주는 데카르트와 사적으로 계속 서신을 주고받기를 원했다. 엘리자베스 공주가 세상을 떠난 지 한참 후에야 엘리자베스 공주와 데카르트가 주고받은 서신들이 완전히 공개되었는데 사실 엘리자베스 공주와 데카르트가 주고받은 서신들이 모두 살아남아 있을 것 같지는 않다. 우리는 엘리자베스 공주와 데카르트가 수학적인 문제와 더불어 기하학적인 문제와 자신들의 사생활 등 다른 문제들과 관련해서도 계속 서신을 주고받았다는 사실을 확실히 안다. 이를테면 여기에는 특정 평면에 세 개의 원이 존재할 때 세 개의 원과 모두 접하는 네 번째 원을 발견하는 문제에 대한 독창적인 증명도 포함된다. 데카르트는 서신에서 엘리자베스 공주가 제기한 문제에 답변했으며, 그와 동시에 엘리자베스 공주는 데카르트가 답변한 서신으로부터 원하는 결과를 얻었다. 엘리자베스 공주와 데카르트는 둘 다 같은 결론에 이르렀지만, 데카르트는 엘리자베스 공주의 증명이 더 명쾌하다고 수긍했다. (또한, 엘리자베스 공주의 증거가 요구 조건을 더 적게 포함하고 있기 때문에, 엘리자베스 공주의 증명이 더 명쾌하다는 점은 객관적으로 사실이다.)[7] 데카르트는 심지어 저서《철학의 원리 Principles of Philosophy》를 엘리자베스 공주에게 바치며, 헌정사에서 그녀의 명석한 통찰력을 인정했다.

> 제가 저술물을 출판하면서 받은 가장 큰 보상은 당신이 제 저술물들을 아주 만족스럽게 읽고 훌륭하다고 평가했으며, 그로 인해 저는 당신과 서신을 주고받으면서 쌓은 친분이 공인되었다는 것입니다. 또한, 제게 서신을 보내준 당신 덕분에 저는 당신의 재능을 알게 되었고, 제 저술물을 후세대가 본받아야 할 귀감으로 기록하여 인류에 유용한 정보를 제공할 것이라고 생각합니다.[8]

아마도 그 헌정사는 오로지 본질적으로 그 시대의 애정 어리고 절친한 인간성을 보여주겠지만, 나는 이런 철학적인 서신들을 연애편지로 읽을 수밖에 없다. 르네상스 시대에 갇힌, 두뇌는 명석하나 따분한 괴짜 두 명은 어쩌면 당시에 사적으로 몇 번밖에 만나지 않고 서신을 주고받으며 위대한 열정의 전조를 보였을 수도 있다. 학자들은 실제로 낭만적인 서신 교환을 짐작했다. 이런 서신 교환은 역사적인 팬 픽션(팬 문화의 일환으로서, 팬이 만들어 낸 허구적인 소설 – 옮긴이 주)을 넘어설 수도 있다고 생각할 만한 (전혀 결정적이지 않고, 그저 암시적일 뿐인) 이유들이 다소 존재하기 때문이다. 데카르트가 세상을 떠났을 때, 엘리자베스 공주는 엄청난 충격을 받았다고 한다. 그녀는 데카르트가 세상을 떠난 후에도 평생 동안 데카르트와 데카르트의 철학을 끊임없이 지지했다. 또한, 엘리자베스 공주는 72세까지 살면서 결혼도 하지 않았고, 심지어 왕자에게 받은 청혼도 (적어도 부분적으로 종교적인 이유 때문에) 거절했다. 그녀는 독신녀로 부유한 삶을 살면서 엘리트 사회에 철학적이고 과학적인 새로운 개념들을 활성화시키고, 다양한 지식인이 대학에서 전문적인 직위를 얻도록 지원하며, 위대한 사상가들과 서신을 주고받았다. 엘리자베스 공주는 결국 수녀원장이 되기 위해 라인 계곡Rhine Valley에 있는 교회에 들어갔으며, 1680년까지 7,000명 이상의 사람들을 현명하게 다스렸다. 전하는 바에 따르면, 독일 철학자 라이프니츠는 엘리자베스 공주의 임종을 지켜보았다고 한다.

엘리자베스 공주는 정치적으로 은밀한 관계와 임무를 수행하고, 지적인 서신 교환을 하며 웅장하고 위대한 삶을 살았다. 엘리자베스 공주가 철학적으로 비평하거나 평론한 영혼과 육체의 상호 작용설은 아마도 엘리자베스 공주가 심신 문제의 역설적인 본질을 최초로 명백하게 진술한 사람일 수 있다는 사실을 의미한다. 의식은 물질적인 것으로 환원될 수 없어 보인다. 하지만 우리는 또한 엘리자베스 공주가 최초로 지적했듯이 영혼과 육체가 결코 상호작용을 할 수 없기 때문에 완전히 분리될 수 없다는 사실도 인식하고 있다. 1643년과 지금은 시대적으로 아주 멀리 떨어져 있지만, 또 다른 의미에서는 우리는 결국 1643년 당시와 같은 장소로 되돌아오게 되었다.

9장

의식과 과학적 불완전성

고백하자면, 나는 우주를 인식할 수 있다고 생각했기에 과학을 연구하게 되었다. 하지만 과학 연구가 끝나갈 무렵에는 결국 우주를 인식할 수 없겠다는 생각이 들었다. 물론 우주를 인식할 수 있는 부분은 많다. 부분적으로는 우주를 인식할 수 있다. 특정 제약 조건에 따라 우주를 인식하는 것은 가능할 뿐만 아니라, 실제로도 매우 유용하며 가장 중요하다. 과학은 원하는 특정 결과를 가져오고, 세상과 세상에 존재하는 기본 법칙에 관하여 깊은 진실을 드러낸다. 하지만 일반적으로 구석구석에 깊숙이 숨어 있는 모든 부분을 설명할 때, 나는 전반적으로 역설이 존재한다고 추정하거나, 어쩌면 이해하는 사람에게 역설을 불러일으키지 않는 방식을 취하며 우주를 완전히 인식할 수 없다는 주장을 덜하게 된다.

이 때문에 과학은 심지어 과학 추종자들이 더 어두컴컴한 분위기 속에 존재한다고 농담 삼아 말하면서 과학 추종자들을 공격할 수도 있다. 그런 관점에서 과학은 그저 털이 없는 유인원이 활용한 인공 기관에 불과한 것 같다. 망원경은 단지 더 멀리 보는 눈일 뿐이고, 라디오는 오직 산꼭대기를 가로질러 큰 소리를 내는 방법일 뿐이고, 현미경은 단순히 커다란 확대경일 뿐이며, 컴퓨터는 그저 언어를 객관화하고 공식화하는 방법에 불과하다. 심지어 크리스퍼CRISPR(유전자를 자르는 가위 – 옮긴이 주)와 같은 인상적인 생체 분자 장비도 단지 아주 작고 정확한 가위일 뿐이다. 마치 시력이나 청력을 향상시키는 것이 실제적인 사실을 진정으로 이해하는 것이라고 의미를 부여하듯이, 유용한 능력을 갖춘 이런 인공 기관들은 흔히 우리가 우리 자신의 능력을 과대평가하도록 속이는 경우가 많다. 의식에 관한 과학적 연구는 완벽한 사례가 존재한다. 우리는 신경 과학을 패러다임 이후의 신경 과학으로 만들기 위해 의식 이론을 필요로 한다. 이와 동시에 우리가 의식 이론을 발달시키려고 노력할 때마다 항상 방해를 받아 곤경에 빠지는 것 같다.

아마도 서로 양립할 수 없는 내재적인 것과 외재적인 것은 우주가 우리가 원하는 방식에 따라 모형으로 환원할 수 있는 닫힌 시스템이 아니라는 점을 암시할 것이다. 어떤 의미에서 과학자들은 그저 단순한 물리 법칙과 그밖에 다른 법칙들을 나타내는 모형과 마찬가지로 우리 세계를 쌍둥이 같은 좀비 세계로 생각하는 쪽으로 자연스럽게 끌려간다. 우리는 외재적 관점에 맞춰 모든 것을 복잡한 세포 자동자를 이용할 수 있는 세계로 변화시키기를 원한다. 이때 세포 자동자란 규칙적인 격자 형태로 배열된 세포에서 정의되며 복잡하게 돌아가는 물리적 과정들을 모형화할 수 있는 수학적 복잡계 가운데 하나를 말한다. 훨씬 더 정확하게 말하자면, 우리는 튜링 기계를 활용할 수 있는 세계를 원한다. 튜링 기계는 긴 테이프에 쓰인 여러 가지 기호들을 일정한 규칙에 따라 바꾸는 기계로 영국 수학자 앨런 튜링Alan Turing이 제안했다. 앨런 튜링은 가장 뛰어난 튜링 기계를 이렇게 표현했다. "논리적인 가상적 계산기는 매우 간단해 보이지만 적당한 규칙과 기호를 입력한다면 무엇이든 수행할 수 있다."[1] 이런 개념을 가장 직접적으로 추구하며 가장 훌륭한 성공을 거둔 사람은 영국 물리학자이자 컴퓨터 과학자인 스티븐 울프럼Stephen Wolfram이다.

스티븐 울프럼은 현재 슈퍼컴퓨터를 이용하여 물리학과 '유사하게' 추상적 구조를 만들어내는 많은 간단한 규칙을 통해 검색어를 분석하고 있다.[2] 스티븐 울프럼이 적어도 간단한 규칙을 발견했다면 혹은 우리 세계의 물리학과 유사하게 추상적 구조를 만들어내도록 간단한 규칙이 저절로 작용하게 내버려둔다면, 스티븐 울프럼은 찾기 힘들고 이해하기 어려운 만물 이론을 발견할 가능성이 클 것이다. 이 만물 이론은 궁극적으로 외재적인 관점을 적용하여 우주 만물과 자연계의 기본적인 네 가지 힘인 전자기력, 강력, 약력, 중력을 하나로 통합하는 가상적인 이론이다. 만물 이론은 모든 물리적인 현상과 관계들을 완벽하게 설명하기 위한 이론 물리학의 한 가설에 해당한다. 그렇지만 현실적으로 이 만물 이론은 그저 우리가 규칙적인 패턴을 관찰하여 물리학의 '법칙'이라고 칭하는 추상적인 관계망에 불과하다.

우주를 꿰뚫어 보는 이런 방식은 과학적으로 대단한 성공을 거두었다. 스티븐 울프럼은 자신만의 이론을 발견하지 못했지만, 스티븐 울프럼을 넘어서는 이런 가설은 어떤 형태로든 과학이 시작된 이래로 지지를 받았다. 어쩌면 이론 물리학의 가설에 해당하는 만물 이론이 가장 위대한 성공을 거둔 이유는 그야말로 과학자들에게 상황적으로 이해할 수 있고, 발견되기를 기다리는 이론과 진리가 존재하며, 이런 이론과 진리는 단순하고도 명쾌하다는 확신을 주기 때문일 것이다. 하지만 세상을 바라보는 이런 외재적 관점은 과연 내재적 관점을 진정으로 받아들일 수 있을까? 혹은 세상을 바라보는 이런 외재적 관점은 필연적으로 역설을 불러일으킬까?

여기서 순차적으로 추론해보자. 정말로 추론한다면, 이때는 추론이 또한 유용하게 암시할 수도 있지만, 위험할 수도 있다는 점에 주목해야 한다. 추론은 과학의 여왕인 수학과 관련되어 있다. 영국 수학자 버트런드 러셀Bertrand Russell이 "자신을 원소로 포함하지 않는 모든 집합의 집합이 문제없이 성립하는가?"라고 문제를 제기한 후부터 인식론적으로 불안한 상황에 처하게 되었다. 만약 모든 집합의 집합이 자신을 원소로 포함한다면, 그 집합은 자신을 원소로 포함해서는 안 된다. 또한, 모든 집합의 집합이 자신을 원소로 포함하지 않는다면, 그 집합은 자신을 원소를 포함해야 한다. 이 주장은 확실하게 정의를 내리기 힘들다. 그리고 이 주장은 미국 수학자 쿠르트 괴델이 불완전성 정리를 발표한 끝에 확실성이 붕괴되기 시작했다. 쿠르트 괴델의 불완전성 정리에 따르면, 공리를 기반으로 공식화된 시스템들은 필연적으로 불완전할 뿐만 아니라, 참이지만 증명할 수 없는 수학적 명제가 존재한다. 쿠르트 괴델의 불완전성 정리는 수학을 파괴한 것이 아니라, 기본적으로 수학을 제한했다. 이런 현상은 수학이 열 수 없는 문이 존재하고, 수학이 넘을 수 없는 벽이 존재하며, 수학이 확인할 수 없지만 단지 추론만 할 수 있는 보이지 않는 힘에 둘러싸여 있다는 사실을 보여주었다.

그리고 여기서도 추론한다면, 우리는 과학 자체가 과학적 지식과 유사한 한계를 가졌는지 의문을 제기해야 한다. 이때는 복잡성이나 어려움 때문에 발생하는 한계가 아니라, 본질적으로 기본적인 제약에 근거를 둔 한계를 말한다. 아마도 과학이 경험론의 법칙에 따라 작용하여 증명하는 공식화된 시스템과 똑같다고 생각하는 것이 과도하게 느껴질 수 있다. 하지만 과학이 세계의 진리를 밝혀내는 알고리즘 작용에 따라 공식화된 시스템과 다소 유사하다고 보는 것은 확실히 무리가 아닐 수 있다. 과학적인 이론이 보통 이런 추론을 증명하는 데 이용될 만큼 공식적으로 제시되지는 않지만, 우리는 과학이 과학적인 이론에 관한 모든 질문에 답변할 수 있는지 혹은 이에 상응하여 가상적인 '과학의 언어'로 구성된 모든 진술이 참인지 거짓인지를 입증할 수 있는지(또는 다소 입증할 수 없는지)를 완벽하게 설명할 수 있다고 상상할 수 있다.[3] 아마도 과학은 지식을 갖춰야 할 허점, 치명적인 결함, 자기 참조와 같은 이상한 고리를 포함하고 있을 수도 있다. 이런 개념을 '과학적 불완전성'이라고 칭하자.

과학적 불완전성과 수학적 불완전성을 추론해보면, 과학적 불완전성은 수학적 불완전성과 유사한 점을 다소 뚜렷하게 포함한다. 스티븐 울프럼과 다른 과학자들이 원하듯이, 우리가 외재적 관점으로 바라본 우주를 모형으로 나타낼 때, 그 모형은 완전히 자기 모순적이고, 모두 발견할 수 있으며, 경험적으로 입증할 수 있는 것처럼 여겨진다. 또한, 그 모형은 좀비 세계와 유사해 보이기 때문에 어디를 보든 관점도, 의식의 흐름도 없어 보인다. 이런 시각은 미국 철학자 토마스 네이글의 저서 제목인 《입장이 없는 관점The View from Nowhere》에 해당한다. 하지만 그런 전지적 관점은 불완전한 것 같다. 정보가 누락되었기 때문이다. 외재적 관점으로 볼 때, 세상에 존재하는 모든 좀비 중에서 어떤 좀비가 나일까? 그리고 어떤 좀비가 당신일까? 당신은 왜 그런 특정한 좀비에 해당할까? **왜** 어떤 규칙은 당신과 그 특정한 좀비를 연결시켰을까?[4] 외재적 관점은 모든 세부 사항을 아주 완벽하게 나타낸 거대한 지도와 같지만, 그 거대한 지도에는 "**현재 당신의 위치**"를 나타내는 표시가 없다. 그 거대한 지도는 사실 모든 곳에 존재하는 모든 사람에게 한 번에 다 같이 적용된다. 그런 지도는 필연적으로 불완전해 보인다. 외재적 관점으로 바라본 우주를 모형으로 나타내려고 시도하는 우리의 한계를 넘어서 현실이 펼쳐진다면, 아마도 그런 지도는 필연적으로 불완전해 보일 것이다.

누군가는 이런 '입장이 없는 관점'을 가지고 있지 않을까? '입장이 없는 관점'을 취하는 사람은 독특하고 특별한 관점을 가진 사람에 해당한다. 하지만 가장 보편적인 외재적 관점에 따르면, 실제로 독특하고 특별한 관점은 존재하지 않고, 솔직하게 말해서 전혀 존재하지 않는다. 또 다른 예를 들어보자. 과학적 방법을 논하는 일반적인 교과서에 따르면, 실험자는 어느 시점에서 가설을 만들어내고 입증하는 알고리즘의 일부로 모습을 드러낸다. 하지만 과학에서 실험자들은 항상 자신들이 관찰하고 개입하는 시스템의 바깥쪽에 존재한다고 생각한다. 심지어는 종속변수와 독립변수 간의 인과관계를 정확하게 추론하기 위해 사용하는 '통제 변수'를 논의할 때도 자신들이 관찰하고 개입하는 시스템의 바깥쪽에 존재한다고 인정한다. 더 광범위하게 살펴보면, 일반적으로 관찰하는 실험자는 관찰되는 시스템과 각기 따로 분리되어 있다고도 생각한다. 이런 외재적 관점은 관찰자를 포함하는 또 다른 외재적 관점에 '포개질' 수 있으므로, 관찰자와 시스템 간의 구별을 없애는 것은 관찰자가 그저 지금 동일한 시스템의 일부에 불과할 뿐이다. 하지만 여기서는 외재적 관점을 좀 더 추가적으로 명시해야 한다. 이에 따라 이런 외재적 관점은 관찰자를 포함하는 또 다른 외재적 관점에 끝도 없이 차례차례 포개질 수 있다. 즉, 이런 외재적 관점은 항상 추가적으로 명시하는 어떤 다른 외재적 관점을 포함하고, 한 번쯤 우리가 상상하는 외재적 관점은 관찰자를 포함하기 때문에 전체적인 사실이 고려되는 진정한 휴식 공간이 존재하지 않는다.

실험자가 실험의 일부라면, 우리는 위험하게도 역설적인 바다에 가까이 다가가지 않을까? 자기 참조가 수학에서 불러일으키는 역설을 염두에 둔다면, 우리는 과학에서 관찰자를 둘러싸고 있는 어려움을 **정확하게** 발견하기를 기대하지 않을까? 우리는 과학적인 의식 이론을 확립하는 데 전적으로 어려움을 겪고 있는 것처럼 보인다. 그렇기 때문에 과학적 불완전성이 사실적인 개념이라면 우리가 기대할 것은 과학적인 의식 이론을 기어코 확립할 수 있다는 점이다.

예를 들어, 독립적인 실험자를 과학에 필요한 공리적인 가설들 중 하나로 생각한다면, 우리는 시스템 자체 내에서 공리적인 가설을 스스로 입증하여 잘못된 공리적인 가설로 판명되더라도 자신을 비난할 수 없다는 점에 주목해야 한다. 이런 경우에 실험자들은 뜻하는 형태로 바꿀 수 없다. 실제로는 시스템이 고전적 컴퓨터이든 양자 컴퓨터이든 상관없이, 관찰자가 자신이 포함된 시스템의 모든 상태를 적절하게 측정하고 식별할 수 없다는 논쟁이 다소 존재한다.[5]

비유하자면, 섬의 상태를 완벽하게 나타낸 지도를 상상해보자. 여기서 내가 표현한 완벽한 섬의 지도라는 의미는 섬의 규모가 매우 클 필요는 없지만 섬의 세부 사항들, 이를테면 모든 바위와 나무, 심지어 모래 알갱이들까지도 지도상에 믿기 힘들 정도로 매우 세밀하게 나타낼 만큼 섬을 정확한 비율로 축소한 지도를 뜻한다. 이 말에 몹시 놀랄 수도 있지만, 처음에는 여전히 그런 완벽한 섬의 지도를 상상할 수 있다. 이제는 그 완벽한 섬의 지도가 섬 자체에 놓여 있다고 상상해보자. 무슨 일이 발생하는가? 관찰자는 지금 관찰되는 섬에 놓여 있다. 세부 사항들을 완전히 세밀하게 나타낸 그 완벽한 섬의 지도에서 또 다른 완벽한 섬의 지도를 생각해낸다면, 우리는 그 완벽한 지도의 또 다른 완벽한 지도로서, 또 다른 완벽한 섬의 지도가 그 완벽한 섬의 지도 내에 포함되어 있어야 한다는 사실을 파악할 수 있다. 또한, 그 완벽한 섬의 지도는 세부 사항들을 완전히 세밀하게 나타내고 있어야 하고, 그 완벽한 섬의 지도 내에 추가적으로 또 다른 완벽한 섬의 지도를 포함하고 있어야 한다.[6] 이런 과정은 그야말로 무한정 반복된다. 세계의 지도가 아니라 뇌의 지도라면 어떨까? 세계의 지도와 마찬가지로, 뇌의 지도는 뇌를 둘러싸고 있는 세계를 나타내며, 뇌의 세계 모형을 만들어낸다. 하지만 뇌의 지도는 세계의 지도에 부분적으로 포함된다. 다시 말해서 과학과 수학 사이에서 추론하는 방식은 쿠르트 괴델이 독창적으로 증명한 불완전성 정리와 적어도 약간 비슷해 보인다. 불완전성 정리를 증명한 바에 따르면, 쿠르트 괴델이 역설을 불러일으키는 데 사용한 기법은 수학적 논리에서 일부 형식 언어의 각 기호와 잘 구성된 공식에 '괴델 수'라고 하는 고유한 자연수를 할당하는 '괴델 번호 매기기'를 통해 공리계를 시스템 자체로 암호화하여 정보를 발견하는 방법이었다. 이런 시스템에 따라 바뀐 암호화된 문장(때때로 '괴델 문장'이라고도 한다)은 항상 "이 문장은 입증될 수 없다"처럼 자기 부정적인 구조를 가지며, 참이지만 증명할 수 없는 괴델 문장이 존재한다. (이런 방식과 유사하게도, 긴 테이프에 쓰인 여러 가지 기호들을 일정한 규칙에 따라 바꾸는 앨런 튜링의 튜링 기계는 프로그램이 중단될지 말지에 관한 질문을 포함했다.) 아마도 괴델 문장과 마찬가지로 지도를 자체적으로 만들려고 시도하는 뇌는 반복적으로 부수적인 역설을 불러일으킨다. 이런 현상을 암시할 수 있는 한 가지는 의식 자체가 기계적인 설명에 전혀 도움이 되지 않은 것처럼 보인다는 점이다. 이를테면 우리가 뇌의 세계 지도에 경험을 포함하려고 시도한다면, 그 경험은 필수적이고 본질적인 내재적 속성들을 잃게 되고, 뉴런이 발화하듯이 오로지 외재적인 속성들만 남게 되는 것처럼 보인다는 뜻이다.

매우 회의적인 이런 관점은 일반적으로 과학적인 의식 이론과 모순되지 않는다. 현대 의식 이론은 주관적인 내재적 속성을 직접적으로 설명하지 않기 때문이다. 그 대신 의식의 외재적 속성에 중점을 둔다. 심지어는 현상학 이론도 마찬가지다. 통합 정보 이론에서 그런 속성들은 구조적으로 구성되고 통합되어 있다. 또한, 그런 모든 속성은 현대 과학의 범위 내에 존재한다. 실제로 과학이 불완전하다는 이런 견해는 통합 정보 이론과 마찬가지로 현상학의 구조에 관해서 자세히 설명할 수도 있지만, 현상학 이면에 숨겨진 이해되지 않는 부분에 관해서 전혀 설명할 수 없는 의식 이론의 이런 약점을 받아들여야 한다는 점을 의미할 수도 있다.

이런 모든 견해는 확실히 환상적인 주장에 해당한다. 우리가 펼쳐 나가는 이런 환상적인 주장은 확립된 과학이 아니라 형이상학적인 추측에 더 가깝다. 하지만 그와 동시에 일반적으로 의식을 둘러싸고 끝없이 발생하는 철학적인 어려움들 이외에 이런 견해를 암시하는 실질적인 증거가 존재한다. 현대 과학의 범위를 아주 폭넓게 확장한다면, 우리는 의식을 넘어서 과학적인 불완전성과 관련된 다른 사례들을 살펴볼 수 있다.

우선 "우주는 왜 텅 비어 있지 않고 무언가가 존재하는가?"라는 명백한 역설이 존재한다. 단순한 진리는 전 세계적으로 가장 훌륭한 과학자들이 이 질문에 제대로 답변할 수 없다는 것이다. 미국 이론 물리학자 로렌스 크라우스Lawrence Krauss는 전반적으로 "우주는 왜 텅 비어 있지 않고 무언가가 존재하는가?"라는 역설을 논하면서 《무로부터의 우주A Universe from Nothing》라는 책을 저술했다. 하지만 로렌스 크라우스가 실제로 제안한 부분은 우주를 구성하는 물질이 어떻게 '단순히' 불안정한 진공 상태에서 생겨나는지에 관한 의문과 물리 법칙을 추측에 근거하여 설명하는 것이었다.[7] 그렇지만 왜 불안정한 진공 상태에 이런 특정한 속성들이 있고, 왜 이런 특정한 물리 법칙이 있을까? 왜 아무런 법칙도 없을까? 수천 년 전에 고대 그리스 철학자 아리스토텔레스가 최초로 지적했던 논증, 즉 **부동의 동자** unmoved mover **역설**은 정확하게 해결할 수 없는 것 같다. 원인 없는 원인이다. 또한, 적어도 우리가 세계를 설명한다고 하지만 오늘날까지도 진정으로 해결하지 못한 세계의 결점이다.[8]

존 호간John Horgan이 《과학의 종말The End of Science》에서 주장했듯이, 과학 이론들은 현재 상태에서 전반적으로 아직 확립되지 않았고, 지식적인 측면에서 수많은 결함이 남아 있으며, 결함이 없이 만족스럽게 완전히 확립되기를 기다리고 있다.[9] 이런 과학 이론들은 실제로 머지않아 과학적인 발전으로 확립될 수 있을까? 그렇지 않으면 일부 부분집합은 원칙적으로 불완전한 것일까? 일부 부분집합이 원칙적으로 불완전한 것인지에 관한 문제를 생각하려면 이를 증명하기 위한 논증이 다소 필요할 수 있다. 결국 물리적 시스템은 튜링 기계(일반적으로 수학적 가설)를 사실상 물리적인 것으로 객관화할 때 필연적으로 수학으로부터 문제가 되는 역설을 '넘겨받는다.' 그러면 모든 물리적 시스템은 동일한 역설을 넘겨받지 않을까? 사실 모든 물리적 시스템이 동일한 역설을 넘겨받는다면, 이런 물리적 시스템은 실제로 우리가 우주를 이해하는 데 영향을 미칠까? 결국 고전적인 튜링 기계는 계산 작업을 완료하기까지 무한한 양의 시간과 기억력이 주어진다. 고전적인 튜링 기계에 물리적으로 무한한 양의 시간과 기억력이 주어진다는 것은 사실 모든 물리적 시스템이 동일한 역설을 넘겨받지 않을 수 있다는 점을 의미한다. 따라서 "이 컴퓨터 프로그램은 중단될 것이다" 혹은 "이 컴퓨터 프로그램은 중단되지 않을 것이다"와 같은 고전적인 문장들은 결국 이 우주에 존재하는 모든 것이 중단되기 때문에 사실이 아닌 가설에 기반을 두고 있다. 하지만 영국 이론 물리학자 스티븐 호킹Stephen Hawking의 견해를 포함하여 훨씬 더 급진적인 견해가 존재한다. 많은 사람이 스티븐 호킹이 저술한 《시간의 역사A Brief History of Time》를 읽었거나 들어 보았을 것이다.[10] 하지만 과학 자체가 수학을 이용하고, 수학 자체가 사실상 역설적이라는 단순한 사실에 따라 스티븐 호킹이 과학적 불완전성이 필요하다고 믿게 된 이후에 밝힌 그의 견해를 들어본 사람은 거의 없다.[11] 스티븐 호킹에게 만물 이론을 입증할 수 없었던 것은 실패로 다가왔지만, 또한 과학적으로 실패를 경험했기 때문에 이런 결론에 도달했다.

단순하게 물리적 시스템이 수학에서 문제가 되는 역설을 넘겨받는 것을 넘어서, 연구원들은 사실상 증명할 수 없는 속성에 관한 실제 사례들을 발견했다.[12] 하지만 경험적으로 관련된 문제와 마찬가지로, 물리학자들이 직접 신경 쓰고 있다는 문제에도 증명할 수 없는 속성에 관한 실제 사례가 존재하는지는 명확하지 않다.[13] 사실 증명할 수 없는 속성에 관한 실제 사례는 많은 곳에서 발생한다. 예를 들어, 복잡한 디지털 수집 카드 게임인 '매직: 더 개더링Magic: The Gathering'은 증명할 수 있는 가장 훌륭한 승리 전략이 존재하지 않는다는 사실이 입증되었다. 그런 승리 전략을 찾아내는 것은 컴퓨터 프로그램이 중단될지 말지에 관한 문제를 푸는 것만큼이나 어렵고 힘들기 때문이다.[14]

2015년에 《네이처》에 게재된 한 논문이 내 눈길을 사로잡았다. 지금까지 발표되거나 논의된 적이 별로 없는 논문이었다. 하지만 아무도 그 논문을 가지고 무엇을 해야 할지를 모르는 것 같았다. 연구원들이 발견한 것은 물리학에서 시스템의 스펙트럼 갭(바닥 상태와 첫 번째 들뜬 상태 사이의 에너지 차이 – 옮긴이 주)이라는 주요 속성을 공식적으로 증명할 수 없다는 점이었다.[15] 구체적으로 말해서 주어진 물리적인 시스템에는 전자의 에너지 준위 사이에 격차가 다소 존재한다. 그렇다면 주어진 물리적 시스템에 존재하는 최소 격차란 무엇일까? 이 문제는 입증할 수 있어야 할 과학적 진리이며, 경험적으로 관련된 중요한 문제에 해당한다. 하지만 이 문제는 공식적으로 입증할 수 없기 때문에 우리는 이 문제에 대한 답변을 알 수 없다. 심지어 여기서도 이 문제는 자기 참조에 해당하는 것으로 밝혀졌다. 《네이처》에 게재된 이 논문의 제1저자인 토니 큐빗Tony Cubitt이 주장한 바에 따르면 다음과 같다.

> 명백한 증명은 자기 참조를 구성한다. 이를테면 근본적으로 명백한 증명은 스펙트럼 속성을 적용하여 스펙트럼 갭에 대한 문제에 답변할 수 있는 해밀토니언(양자역학에서 시스템의 운동에너지와 위치에너지를 합한 양자의 전체 에너지를 나타내는 해밀턴 연산자다 - 옮긴이 주)을 구성한 다음, 이 해밀토니언에게 자체적으로 스펙트럼 갭에 관하여 질문한다.[16]

즉, 과학은 (일반적으로 매우 부자연스럽게) 반복되는 사례들을 포함하기 때문에 우리는 이미 적어도 미시 물리학적으로 묘사하는 세계에서 과학이 불완전하다는 증거를 다소 갖추고 있다. 우리가 과학을 포괄적인 거대한 물리적 시스템으로 개념화한다면, 과학은 결점이 가득할 수도 있다. 과학 내에서 결점은 오직 결점 자체보다 오히려 변화되는 물리적 시스템에 따라 식별될 수 있다. 과학의 이런 개념이 타당하다면, 우리는 무엇보다도 의식 자체를 입증할 수 없다고 예상해야 한다. 의식이 과학적으로 의식 자체를 되돌아보고 있고, 우리는 자기 참조가 역설을 입증하는 가장 확실한 방법이라고 인식하기 때문이다.

과학적 불완전성은 갈릴레오 갈릴레이가 내재적 관점을 외재적 관점에서 분리해야 하는 중요성을 완전히 이해하면서 과학 자체에 외재적 관점만을 명확하게 적용하게 된 양날의 검을 나타낸다. 자기 참조를 과학에서 분리한다면 과학이 아무런 제약을 받지 않고 특정 목표를 향해 계속 나아갈 수 있다. 하지만 이런 방식은 우리가 주관성을 과학 세계의 개념에 다시 추가할 때 혹은 외재적 관점과 내재적 관점을 조합하려고 시도할 때, 100퍼센트 일관성 있고 논리 정연하게 진술할 수 있을 것이라는 보장이 없다.

우리는 과학적 불완전성과 관련된 일부 가설을 전체적으로 살펴봐야 한다. 가장 먼저 눈에 띄는 가설은 미국 인지과학자 더글러스 호프스태터Douglas Hofstadter가 저술한 두 권의 책에 등장한다. 한 권은 퓰리처상을 수상한 《괴델, 에셔, 바흐Gödel, Escher, Bach》이고 다른 하나는 《나는 이상한 고리다I Am a Strange Loop》이다. 더글러스 호프스태터는 의식이 뇌 자체 내에서 반복되는 상징(특히 뇌의 가장 추상적인 상징, 즉 "나" 혹은 뇌의 자체적인 상징)에서 비롯된다고 생각한다.[17][18] 이런 생각은 사실일 수도 있고 사실이 아닐 수도 있다. 하지만 나는 뇌에서 반복되는 상징이 의식 경험을 **촉발할** 정도로 그렇게 특별한 것인지, 즉 뇌에서 반복되는 상징이 존재 자체만으로도 의식이 발생하는데 그렇게 필요한 것인지를 판단하지 못한다. 또한, 나는 뇌에서 반복되는 상징을 조작하지 않은 동물들이 무의식적인 이유를 정확히 파악할 수도 없다. 컴퓨터 게임에서 사람이 직접 조작하지 않는 논플레이어 캐릭터에게 자체적으로 단순히 반복되는 상징이 주어진다면 그 논플레이어 캐릭터가 의식을 갖게 될 것이라고 생각하지도 않는다. 이런 이론이 진실인지 여부와 상관없이 의식이 어떻게 생겨나는지와 관련하여, 더글러스 호프스태터의 견해는 답답하게 느껴진다. 하지만 더글러스 호프스태터는 직접적으로 진술하지 않는 대신에 과학 자체는 불완전하며 의식이 하나의 사례로서 이런 이론의 중심적인 사례에 해당할 가능성이 크다고 주장한다.

이와 마찬가지로, 영국 수리물리학자 로저 펜로즈는 자신의 또 다른 고전 도서인 《황제의 새 마음The Emperor's New Mind》에서 인간의 마음이 알고리즘과 다르다고 주장하며 논쟁을 불러일으켰다.[19] 이런 논쟁은 수십 년 된 논쟁이다. 로저 펜로즈는 단연코 가장 훌륭하고 명백한 방식으로 논쟁을 불러일으켰지만,[20] 그 논쟁은 최초로 영국 철학자 존 루카스J. R. Lucas가 제안한 1960년대로 거슬러 올라간다.[21] 따라서 그 논쟁은 때때로 '루카스-펜로즈 논쟁'이라고도 불린다. 구체적으로 말해서 이런 견해는 전적으로 괴델 번호 매기기를 구성한 결과에 따라 바뀌는 괴델 문장에 달려 있다. 괴델 문장은 자체적으로 "이 문장은 S에서 입증될 수 없다"라고 주장한다. 이때 S는 일부 형식적 시스템을 나타낸다. 괴델 문장은 근본적으로 거짓말쟁이가 복잡한 방식으로 주장하는 역설에 해당한다. ("나는 지금 당신에게 거짓말하고 있다.") 거짓말쟁이의 주장이 사실이라면, 그 주장은 거짓이다. 또한, 거짓말쟁이의 주장이 거짓이라면, 그 주장은 사실이다. 형식적 시스템 S가 모순이 없고, (상황은 형식적 시스템 S에서 사실이나 거짓 중 어느 하나로 입증되며, 사실과 거짓으로 둘 다 입증될 수 없다.) 괴델 문장이 형식적 시스템 S에서 입증된다면, "이 문장은 형식적 시스템 S에서 입증될 수 없다"라고 주장하는 괴델 문장이 사실이기 때문에, 그 문장은 형식적 시스템 S에서 입증될 수 없다는 점을 의미할 것이다! 즉, 괴델 문장이 사실이라고 입증하는 형식적 시스템 S는 결국 모순된다. 괴델 문장이 형식적 시스템 S에서 입증될 수 있다면, 괴델 문장은 사실이 아니기 때문이다! 하지만 외부적인 측면에서 판단할 때, 우리는 괴델 문장이 실제로 사실이라는 점을 파악할 수 있다. (결국 문장이 형식적 시스템 S에서 입증될 수 없다는 것은 명확하게 사실이다. 더 정확히 말하면, 문장이 형식적 시스템 S에서 입증될 수 없다고 주장하는 괴델 문장은 역설을 불러일으킨다.) 하지만 형식적 시스템 S 자체는 적어도 이런 결론에 도달할 수 없다. 그러므로 형식적 시스템 S는 불완전하다.

루카스-펜로즈 논쟁에 따르면, 이런 유형의 증명은 문장이 형식적 시스템 S에서 입증될 수 없더라도 우리가 괴델 문장을 사실로 '파악'할 수 있기 때문에 인간의 마음이 기계적인 알고리즘과 다르다는 점을 의미한다는 것이다. 루카스-펜로즈 논쟁은 앞에서 설명한 내용보다 훨씬 더 복잡하지만, 괴델 문장은 바로 우리에게 문제가 되기 때문에 형식적 시스템 S에 적용되어야 한다! 그래서 우리는 컴퓨터상에서 인간의 뇌와 같은 방식으로 작동하는 튜링 기계와 마찬가지로, 인간 마음의 능력을 모방한 일부 형식적 시스템 S를 모순이 없다고 가정하고, 형식적 시스템 S에서 괴델 문장이 사실임을 입증할 수 없다는 점을 확인해야 한다. 루카스-펜로즈 논쟁은 이런 가설적인 괴델 문장 때문에 벌어진 것이지만, 우리는 스스로 괴델 문장이 사실이라고 인식할 수 있다. 그러나 한편으로는 우리가 형식적 시스템 S에서 괴델 문장이 사실이라고 인식한 부분을 제대로 설명할 수 없으므로, (컴퓨터상에서 인간의 뇌와 같은 방식으로 작동하는 튜링 기계와 마찬가지로) 형식적 시스템 S는 실제로 아무리 완벽하게 모방했더라도 인간 마음의 능력을 완전히 모방하지는 못한다. 따라서 형식적 시스템 S는 불완전한 모조품이다.

이런 견해는 인간의 마음이 오로지 외재적인 것으로 환원될 수 없다는 점이 직접적인 증명이라고 주장하므로 논란의 여지가 매우 많다. 일부 사람들은 그런 직접적인 증명이 특히 가정을 입증하는 방식을 고려할 때 형식적 시스템 방식과 일치한다는 문제를 중심으로 심각한 논쟁을 불러일으킨다고 강력하게 주장했다. 로저 펜로즈는 이런 논쟁을 활용하여 양자역학에 근거하는 의식 이론을 제안했다.[22] 하지만 로저 펜로즈가 제안한 의식 이론은 양자역학에 기반을 둔 설명 방식 자체가 표준 신경망에 기반을 둔 설명 방식보다 어려운 문제를 해결하는 데 도움이 되는 타당한 이유가 명백하게 존재하지 않기 때문에 또다시 논란의 여지가 많은 이론으로 입증되었다.

사실인지의 여부와 상관없이, 루카스-펜로즈 논쟁은 (비록 모순되는 것은 아니지만) 실제로 여기에서 언급한 불완전성의 문제와 뚜렷하게 구별된다. 인간의 마음이 알고리즘과 다를 수도 있으나, 의식 이론을 둘러싼 어려움은 학문 분야로서 과학의 불완전성에 관한 사례에 해당한다. 이런 사례는 여러 상황에 따라 사실로 입증될 수도 있다. 로저 펜로즈가 제안한 의식 이론이 거짓이고, 마음이 사실 그저 어떤 특정한 튜링 기계에 불과하다고 하더라도 사실로 입증될 수 있다. 그렇다고 해서 이런 사례가 반드시 역설을 불러일으키지 않는다는 것은 아니다. 미국 철학자 폴 베나세라프Paul Benacerraf는 우리가 튜링 기계라면, 우리는 우리가 어떤 튜링 기계인지를 정확하게 알아낼 수 없다는 수학적 증명을 수십 년 전에 제시했다![23] 우리가 실제로 어떤 프로그램인지를 스스로 알아내는 자기 지식은 인식론적으로 우리에게 가로막혀 있다. 그렇다면 만일 우리가 튜링 기계라면, 이 튜링 기계는 우리 자신의 의식 이론에 제한을 두지 않을까? 물론 직접적으로는 아니지만, 의식 이론은 우리 자신의 튜링 기계를 알아내는 자기 지식을 넘어선다. 그러나 우리가 의식 이론을 가지고 있다고 상상해보자. 우리가 의식 이론을 가지고 있고, 우리가 튜링 기계라면, 우리는 의식 이론을 적용하여 우리가 어떤 튜링 기계인지를 알아낼 수 있지 않을까? 의식 이론은 우리가 외재적인 세계 지도에 "**현재 우리의 위치**"를 표시해놓을 수 있도록 허용하지 않을까? 하지만 폴 베나세라프의 수학적 증명은 우리가 어떤 튜링 기계인지를 정확하게 알아낼 수 없다는 점을 드러낸다.

여기서 잠시 멈추고 곰곰이 생각해보자. 증명과 인식 퍼즐과 역설 사례에 너무 많이 의존하는 데 따르는 문제는 증명과 인식 퍼즐과 역설 사례가 철학적 가정과 수학적 가정을 가로막고 있던 방어벽을 허물게 되어 논쟁을 신속하게 손상시킬 수 있다는 점이다. 심지어는 더 광범위하게 철학적 문제나 과학적 문제에 적용되는 쿠르트 괴델의 불완전성 정리를 기반으로 한 모든 증명도 사실 마찬가지다.[24] 이와 동시에 나는 철학자와 과학자들이 전반적으로 이런 연구를 묵살하는 것이 잘못되었다고 생각한다. 문제가 되는 증명들은 과학자들이 "주의하라! 앞으로 파란을 일으킨다"라고 경고하는 표지판을 모아둔 수집품에 가깝다. 게다가 그런 모든 수집품은 과학 자체가 우주에 관한 사실을 다루지 않고 묵살하게 될 가능성을 매우 높게 만드는 것 같다. 추측하건대, 누군가가 튜링 기계라면 그 누군가가 어떤 튜링 기계인지를 정확하게 알아낼 수 없다는 수학적 증명에 관한 사실, 이를테면 참이지만 증명할 수 없는 괴델 문장이 존재한다는 사실도 포함할 수 있다. 의식 이론은 과학의 언어로 쓰인 괴델 문장과 같다.

이런 견해는 의식을 둘러싼 혼란을 명확하게 설명할 것이다. 이 순간 좀비 논쟁을 고려해보자. 좀비 논쟁은 괴델 문장과 매우 유사하며 외부적인 측면에서 사실이므로, 처음에는 상상적이고 매력적인 요소를 설명할 수 있다. 하지만 일단 우리가 우리 자신을 좀비 논쟁에 끼워 넣으면, 그 좀비 논쟁은 역설적이게 된다. 또한, 심신 문제를 반복적으로 발생시키는 형식을 이룬다.

물론 이런 견해가 메아리치는 울림은 수십 년 정도 오래된 다른 곳에서도 존재한다. 적어도 현대에서 지적인 부문에 해당하는 그 울림은 1952년에 출간된, 세간에 잘 알려지지 않은 도서인《감각적 질서The Sensory Order》에서 시작한다.《감각적 질서》는 영국 경제학자이자 정치철학자 프리드리히 하이에크Friedrich Hayek가 저술한 책이다. 프리드리히 하이에크는 20세기의 고전적 자유주의자로서 노벨경제학상을 수상한 인물이다.《감각적 질서》는 심리학의 마음 이론과 철학의 심신 문제에 관한 더 자세한 정보를 중심으로 프리드리히 하이에크의 견해를 전달한다. 하지만 부분적으로는 매우 다른 추론을 적용하더라도 과학적 불완전성을 암시하는 것처럼 보인다. 프리드리히 하이에크는《감각적 질서》에서 내재적인 것을 외재적인 것으로 환원할 수 없다는 견해를 다음과 같은 방식으로 제안한다.

> 마음은 우리가 오로지 직접 경험하면서 인식할 수 있는 자신만의 영역으로 영원히 계속 남아 있어야 하지만, 우리는 그런 내재적인 영역을 외재적인 다른 무언가로 '환원'할 수 있을지를 결코 완벽하게 설명하지 못할 것이다.[25]

나중에 또 다른 논문에서, 프리드리히 하이에크는 자신이 이끌어낸 추론을 더 명백하게 펼쳐나갔다.

> 물체를 기계적으로 분류하는 시스템은 자체적으로 소유해야 하는 관련 속성보다 규모가 작아야 하는 속성들에 관해서만 그런 물체를 분류할 수 있을 것이다. 혹은 다르게 표현하자면, 복잡성에 따라 물체를 기계적으로 분류하는 시스템은 항상 분류되는 물체보다 복잡성이 훨씬 더 높아야 한다. 내가 생각하는 대로, 물체를 기계적으로 분류하는 시스템에 따라 마음이 해석될 수 있다면, 이 경우는 마음이 복잡성 정도가 동일한 또 다른 마음을 결코 분류할 수 없다는 점을 (그리고 결코 설명할 수 없다는 점을) 의미할 것이다. 생각건대 이런 견해를 따라간다면, 공식화된 수학적 시스템 내에서 수학적 시스템을 결정하는 모든 규칙을 진술할 수 없다는(공리를 기반으로 공식화된 수학적 시스템은 필연적으로 불완전할 뿐만 아니라, 참이지만 증명할 수 없는 수학적 명제가 존재한다는-옮긴이 주) 유명한 쿠르트 괴델의 불완전성 정리는 특별한 경우로 밝혀질 수 있다.[26]

프리드리히 하이에크의 주장은 뇌의 복잡성에 중점을 두고 있다. 프리드리히 하이에크는 복잡성에 따라 물체를 기계적으로 분류하는 시스템이 분류되는 물체보다 복잡성이 훨씬 더 높아야 한다고 가정하기 때문이다. 나는 과학이 필연적으로 불완전하다는 이런 주장이 사실이 아니거나, 적어도 타당성이 떨어지다고 생각한다. 하지만 그런 주장은 초기에 유의해야 할 사항을 넌지시 내비친다.

또한, 과학적 불완전성을 인식하는 측면들은 1990년대 초에 마음의 철학을 휩쓸었던 '새로운 신비주의'를 둘러싸고 벌어진 논쟁에서 발생했다. 신비주의는 인간의 마음이 의식을 이해하는 데 '인지적으로 폐쇄되어 있다'고 주장한다. 새로운 신비주의를 선도적으로 지지하는 사람은 《신비로운 불꽃: 물질계의 의식적인 마음The Mysterious Flame: Conscious Minds in a Material World》을 저술한 영국 철학자 콜린 맥긴Colin McGinn이었다.[27] 그는 또한 인지적 폐쇄가 뒤따르는 이유를 매우 색다른 방식으로 추론한다. 이를테면 콜린 맥긴이 인지적 폐쇄를 추론하는 많은 사례는 쥐와 개, 인간이 모두 어떻게 자신들의 지능을 바탕으로 인지적 폐쇄 정도가 각기 다르게 나타나는지와 같은 전제와 그에 따른 의식에 대한 결론들을 포함한다.

> 속성(혹은 이론)은 어떤 사람들의 마음에 쉽게 다가갈 수 있지만, 다른 사람들의 마음에는 쉽게 다가가지 못할 수도 있다. 쥐의 마음에 닫힌 속성은 원숭이의 마음에 열릴 수도 있고, 우리의 마음에 열린 속성은 원숭이의 마음에 닫힐 수도 있다. 표현력은 이것 아니면 저것으로 중간이 없는 것은 아니다. 마음은 몸과 마찬가지로 생물학

> 적 산물에 해당하고, 형태와 크기가 각기 다르고, 거의 포용력이 크며, 특정한 인지 작업에 다소 적합하다. (…) 우리는 다섯 살 된 어린 아이처럼 상대성 이론을 이해하려고 노력할 수 있다. (…) 우리는 모든 가능한 유형의 의식 상태를 개념 형태로 완전히 처리할 수 있는 능력이 체질적으로 부족하고, 이런 상황은 일반적으로 심신 문제를 해결할 수 있는 통로를 가로막는다. 경우에 따라 우리 스스로 심신 문제를 해결할 수 있더라도, 우리는 박쥐와 화성인에 관한 심신 문제를 해결할 수 없을 것이다.[28]

콜린 맥긴이 생각한 바에 따르면, 인지적 폐쇄가 뒤따르는 이유는 우리가 대체적으로 공간적 관계를 인지한 상태에서 상황을 이해하고, 의식이 비공간적이기 때문이다. 하지만 비트(컴퓨터 정보량의 최소 단위-옮긴이 주)나 표현이나 다른 추상적인 개념과 마찬가지로, 이 세상에는 우리가 정확히 잘 이해하는 것처럼 보이는 비공간적인 대상들이 많이 존재한다. 그래서 실제로 우리는 진화에 따라 다른 사람의 마음을 이해하려고 미세하게 조정되므로, 최소한 한 가지 측면에서는 다른 사람의 마음을 이해하기 위해 개념적 장치를 장착하는 것 같다.

이와 비교해볼 때 과학적 불완전성은 지능의 한계 혹은 특정 종들이 장착한 개념적 장치나 감각적 장치와 전혀 관계가 없다. 그 대신 흔히 역설적으로 자기 자신을 반복해서 호출하여 문제를 해결하는 자기 재귀적 지식에 따라 촉발되며, 본질적으로 입증할 수 없는 속성을 포함하는 현실 자체와 관련된다. 과학적 불완전성은 우리가 그저 마이크로칩의 배선도와 모든 뉴런의 기능만을 묘사하면서 지금까지 조사해 온 불 네트워크Boolean network(불 논리를 사용하여 변수 집합 간의 상호작용을 나타내는 일종의 수학적 모델 – 옮긴이 주)와 같은 모델에 도달하는 이유를 설명할 것이다. 그 모델은 실제로 어디에서도 의식이 발견되지 않는 좀비 뇌의 모형에 해당한다. 또한, 독일 수학자 라이프니츠가 제분소를 언급하며 우화처럼 꾸며내는 사고실험에 불과하다. 통합 정보 이론이 시도했듯이, 우리는 그런 모델 안에서 의식의 외재적 속성을 발견할 수도 있지만, 의식의 내재적 속성은 발견할 수 없다. 우리는 한 세계를 다른 세계로 완전히 뒤덮을 수 없다. 아무리 우리가 많은 부분을 겹쳐 쌓아 올리거나, 개념 작용을 산출하거나, 정보 흐름을 추적하더라도, 우리는 그저 외재적 상관관계만 발견할 뿐이며, 주관적인 내재적 상관관계 자체를 발견할 수 없다. 존재 자체는 주관적인 내재적 상관관계를 갖추고 있지만, 존재 자체의 모델은 그렇지 않다.

이 시점에서 엘리자베스 공주는 남들이 모르는 비밀을 자신은 다 알고 있다는 듯이 능청스럽게 손을 번쩍 들어 올릴 수도 있다. 엘리자베스 공주는 내재적인 것과 외재적인 것이 정말로 그렇게 '본질'이 다르다면, 도대체 어떻게 내재적인 것과 외재적인 것이 상호작용 할 수 있는지를 물을 것이다. 시대적 격차를 넘어서서 내가 엘리자베스 공주에게 건넬 수 있는 잠정적 인 답변은 현실 자체가 상호작용의 문제를 갖추고 있지 않다는 것이다. 다시 말해서 현실 자체가 절대적으로 상호작용의 문제를 정확하게 잘 '해결'한다는 것이다. 과학적 불완전성이 상호작용을 불가능하거나 역설적으로 보이게 만드는 경우는 오로지 우리가 기계적으로 우리 자신의 의식을 방정식 문제의 모델로 기록하려고 시도할 때뿐이다.

또 다른 반론을 제기하는 사람은 무언가가 입증할 수 없는 속성을 지니고 있다고 해서 필연적으로 의식이 있다는 점을 의미하지 않는다고 주장할 수도 있다. 다시 말해서 반론을 제기하는 그 사람은 의식이 필요하지 않으며 어떤 유형으로든 계산할 수 없는 물리학을 갖춘 세계를 상상할 수도 있다. 하지만 의식 자체는 입증할 수 없는 **특정한** 속성을 지니고 있다. 이를테면 의식 자체는 뇌의 배선도를 기록할 때나 심지어 뇌의 모조품을 만들어낼 때도 정확히 포착하지 않으며, 입증할 수 없는 속성이 자동적으로 무언가를 의식하게 만드는 것은 아니다.

물론 이상적으로 이 가설에는 단지 몇 안 되는 역설에서만 지지를 받는 것이 아니라, 입증할 수 없는 물리적 속성이 실제로 이미 확인되었다는 일부 암시적인 증거와 더불어 확고한 증거가 존재할 것이다. 따라서 그런 가설은 그저 더 깊은 증명이나 반증을 기다리는 가설에 불과하며, 찬성하거나 반대하는 논쟁과 함께 남아 있다.

정말이다. 분명히 반증은 어떻게 세상의 외재적인 것에서 내재적인 것이 필연적으로 발생하는지를 교묘하게 설명하는 의식 이론을 통해 언젠가 우리에게 다가올 수도 있다. 어쩌면 언젠가 나는 반증을 담은 그런 논문을 읽을 것이고, 내 눈에 그런 논문의 등급은 떨어질 것이며, 나는 그런 논문의 가치를 생각하지 못하도록 스스로에게 발길질을 할 것이다. 아니면 그런 논문은 한 젊은이의 야망일 수도 있고, 질투심을 드러내는 어떤 지식인이 오래전에 그런 논문의 등급을 떨어뜨렸을 수도 있을 것이다. 사실은 그저 30대에 불과한 내가 지금 이미 그런 논문의 등급을 떨어뜨리고 있다. 나는 그런 논문이 발표되기를 꿈꾸곤 했다. 어떤 면에서는 평생 동안 그런 논문을 기다리면서 세월을 보낼 것이다. 아마도 그런 논문을 꿰뚫어 보는 데 가장 중요한 통찰력은 심지어 논문 본문의 한 단락만으로도 전달될 것이고, 이해력을 발휘할 때 나는 그런 논문의 아름다움에 눈물을 흘릴 것이다. 만일 이런 일이 발생한다면, 그 논문은 상상할 수 없는 영역, 즉 확실히 오늘날 신경 과학자나 철학자가 걸어보지 못한 영역에 개혁을 일으키며 위대한 혁명을 암시할 것이다.

그렇다면 우리는 과학적 불완전성을 얼마나 진지하게 받아들여야 할까? 과학적 불완전성이 사실이라면, 우리는 우주와 어떻게 관련되어야 할까? 인간의 본질은 영원히 솟아나오는 비이성적인 희망에 해당한다. 그리고 과학적 불완전성은 완전히 폐쇄되기를 거부하는 문의 약간 갈라진 틈일 것이다. 이에 따라 우리는 영원히 희망을 품은 인간들에게 즉각적으로 이런 질문을 던질 수 있다. 육체적인 뇌의 죽음이 실제로 의식의 종말에 해당할까? 우리 자신을 위해서, 우리가 사랑하는 사람들을 위해서, 우리의 아들과 딸들을 위해서?

문은 인간만큼이나 오랫동안 희망을 품으면서 완전히 폐쇄되기를 거부하지만, 과학적 불완전성은 불확실성 외에 특정한 종교도, 특정한 신의 계시도 권유하지 않을 것이다. 이를테면 이 세상은 추위 속에서 입김을 내뿜고 있고, 어두운 유리 거울과 같은 검은 눈동자를 가졌으며, 얼굴 표정이 우둔하면서도 무슨 생각을 하는지 도무지 알 수 없는 소의 일종인 거대한 고대 오록스Aurochs와 같을 것이다. 여러분이 해독할 수 있다면 이 표현을 해독해보길 바란다.

10장

과학은 어떻게 특정한 범위를 선택했을까

아직 끝나지 않았다. 이 책은 계속된다. 지금 우리가 의식을 고려할 대상에서 따로 제쳐놓은 것처럼, 다음으로는 해결할 수 없는 것보다 해결할 수 있는 것을 고려해보자. 세상을 바라보는 내재적 관점과 외재적 관점을 궁극적인 만족도와 조화시킬 수 없더라도, 우리는 여전히 내재적 관점과 외재적 관점을 형성하여 발달시키는 데 진전을 보일 수 있기 때문이다. 최근에 나를 비롯해 다른 사람들이 진행하는 연구는 이론을 입증하는 형식에 따라 외재적 관점을 취하는 것이 어떤 의미인지에 관해서도 훨씬 더 형식적으로 풍부한 정의를 내려준다.

새롭게 출현한 이런 정의는 우리로 하여금 거의 모든 분야에 걸친 오래된 과학적 질문들뿐만 아니라 오래된 철학적 질문들에도 답변할 수 있도록 도와준다. 무엇보다도 가장 중요한 것은 그런 정의가 우리에게 급진적인 무언가를 보여준다는 점이다. 다시 말해서, 자유의지라는 개념이 자기 스스로 변화한 데는 과학적으로 타당한 이유가 있다.

이 장에서는 인과관계를 중심으로 하여 세부적이고 기술적인 설명을 다소 포함하겠지만, 그런 설명들은 우리가 이전에 다룬 내용보다 훨씬 더 복잡하지 않고, 배경지식이 없더라도 누구나 이해할 수 있는 내용이어야 한다. 그러나 우리는 과정을 뛰어넘어 곧바로 최종 결과에 도달할 수 없다는 점을 명심해야 한다. 이를테면 우리는 인과관계나 출현, 정보와 같은 추상적인 개념들의 세부 사항을 자세히 설명하면서 자유의지라는 개념이 자기 스스로 변화하는 데 과학적으로 타당한 이유가 있음을 확인해야 한다.

우선 외재적 관점을 발달시킨다는 말이 무엇을 의미하는지를 이해하려면, 우리는 거대한 네트워크 혹은 각각의 나뭇가지가 각기 다른 시공간적 수준에 걸쳐 있는 거대한 나무의 형태를 지닌 지식적인 과학 분야와 과학 분야의 모든 하위 분야, 과학 분야와 하위 분야의 관계를 축소하며 상상할 수 있어야 한다. 미시 물리학은 맨 아래에 있고, 그다음으로는 물리학과 화학 및 화학의 하위 분야가 더 낮고 두꺼운 나뭇가지를 가로질러 위로 이동하며, 그다음으로는 생화학이 뒤따른다. 어쩌면 상상 속에서나 나올 것 같은 그런 공상적인 나무는 현실에 존재하는 것들의 윤곽을 명확하게 나타내며 거대한 구조를 형성한다. 이 나무는 북유럽 신화의 중심을 이루는 세계수로서 아홉 개의 세계를 연결하는 존재인 위그드라실Yggdrasil을 떠오르게 할 것이다. 그 공상적인 나무는 우리가 전체적으로 개입하고 관찰하며 받아들이는 것을 과학의 언어로 뚜렷하게 보여준다.

물론 위그드라실이 나타내는 모습을 정확하게 인식하는 사람은 아무도 없다. 우리는 그저 과학 논문의 형식을 다양하게 인용하여 과학 지도를 만들려고 시도하면서 위그드라실의 그림자만 분석할 수 있을 뿐이다.[1] 훨씬 더 간단하게 말해서, 우리는 과학의 나무를 일부 분야가 다른 분야보다 '더 높은 위치'에 존재하는 사다리라고 간주할 수 있다.

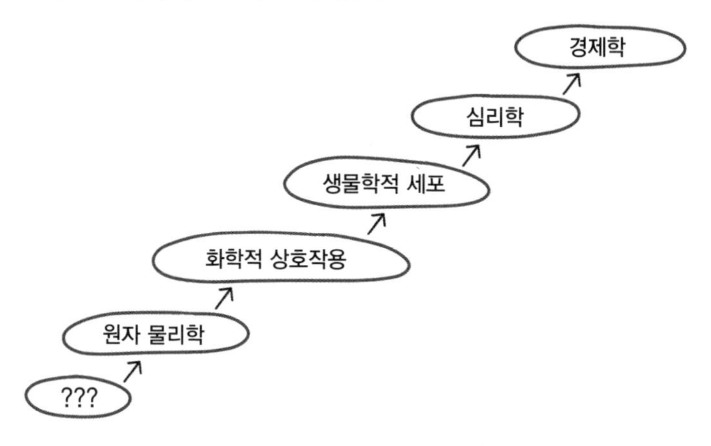

이렇게 위로 올라가는 추상적인 사다리를 살펴보면, 우리는 각 단계의 위로 올라갈수록 또 다른 과학으로 이동하게 된다. (이런 추상적인 사다리는 프랙탈 구조[일부 작은 조각이 전체와 비슷한 기하학적 형태를 갖는 기하학적 구조-옮긴이 주]를 형성한다는 점을 염두에 두자. 이 추상적인 사다리를 확대한다면, 우리는 각 단계에서 과학의 하위 분야를 훨씬 더 많이 살펴볼 수 있을 것이다.) 이 사다리에서 각 단계가 위로 올라가는 것은 각 단계가 '거시적 범

위'로 이동한다는 것을 의미한다. 반면, 우리는 그 아래에 있는 일부 '미시적 범위'로 내려간다는 것을 의미한다. 근본적으로는 누구나 인식하고 있는 원자 물리학이나 심지어 파동 함수에 따라 좌우되는 미시 물리학의 궁극적인 미시적 범위까지 완전히 내려가거나, 시장이나 국가의 거시적 범위까지 완전히 올라갈 수도 있다.

'거시적 범위'란 정확히 무엇일까? 거시적 범위는 세포나 화학 결합이나 동물이나 전기회로와 같은 것을 말한다. 또한, 차원을 축소한 일부 근본적인 미시 상태나 역학, 원소를 말한다. 차원 축소는 거친 입자나 평균이나 그룹과 같은 일부 데이터가 설명 과정에서 누락되는 경우에 해당한다. 예를 들어, 학급에서 학생들의 평균 키는 차원 축소를 나타낸다. (여기에서 '차원'은 시스템을 설명하는 데 필요한 매개 변수의 수와 관련된다.) 거시적 범위에 관한 사례는 거의 끝도 없이 많다. 아마도 거시적 범위에 관한 사례 중 가장 기준이 되는 사례는 시스템에서 기체 분자의 평균 운동에너지에 영향을 미치는 온도일 것이다. 온도는 차원이 축소할 때 얼마나 많이 누락될 수 있는지를 보여준다. 어떤 특정한 방의 온도를 고려해보면, 그 특정한 방을 구성할 수 있는 입자 배열의 수는 천문학적으로 많이 존재한다. 하지만 우리는 그 특정한 방에서 공기를 구성하는 입자 배열의 수가 어느 정도인지를 인식하지 못한다.

거시적 범위는 전반적으로 과학 전체를 나타낸다. 실제로 우리가 정상 과학이라고 생각하는 거의 모든 것은 일부 거시적 범위에서 존재한다. 한 신경 과학자가 주장한 바에 따르면, 뉴런은 다양한 입력 정보를 받아들이고 전체적으로 재빨리 평가한 다음, 발화할지 말지를 결정하는 블랙박스로 개념화된다. 이때 내부에서 무슨 일이 일어나고 있는지는 중요하지 않은 경우가 많으므로, 내부 차원은 많은 신경 과학 모델이나 실험에서 누락된다. 현재 모든 인공지능이 발달하는 이유는 차원 축소된 블랙박스처럼 뉴런을 추상적으로 모형화하기 때문이다. 실제 뉴런은 흐물거리는 쿼크 구름에 해당된다. 하지만 뉴런을 분석할 때, 신경 과학자들은 뉴런을 흐물거리는 쿼크 구름으로 개념화하지 않고, 일부 특정한 공간적 범위(미크론 단위)와 시간적 범위(밀리초 단위)를 갖춘 요소로 개념화한다. 뉴런은 흔히 '휴지기' 또는 '발화' 또는 '활성화'와 같은 개념으로 언급되는데, 이런 모든 개념은 근본적으로 차원 축소한 물리학과 관련된다. 이런 방식에 따라 모든 과학 분야는 시공간에서 특정한 범위를 차지하는데 이때 시공간적 범위는 언급되지 않는 경우가 많다. 이는 해당 분야의 분석 과정에 포함되는 요소와 상태가 어떤 유형인지, 게다가 해당 분야에서 과학자들이 세계를 구축하는 모델이 무엇인지를 규정한다.

이런 방식은 우리가 일반적으로 개별 시스템이나 물체를 생각하는 방법으로까지 확장된다. 노트북 컴퓨터와 같은 무언가에 외재적 관점을 취할 때는 쿼크의 수준에서뿐만 아니라, 기계 언어의 수준과 컴파일 부호의 수준, 심지어 우리가 정기적으로 상호작용 하는 사무용 컴퓨터와 폴더에 사용된 사용자 인터페이스의 매우 높은 거시적 수준에서도 설명될 수 있다. 이는 우리의 인체를 설명할 때도 마찬가지다. 천문학적으로 복잡한 쿼크 구름에서부터 세포와 기관, 경로, 심리적 상태에 따라 세상에 중요한 작용을 하는 사람의 행동에 이르기까지 우리의 몸은 완전히 다양한 범위로 설명할 수 있다.

특정한 범위로 설명하는 유형은 개별 시스템이 작동하는 방법을 설명하려는 우리에게 더 자연스럽게 여겨진다. 예를 들어, 세포들은 서로를 분리하는 경계선(세포 장벽)을 이루고 있고, 한 개 단위로 기능한다. 이에 따라 세포의 범위는 생물학자들이 생물학적 시스템을 이해하고 모형화하는 데 매우 자주 이용하는 자연스러운 설명 유형이다. 자연스러운 특정한 범위의 설명 유형은 시스템을 연결 부위에서 적절하게 분할하는 것처럼 보인다. 우리가 일반적으로 모형화하지 않은, 많은 다른 범위의 설명 유형이 존재하는데, 임의적으로 세포를 '슈퍼셀'로 지정하고, 이런 '슈퍼셀'을 생물학의 기본 단위로 여기는 것은 논리적으로 이치에 맞지 않을 것이다. 이런 부자연스러운 다른 범위의 설명 유형은 충분한 정보를 알려 주지 않아서 감당하기 어렵고 유익하지 않은 거시적 범위에 해당될 것이다. 또한, 그런 모형으로 연구하기를 원하는 생물학자는 아무도 없을 것이다. 마찬가지로 컴퓨터와 관련하여, 기계 언어와 회로의 수준은 둘 다 자연스러운 특정한 범위의 설명 유형에 해당된다. 하지만 예를 들어, 관련이 없는 회로들의 평균을 측정하는 컴퓨터를 몹시 부자연스러운 거시적 범위의 설명 유형으로 구성하는 것은 쉽다. 이런 거시적 범위의 설명 유형은 실제로 모든 시스템을 최대한으로 설명할 수 있는 유형을 구성하지만, 우리가 그리 생각하지 않을 만큼 매우 부자연스럽고 쓸모가 없다. 보편적으로 과학의 배경지식을 갖추고 있더라도, 최근까지는 자연스러운 특정한 범위의 설명 유형과 부자연스러운 거시적 범위의 설명 유형을 분리하는 것에 대한 조사 연구가 거의 진행되지 않고 있다. 이런 상황은 결국 과학에서 연구 대상을 이해할 수 있는 범위가 무엇인지를 놓고 혼란스러운 상태에 빠지게 만들었다.

이탈리아 해부학자이자 병리학자인 의사 카밀로 골지Camillo Golgi가 뇌 절편을 은으로 염색한 이후, 스페인 신경조직학자 산티아고 라몬 이 카할Santiago Ramón y Cajal이 이런 염색 기법을 적용하여 뉴런이 뉴런과 뉴런 사이의 틈(시냅스)으로 분리된 신경계의 기본 단위라고 주장한 이후로, 신경 과학 자체는 범위에 관한 문제에 몹시 시달리게 되었다. 그때부터 신경 과학은 뉴런이 뇌 작동의 기능적 기본 단위라고 주장하는 '뉴런주의Neuron Doctrine'에 따라 규정되었다. 훗날 미국 신경생리학자 데이비드 허블David Hubel이나 유대계 미국인 교수 엘리 위젤Elie Wiesel[2]과 같은 유명한 신경 과학자들은 뉴런을 중심으로 바라보는 뇌를 논리적으로 더욱 상세히 설명하면서 개별 뉴런이 세상을 이루는 다양한 특징에 따라 선택된다고 주장했다. (일부 신경 과학자들은 형태에 주목하고, 다른 일부 신경 과학자들은 색상 등에 주의를 기울인다.) 오늘날까지도 개별 뉴런은 거의 보편적으로 뇌 활동을 분석하는 데 가장 좋은 범위로 여겨졌다.

하지만 일부 신경 과학자들은 개별 뉴런이 실제로 뇌 활동을 생각하고 모형화하는 데 적절한 범위인지에 관하여 의문을 제기했다. 물론 뇌가 뉴런과 신경교세포(신경 전달에는 관여하지 않지만 신경계를 지지하는 지지세포)로 구성되었다는 사실을 부인하는 신경 과학자는 아무도 없다. 하지만 오히려 많은 신경 과학자는 일부 다른 범위가 뇌의 실제 기능을 설명하는 데 한층 더 자연스러운 설명 유형이라고 믿는다. 일부 과학자들은 정보를 처리하는 뇌의 기본 단위가 100개도 안 되는 뉴런으로 구성되었으며, 대뇌 피질층을 가로지르는 피질 미세 기둥에 해당한다고 제안했다. 개념적으로 판단한다면, 이런 피질 미세 기둥은 실제로 뇌 생리학의 기본 단위에 해당한다. 그렇다면 우리는 뉴런의 수준에서 분석하는 방식에 따라 뇌를 부정확하게 설명하고 있는 셈이다.[34] 그뿐만 아니라, 피질 미세 기둥은 많은 수준에서 뇌 활동을 분석할 수 있다. 하지만 신경 과학에서 중요한 범위가 무엇인지에 관한 논쟁은 오래전부터 해결되지 않았다.[5] 거시적 범위에서 뇌를 이해하려는 시도는 정확히 뇌 국부 장 전위나 심지어 뇌 전체 영역에도 초점을 맞춰 신경 영상이 대부분 하는 일에 중점을 두고 있다. 과학자들이 가장 자연스러운 범위의 설명 유형에 따라 뇌를 명확하게 설명하지 못하는 것은 분명히 많은 부분을 설명할 것이다. 이를테면 현대 신경 과학자들은 행동이나 심지어 인식조차도 거의 중요하게 다루지 않는 방식으로 뇌에 개입하고 그것을 관찰했다.

이런 모든 문제는 외재적 관점을 취하는 과학이 외재적 관점을 취하도록 여지를 두고 있다는 사실에 근거한다. 결국에는 어떤 주어진 물리적 시스템을 (조금 더 낫게, 혹은 조금 더 나쁘게 혹은 조금 더 유익하게 혹은 조금 더 흥미롭게) 설명할 수 있는 방법이 매우 많이 존재한다. 게다가 우리는 이런 설명 방식을 직감적으로 인식하지만, 그 물리적 시스템이 형식적으로나 수학적으로 무엇을 의미하는지는 명확하게 설명할 수 없다. 많은 과학이 존재한다는 것은 우리가 단지 미시적인 수준보다 오히려 거시적인 수준에서 세상을 개입하고 이해해야 할 타당한 이유가 있다는 걸 의미한다.[67] 표범이 사냥을 위해 어떻게 특정한 장소를 선택했는지를 묻는 것처럼, 우리는 이렇게 의문을 제기해야 한다. 과학은 어떻게 특정한 범위를 선택했을까?

거시적 범위는 미시적 범위에 '수반한다'

역설적이게도 미시적 범위는 실행되는 모든 과학의 대부분을 구성하지만, 과학은 근본적으로 환원주의를 기반으로 한다고 여겨진다. 사다리 아래로 내려가면서 어떤 높은 단계의 개념을 더 낮은 단계의 요소로 분할하여 정의하는 설명 유형은 추정하건대 과학이 의도적으로 겨냥한 것이다. 과학적 환원주의가 오랜 역사를 지녔고, 대단한 성공을 거두었다는 점은 부인할 수 없다.[8] 실제로 과학에서 환원주의적 접근법을 아주 중요하게 여기는 과학자들이 가능한 한 가장 단순한 행동을 취하며 규모가 가장 작은 부분으로 시스템을 환원하려고 노력하는 것은 부수적으로 자연스럽게 발생하는 일이다.

그리고 나는 대부분의 과학자가 취하는 환원주의적 입장이 보이는 과학주의(과학 이념)나 어리석음을 그다지 비난하지 않는다고 강조하고 싶다. 과학이 일반적으로 환원주의를 요구하거나 수반한다는 개념은 결코 명백하게 잘못된 것이 아니다. 하지만 우리가 대부분 관심을 갖는 부분들을 미시 물리학적인 수준에서 설명하기가 (불가능할 정도로) 너무 복잡하고 어렵기 때문에 보편적으로 환원주의는 과학자들이 세상을 이해하기 위해 오로지 거시적 범위만을 적용한다는 매우 강력한 가정으로 세상을 해석한다.

정보 이론은 우리가 복잡하고 추상적인 높은 단계의 사상이나 개념을 하위 단계의 더 기본적인 요소로 세분화하여 명확하게 정의할 수 있다고 주장하는 견해인 환원주의, 즉 압축을 설명할 수 있도록 유익한 방법을 제공한다. 데이터가 차원적으로 축소된다면, 그 데이터는 압축되고, 그런 압축은 (컴퓨터상에서 파일을 압축하는 것처럼) 손실이 없거나, (압축되는 과정에서 정보가 손실되는 것처럼) 손실이 많을 수 있다. 모든 개별 입자의 에너지를 손실하는 온도와 마찬가지로, 대부분의 거시적 범위의 과학에서는 많은 정보가 손실된다. 과학이 어떻게 특정한 범위를 선택했는지를 묻는 '귀무가설(새로 증명하려는 가설과 반대되는 가설 – 옮긴이 주)'은 과학이 선택한 범위가 그저 편리한 압축 함수에 불과하다는 것이다. 이를테면 우리에게 익숙한 거의 모든 물체와 사물이 완전히 압축되기 때문에, 거시적 범위는 유용하다는 것을 의미한다.

어떻게든 미시 물리학의 미시적 범위에서 세상을 모형화할 수 있는 열성적인 환원주의자는 이질적으로 초지능화된 종족을 상상할 수도 있다. 보편적인 환원주의가 주장한 바에 따르면, 이질적으로 초지능화된 종족은 거시적 범위에 신경 쓰지 않고 아무런 정보도 놓치지 않으며, 오직 미시 물리학적 상태만을 언급하면서 쉽게 설명할 수 있을 것이다.

과학이 선택한 거시적 범위가 그저 편리한 압축 함수에 불과하다는 문제는 과학자들이 **되도록 많이 압축을 피하고 싶어 하는** 것처럼 보인다는 점이다. 결국에는 과학자들이 무엇을 연구하든 정보가 손실된다. 이런 견해는 과학자들이 가능하다면 이질적으로 초지능화된 이런 종족들처럼 환원주의적 접근법을 적용하고, 그저 불편한 거시적 범위에는 신경을 쓰지 말아야 한다는 점을 암시하는 것 같다.

그렇다면 우리는 정말로 거시적 범위가 편리한 압축 함수에 불과한지를 어떻게 알 수 있을까? 이런 질문을 놓고 가장 명백하고 강력하게 펼쳐나가는 논쟁들 중 하나는 1998년《물리계 안에서의 마음Mind in the Physical World》을 저술한 한국계 미국인 현대 철학자 김재권으로부터 비롯된다.[9] 김재권의 논쟁은 수반이라는 추상적인 관계에 대한 견해에 기반을 두고 있다.

먼저, 수반이란 무엇일까? A가 B에 수반한다는 이 의미는 B에 관한 모든 것이 결정된다면, A에 관한 모든 것이 결정된다는 것을 뜻한다. 예를 들면, 단어는 글자에 수반하고, 그림은 색을 칠하는 붓질에 수반하며, 슈퍼맨은 클라크 켄트(슈퍼맨이 지구인으로 행세할 때 쓰는 이름－옮긴이 주)에 수반한다는 것을 의미한다. 수반을 생각하는 또 다른 방법은 A에 다소 차별을 두지 않는다면, 자동적으로 B에 차별을 둘 수 없다는 것이다. 그래서 클라크 켄트가 머리카락을 염색한다면, 클라크 켄트와 슈퍼맨은 동일한 인물이기 때문에, 자동적으로 슈퍼맨도 머리카락을 염색했다고 볼 수 있다. 화가가 그림에 변화를 준다면, 그 화가는 반드시 붓질에 변화를 줘야 한다. 우리가 'dictionary(사전)'와 같은 단어의 글자를 'indicatory(표시하는)'로 바꾼다면, 우리는 또한 글자에 수반하는 단어의 의미도 '사전'에서 '표시하는'으로 바꿔야 한다.

이런 견해는 논리적으로 이해하기 힘들고 애매모호한 수반처럼 보일 수도 있지만, 거시적 범위와 미시적 범위 사이의 관계를 설명할 수도 있다. 거시적 범위는 미시적 범위에 **수반한다.** 이 문장을 또 다른 방법으로 이렇게 표현할 수 있다. 즉, 미시적 범위에서 변화(입자에 대한 변화) 없이는 거시적 범위의 변화(가령, 온도 변화)가 생길 수 없다. 과학의 사다리에서 더 높은 단계가 더 낮은 단계에 수반한다는 의미는 우리가 더 낮은 단계의 속성을 결정한다면, 더 높은 단계의 속성도 결정될 것이라는 뜻이다. 이런 견해는 포괄적으로 과학의 모든 범위에 적용된다. 심리학적인 상태는 뇌의 상태에 수반하고, 뇌의 상태는 세포 내의 초정밀 분자 기계에 수반하며, 세포 내의 초정밀 분자 기계는 결국 원자에 수반한다. 과학의 사다리는 실제로 수반의 사다리에 해당한다.

김재권이 주장한 바에 따르면, 이런 수반 관계는 철학적으로 문제가 된다. 하지만 인과관계가 무엇을 의미하는지를 명확하게 설명하기 때문에 이런 수반 관계 자체가 문제가 되는 것은 아니다. 김재권은 우리가 항상 (쿼크와 쿼크가 서로 충돌하는 것처럼) 미시적 범위를 살펴볼 수 있고, 특정한 상황이 다른 상황을 일으키는 것처럼 보일 테지만, 이런 상태는 모두 미시적 범위에서 설명될 수 있으며, 미시적 범위에 수반하는 거시적 범위는 단지 세상을 근거로 삼은 인과관계에 따라 수행된다고 강조한다. 즉, 근본적으로 미시적 범위의 인과관계는 거시적 범위를 그저 정보가 손실된 상태에서 (혹은 기껏해야 손실이 없는 상태에서) 다시 설명해야 하는 정도로 불필요하게 만들며 거시적 범위의 인과관계를 **배제한다.** 그래서 거시적 범위는 완전히 불필요하여 아무것도 적절하게 추가할 수 없다.

일부 사람들은 이런 논쟁이 **귀류법**(주어진 명제가 참임을 증명하기 위해 그 명제의 부정이 거짓임을 가정하고 모순을 도출하는 간접 증명법 – 옮긴이 주)에 더욱 가깝기 때문에 단순히 정확할 수 없다고 주장하며, 이런 논쟁을 이른바 '배제 논쟁'이라고 대응했다. 우리가 시공간적 분류 단계를 따라 내려가면서 갑자기 미시 물리학으로 내려갈 때 인과관계의 영향력이 실제로 사라진다면, 미시 물리학 아래에는 도대체 무엇이 존재할까?[10] 세포에서부터 우리가 사랑하는 사람들에 이르기까지 우리에게 익숙한 거시적인 것들 중에서 그저 인과관계만을 그림자처럼 따라다니지 않는 것은 아무것도 없지 않을까? 김재권은 자체적으로 배제 논쟁에 상반하는 양면성을 주장하며 오직 마음과 같은 특정한 속성에만 적용되기를 기대했지만, (나는 왜 배제 논쟁이 훨씬 나은지 잘 모르겠다) 배재 논쟁이 거시적 범위의 모든 곳에 적용되지 않아야 하는 합당한 이유를 명시할 수 없었다. 따라서 김재권의 연구는 일반적으로 환원주의를 주제로 펼쳐나가는 가장 강력한 논쟁들 가운데 하나에 해당한다.[11]

배제 논쟁의 한 가지 단점은 수반 관계가 본질적인 불균형을 갖추고 있다는 것이다. 다시 말해서 미시적 범위에서 변화하지 않으면 거시적 범위에서 변화할 수 없고, 거시적 범위에서 변화하지 않으면 미시적 범위에서 변화할 수 없다. 이런 견해는 '다중 실현 가능성'이라는 속성에 해당한다. 다중 실현 가능성은 거시적 범위가 미시적 범위보다 훨씬 더 오래 지속되는 이유를 나타낸다. 테세우스의 배Ship of Theseus(그리스 신화에 등장하는 역설로서, 대상의 원래 요소가 교체된 후에도 그 대상은 여전히 동일한 대상인지에 대한 사고실험 - 옮긴이 주)와 마찬가지로, 우리 몸은 몸 안에서 수년에 걸쳐 느린 움직임으로 계속 흘러가는 원자를 대체한다. 물이 담긴 유리잔과 같은 방식으로, 인간의 몸은 고체와 서서히 움직이는 액체를 둘 다 구성하기 때문이다. 심지어 무생물에 해당하는 물리적 시스템이나 허리케인과 같은 기상 현상, 실제로 부품이 교체된 배 등도 사실 마찬가지다.

인과 모형의 언어에서 거시적 범위의 다중 실현 가능성은 과연 어떤 모습일까? 간단히 말해서, 인과 모형에서 거시적 범위는 단지 요소의 부분집합들을 차원 축소한 것에 불과하다. 또한, 분명히 말하자면, 우리는 기본적으로 나누어진 두 가지 (또는 그 이상) 물체를 한 가지 물체로 만들어 인과 모형에 적용한다. 다음 쪽의 그림과 같이 두 가지 요소 A와 B를 가지고 새로운 한 가지 요소 α로 만드는 인과 모형을 고려해보자. (시스템의 일부 다른 부분에서 입력된 요소들은 포함되지 않는다. 그리고 출력된 요소들도 마찬가지다.)

그림에서 보여준 인과 모형들은 둘 다 시스템이 동일하다. 하지만 요소 A와 B를 새로운 요소 α로 대체한 오른쪽 인과 모형은 요소 A와 B의 결합 상태를 나타낸다. 이런 인과 모형을 설

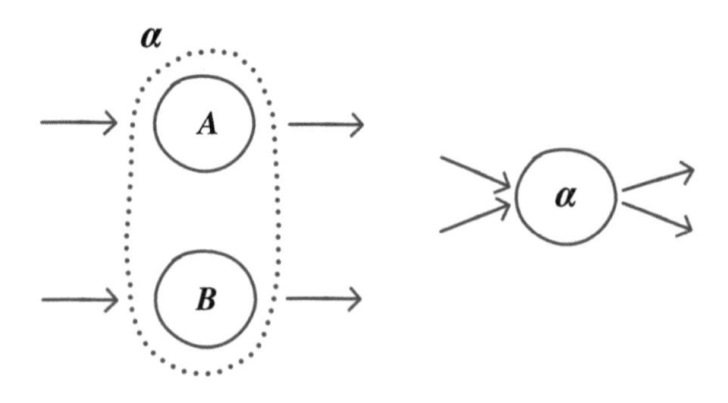

명하기 위해서는 새로운 요소 α가 어떻게 요소 A와 B를 나타내는지를 정확하게 명시해야 한다. 예를 들어, 새로운 요소 α는 이진법 요소(요소 A와 B처럼, 0 또는 1)를 적용하지만, {AB}가 {00, 01, 10}에 해당할 경우에만 상태 0(α=0)에 존재하고, {AB}가 {11}에 해당할 경우에만 상태 1(α=1)에 존재한다고 가정해보자. 즉, 거시적 범위에서는 {AB}={01}을 α=0으로 읽어야 할 것이다.

이에 따라 거시적 범위에서 어떻게 차원 축소되는지를 보여주는 사례가 존재한다. 이 거시적 범위에서는 정보가 손실된다. 이를테면 거시적 범위에서 손실된 정보는 {AB}={01} 그리고 {AB}={00}과 같은 상태들 간의 차이를 나타낸다. 거시적 범위에서는 {AB}={01}과 {AB}={00}을 둘 다 똑같이 α=0으로 읽는다. 또한, 다중 실현 가능성에 관한 사례도 존재한다. 거시적 범위에서 시스템이 α=0에 놓여 있다면, 이 시스템은 요소 A와 B가 가능한 한 세 가지 상태들 가운데 어느 하나에 놓여 있다는 점을 의미할 수 있다. 어떤 특정한 방의 온도를 고려해보면 그 특정한 방을 구성할 수 있는 입자 배열의 수는 천문학적으로 많이 존재하고, 우리는 그 특정한 방에서 공기를 구성하는 입자 배열의 수가 어느 정도인지를 인식하지 못하는 것처럼, 요소 A와 B는 {00, 01, 10} 중 어느 하나에 해당할 것이다.

이때 몇 가지 주의해야 할 사항이 존재한다. 우선, 거시적 범위에서 실제로 시스템이 변화하는 것은 아무것도 없다. 시스템은 오직 우리가 설명하고 있는 거시적 범위에서만 변화한다는 점을 기억하는 것이 가장 중요하다. 또한, 가능한 한 모든 유형의 거시적 범위에서는 인과 모형이 주어져 있다는 점에 주목해야 한다. 우리는 {AB}가 완전히 다른 방식으로 차원 축소될 수 있다는 점을 염두에 두어야 한다. 게다가 네트워크나 뇌, 컴퓨터 칩을 나타내는 인과 모형과 마찬가지로, 매우 복잡한 인과 모형도 차원 축소될 수 있고, 다음 쪽의 그림에서 인과 모형의 다양한 부분이 차원 축소되는 것처럼 거시적 범위에서 많은 요소가 차원 축소될 수 있다.

다중 실현 가능성이 존재한다는 견해는 자체적으로 배제 논쟁을 부인하지는 않지만, 정의상 가능한 한 많은 미시적 범위가 지니고 있지 않은 속성, 즉 다중 실현 가능성을 거시적 범위가 갖추고 있음을 의미한다. 다시 말해서, 동일한 온도를 유지하고, '뇌의 상태'를 동일하게 조절하고, 다양한 알고리즘을 통해 특정한 입출력 함수를 계산하는 데는 많은 방법이 존재한다. 정

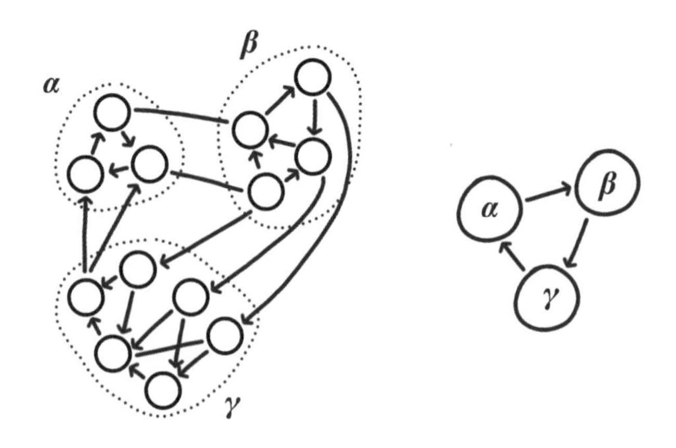

의에 따르면 미시적 범위가 다중 실현 가능성을 갖추는 것은 불가능하다. 미시적 범위에서 아래 단계에 해당하는 모든 상태나 배열이나 역학은 특이하고 독특하다. 이제 우리는 여기서 잠시 멈추고, 열린 마음으로 거시적 범위가 단순히 압축을 넘어서서 얼마나 중요한지를 살펴봐야 할 것이다.

인과관계의 과학적 이해 증대

인과관계는 흔히 철학적 주제로 여겨지는 경우가 많지만, 과학의 중심에 자리 잡고 있다. "무엇이 무엇을 하는가?"라는 질문은 과학적 연구에서 가장 기본적이고 중요한 측면을 이룬다. 생물학에서 이런 질문은 유전자의 상향 조절이나 하향 조절,[12] 뉴런의 광유전학적 자극,[13] 경두개 자기 자극을 통한 신경 조직의 교란,[14] 유전자 제거[15] 등과 마찬가지로 무엇이 무엇을 하는지를 이해하기 위해 설계된 많은 다른 유형의 개입을 통해 표현된다. 심지어 무작위 약물 실험도 특정 화합물이 인과적 효과를 갖는지를 밝혀내기 위한 개입을 통해 나타난다.[16] 또한, 인과관계는 유전자 조절 네트워크[17]부터 단백질 상호 작용체[18]까지, 과학자들이 관심을 두고 있는 시스템의 인과 모형을 정기적으로 명백하게 구성하는 과학적 추론에 그저 포함되지 않는다.

인과관계를 이해하는 양상은 지난 수십 년 동안 상당히 향상되었다. 이는 적어도 부분적으로는 (컴퓨터 과학의 노벨상이라는) 튜링상을 수상한 이스라엘계 미국인 컴퓨터 과학자 주데아 펄Judea Pearl의 연구 덕분이다. 주데아 펄은 인과관계를 분석하는 데 가장 중요한 실마리로서 개입의 개념을 공식화했다.[19] 개입은 실험자가 시스템에서 변수를 조작하는 경우를 말한다. 우리가 집 안에서 전등 스위치를 올리거나 내리는 데 개입할 수도 있는 것처럼, 과학자도 유전자를 상향 조절하거나 하향 조절하는 데 개입할 수 있다. 주데아 펄의 연구는 개입이 단지 질적으로 관찰과 얼마나 다른지를 보여준다. 인과관계를 이해하려면, 우리는 단순하게 물체와 물체 사이의 상관관계만을 관찰할 수 없으며, 외부에서 시스템을 변화시키는 개입을 다소 구체적으로 명시해야 한다.

새 집에서 어떤 전등 스위치가 어떤 전등을 작동시키는지를 이해할 때와 마찬가지로, 일부 복잡한 시스템을 엔진이나 심지어 단순한 장치처럼 분해하여 모방한다면, 우리는 자연스럽게 개입을 적용할 수 있을 것이다. 다시 말해서 우리는 무엇이 무엇의 원인인지를 이해하기 위해 다른 상수를 일정하게 유지하면서 변수를 조정할 것이다. 주데아 펄은 개입을 적용하는 이런 접근 방식을 수학적으로 '행동 연산자'의 적용을 통해 공식화했다. 새 집에서 어떤 전등 스위치가 어떤 전등을 작동시키는지를 이해하고 싶다고 가정해보자. 우리가 차례차례 전등 스위치를 올린다면 우리가 올린 전등 스위치에 연결된 백열전구에 불이 켜질 것이다. 이런 원리는 때때로 인과관계의 '개입에 근거한 설명'이라고도 하거나, 또는 때때로 전등 스위치를 올릴 때마다 그 전등 스위치에 연결된 백열전구의 상태에 변화를 가져오기 때문에 '차이를 만드는 설명'이라고도 한다.

시각적으로 우리는 그런 개입을 인과 모형에서 수술을 수행하는 행위로 생각할 수 있다. 이때 인과 모형에서는 우리가 변수의 상태를 확정한 다음, 무슨 일이 일어나는지를 살펴볼 수 있다. 일반적으로는 특정한 상태에서 인과 모형으로 시작한다. 다음과 같이 이미 우리에게 익숙한 인과 모형을 적용해보자.

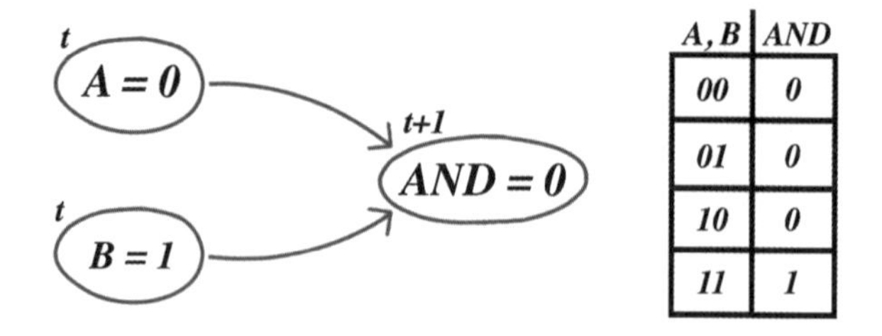

A, B	AND
00	0
01	0
10	0
11	1

A가 AND의 원인인지를 인식하려면, 우리는 (가설적으로) A의 상태를 A=0에서 A=1로 '변화시킨' 다음 무슨 일이 일어나는지를 살펴볼 수 있다. 이때 A=1은 행동 연산자에 해당될 수 있다.

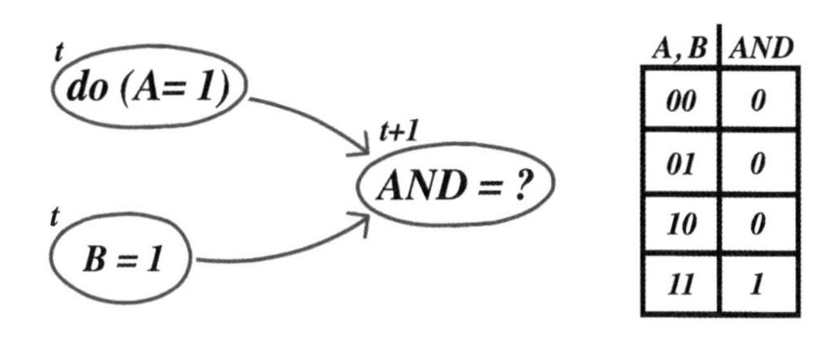

이런 개입에 따라 우리는 AND=0이 아닌 AND=1의 결과를 확인할 것이다. 이 결과는 본질적으로 A의 상태를 A=0에서 A=1로 변화시켰다는 점을 의미한다. (그리고 A의 상태가 AND에 인과적인 영향을 미치고 있다는 점을 나타낸다.)

(실험하고 추론하는 데 중요한 문제인 인과 모형에 도달하는 방법은 제쳐놓고) 주어진 시스템의 올바른 인과 모형을 갖추고 있으며, 앞의 그림에서처럼 인과 모형에 개입한 다음, 개입의 결과를 산출할 수 있다고 가정해보자. 주데아 펄이 주장한 바에 따르면, 이런 가정은 '깊은 이해'에 해당한다. 주데아 펄은 다음과 같이 설명한다.

길은 이해는 어제 시스템이 작동했던 방법뿐만 아니

라 가상적인 새로운 상황에 따라 시스템이 작동할 방법도 인식하고 있다는 점을 의미한다. 흥미롭게도 그런 깊은 이해를 갖추고 있다면, 우리는 천체의 움직임을 통제할 실질적인 방법이 없더라도 '통제하고 있고', 여전히 중력 이론이 가상적인 새로운 상황을 통제하기 위한 청사진을 만들어주기 때문에 우리에게 이해와 통제의 느낌을 준다고 생각한다. (…) 우리는 지금 이런 인과 모형이 어떻게 개입에 따라 인과관계의 공식적인 정의를 이끌어내는지를 살펴볼 수 있다. "우리가 Y를 조작하여 Z를 변화시킬 수 있다면, Y는 Z의 원인이다. 다시 말해서, Y에 대한 방정식을 외과적으로 제거한 후라면, Z에 대한 해답은 우리가 Y를 대체하는 새로운 값에 따라 달라질 것이다."[20]

즉, Y를 조작하는 개입이 Z에 변화를 수반한다면, 이런 관계는 앞에서 보여준 것처럼 A가 AND의 미래 상태에 변화를 일으켰듯이, Y가 Z에 어느 정도 인과적인 영향을 끼친다는 점을 의미한다.

개입이 단지 상관관계가 아닌 다른 무언가를 갖추고 있다는 점에 주목하자. 두 가지 다른 전등 스위치(현관 전등 스위치와 잔디밭 전등 스위치)는 상관관계가 높을 수도 있지만, 우리는 한 가지 전등 스위치에 개입한 다음, 나머지 다른 한 가지 전등 스위치에 개입하기 시작하면 두 가지 다른 전등 스위치가 서로 독립적인 인과관계를 형성한다는 점을 알 수 있다.

과학은 영국 통계학자 로널드 피셔Ronald Fisher가 무작위 실험의 개념을 제안한 이후로 이런 인과관계의 개념을 함축적으로 적용했다. 그렇다면 무작위 실험을 어떻게 진행할까? 주데아 펄이 주장한 바에 따르면, 무작위 실험은 추정에 근거한 인과 모형의 방정식에 수술을 수행하는 것이다. 예를 들어 유전 사례를 살펴본다면, 양육이나 유전자적 본질에 관하여 사람들의 성장 결과가 어느 정도로 달라지는지에 대한 질문은 양육과 유전자적 본질의 결합 효과와 겹침 효과에 따라 답변이 애매모호해진다. 그 이유는 태어날 때 분리된 쌍둥이를 추적 관찰하는 것과 마찬가지로 양육이나 유전자적 본질에 따른 사람들의 성장 결과를 추적 관찰하는 상황이 생물학에서 매우 중요하기 때문이다.

내가 인과관계를 언급할 때는 우리가 개입을 실행하여 상관관계와 분리할 수 있는 인과 모형에서 한 변수가 다른 변수에 영향을 미치는 인과관계를 언급하는 것이다. 또한, 주데아 펄이 지적하듯이, 일단 인과 모형을 갖추고 있다면, 우리는 실질적으로 수행할 수 있는 개입뿐만 아니라, 가상적이거나 상상적인 개입을 개념화할 수 있다. 즉, 우리는 반사실적 설명 방식(인과적 상황을 "Y가 일어나지 않았다면, Z는 발생하지 않았을 것이다"라는 식으로 설명하는 방식)으로 추론할 수 있다.[21]

일부 철학자들은 인과관계가 형이상학적 수수께끼와 깊은

관련이 있다고 생각한다. 또한, 인과관계의 궁극적인 본질이 형이상학적 수수께끼와 깊은 관련이 있을 것이기 때문에 우리는 오직 우리가 검증하고 있는 인과 모형의 유형에 따라 인과관계를 맥락과 관련지어 이해하는 것만으로도 만족할 수 있다.[22] 하지만 수학적인 새로운 인과관계는 단순히 형이상학적인 문제들을 회피하며 제거한다. 적어도 우리가 논의하고 있는 인과관계의 유형에 따라 표현될 수 있는 시스템에서, 인과관계는 (일단 개입이 혼란을 일으키는 요소들을 분리한다면) 단순히 변수들 사이의 의존성을 나타낸다.

이런 인과관계를 더 정확하게 이해한다면, 우리는 김재권이 주장하는 배제 논쟁을 매우 정확하게 설명할 수 있다. 일반적으로 환원주의가 사실이라면, 환원주의는 항상 (세부 사항을 더 많이 추가하며 차원을 증가하면서) 인과 모형을 바람직하게 '세분화'할 수 있어야 한다. 아래로 내려가는 시공간적 사다리는 무엇이 무엇의 원인인지를 더 잘 이해할 수 있도록 언제나 더 나은 정보를 제공해야 하며, 이해를 심하게 방해하는 더 올바르지 못한 정보는 절대 제공하지 말아야 한다.

이런 시공간적 사다리를 적용한다면, 우리는 실제로 다른 범위에서 인과관계를 설명하듯이 시스템이 작동하는 방식과 인과관계의 추론 척도를 검증하며 조사 연구를 진행할 수 있다. 이런 시공간적 사다리는 나와 나의 공동 저자가 2013년에 사냥개처럼 과학자들을 따라다니며 몹시 괴롭히던 범위에 관한 문제를 끝낼 수 있는 방식에 따라 언제 차원 축소하고, 언제 차원 축소하지 않을지를 설명하며 이론 형식으로 소개한 접근 방식을 정확하게 설명해줄 것이다.

인과적 창발성

박사 과정 대학원생이던 나와 박사 후 연구원 몇 명은 통합 정보 이론을 과제로 삼고 연구했다. 나와 연구원들은 통합 정보 이론을 강화하기 위해 논쟁적이고 지적인 화력을 최대한 쏟아부으면서 통합 정보 이론의 각기 다른 부분을 연구했다. 이제는 우리 모두가 알다시피, 통합 정보 이론은 매우 복잡하기 때문이다.

그런데 한 가지 특별한 문제가 계속 발생했다. 우리는 현상학적으로 일부 특정한 '공간적' 범위(미크론 단위)뿐만 아니라 특정한 '시간적' 범위(밀리초 단위에서 초 단위)에서 상황을 경험하는 것 같다. (우리는 상황을 매우 자세히 살펴볼 수 없다.) 게다가 추정할 수 있는 의식의 신경 상관관계를 검증할 때, 신경 과학 자체는 기본적인 미시 물리학과 아주 거리가 먼 시공간적 범위에서 의식의 신경 상관관계를 선택한다. 하지만 환원주의적 관점은 이런 견해를 배제하지 않을까? 어떻게 의식이 시공간적 범위를 선택할까?

나는 통합 정보 이론을 강화할 수 있도록 이런 문제를 해결하고 싶었지만, 이런 문제를 해결하는 것 자체가 통합 정보 이론을 훨씬 넘어선다고 생각했다. 이론이 실제로 더 높은 시공간적 범위에서 존재할 수 있다면, 그것은 왜 그럴까? 이론이 실제로 더 높은 시공간적 범위에서 존재한다는 것은 더 일반적인 현상을 나타내는 것이 아닐까? 결국 배제 논쟁에 따르면, 모든 인과적 영향은 근본적인 미시적 범위로 흘러 나가야 한다. 그렇지 않다면, 모든 인과적 영향은 창발성 이론을 암시했다.

이런 견해를 바탕으로 나는 동료들에게 시스템의 각기 다른 범위에서 인과관계를 검증하며 부자연스러운 거시적 범위와 자연스러운 미시적 범위를 식별하는 일반적인 수학적 방법을 연구하자고 설득했다. 이 연구는 박사 과정의 대부분을 차지했으며, 지금은 이른바 인과적 창발성 이론이 되었다. (창발성은 하위 단계에 없는 특성이나 작동이 상위 단계에서 자발적으로 갑자기 출현하는 특성을 말한다.) 인과적 창발성 이론은 우리에게 놀라운 사실을 말해준다. 거시적 범위는 자신이 수반하는 미시적 범위를 넘어서 인과적 영향을 미칠 수 있다.

어떻게 그럴 수 있을까? 인과적 창발성 이론은 어느 정도 인과관계가 존재한다는 사실을 인정하며 시작한다. 상황은 인과적 영향력을 다소 가질 수 있다. 우리가 "나무는 폭풍우에 쓰러졌지만, 사실 나무는 그 전에 흰개미에게 공격당해 속이 텅 빌 정도로 움푹 꺼져 있었기 때문에 그런 것이다"라고 주장하는 것처럼, 이런 견해는 우리가 인과관계를 자연스럽게 설명하는 방법을 의미한다. 우리는 모두 약물이 질병을 치료할 수 있는 방법을 잘 알고 있지만, 완전히 혹은 항상 잘 알고 있는 것은 아니다. 즉, 일부 인과관계(개입에 따른 인과 모형에서 변수들 간의 의존성)는 더 강하지만, 일부 다른 인과관계는 더 약하다. 여기서는 '인과적 영향력'에서부터 '인과적 지배력', '인과적 저항력', '인과적 통제력', '인과적 정보력', '더 나은 인과적 설명력'에 이르기까지 수많은 동의어가 존재하므로, 이런 용어들 가운데 하나를 선택해서 사용하면 된다.

인과적 창발성은 거시적 범위가 근본적인 미시적 범위보다 똑같은 사건에 더 많은 인과적 영향을 미칠 때 발생한다. 실제로 인과적 창발성을 측정하려면, 우리는 거시적 범위가 인과적 영향력을 향상시키는 정도를 평가하기 위해 인과적 영향력의 특정한 기준을 선택해야 한다. 인과적 영향력의 기준에 관해서는 역사를 통틀어 많은 것이 존재해왔다. 과학자와 수학자, 철학자들은 모두 인과적 영향력의 기준을 다양하게 제안했지만, 인과적 영향력의 한 가지 일반적인 기준에 다 함께 동의하지는 않았다. 대신에 다양하게 부분적으로 겹치는 정의가 제시되었으며, 이런 정의들 가운데 일부는 인과관계의 다른 측면을 정확히 담아낸다. 이런 상황은 1980년대와 1990년대에 복잡성 이론이 발전하는 상황과 매우 흡사하다. 1980년대와 1990년대에는 복잡성 이론과 관련된 수많은 다른 기준들이 소개되었다. 오늘날까지도 '복잡성 이론의 기준'이 수학적으로 정확히 무엇을 의미하는지에 관하여 궁극적인 합의가 이루어지지 않고 있다. 실제로는 복잡성 이론의 기준을 뜻하는 의미가 상황적으로 많이 존재하며, 그중에서 색다른 측면들은 흔히 동의하면서도 때때로 흥미로운 방식에 따라 동의하지 않는 복잡성 이론의 기준들에 사로잡혀 있다.[23] 인과적 영향력의 기준도 마찬가지다. 우리가 의미하는 '인과적 영향력의 기준'은 때때로 미묘한 방법에 따라 다르다. 또한, 우리가 단어를 선택하여 사용하는 모든 측면을 완벽하게 사로잡는 방정식이 단 하나도 존재하지 않기 때문에, 인과적 영향력의 어떤 기준이 가장 뛰어난지에 관하여 일반적이 합의가 이루어지지 않을 가능성이 높다. 하지만 복잡성 이론의 기준과 마찬가지로, 이런 견해가 인과적 영향력의 과학적 기준이나 수학적 기준이 존재할 수 없음을 의미하는 것은 아니다.

그리고 다행스럽게도, 인과적 창발성은 인과적 영향력의 한 가지 진정한 기준을 찾을 필요가 없다. 인과적 창발성에 관한 사례들은 심지어 인과관계를 정확하게 측정하는 방법과 관계가 없으며, 인과관계에 관한 일반적인 현상에 해당하는 인과적 영향력의 가장 단순한 기준과 가장 오래된 기준에서도 찾아볼 수 있다.

흔히 인과관계에 관한 거의 모든 부분을 더 깊이 생각할 수 있도록 기틀을 마련한 시기로 인식되는 1748년으로 거슬러 올라가 스코틀랜드 철학자 데이비드 흄David Hume이 제안한 인과관계의 정의를 고려해보자. 데이비드 흄은 인과관계에 관하여 두 가지 다른 정의를 제시했지만, 대체로 인과관계의 정의를 다음과 같이 전개했기 때문에 그가 제시한 인과관계의 첫 번째 정의가 더 유명하다. "우리는 원인을 또 다른 사물이 한 사물을 뒤따르는 상황으로 정의할 수도 있고, 인과관계의 두 번째 정의와 유사한 사물들이 인과관계의 첫 번째 정의와 유사한 모든 사물을 뒤따르는 상황으로 정의할 수도 있다."[24]

이런 견해는 때때로 인과관계의 '규칙적 설명'이라고도 한다. 다시 말해서 두 사물(예를 들어 구운 토스트와 오븐 겸용 토스터)이 서로 필요한 만큼 짝을 이룬다면, 우리는 결국 한 사물이 나머지 다른 사물의 원인이라고 주장한다. 이런 인과관계의 정의에는 모든 유형의 문제점이 존재하지만, 흥미로운 사실은 심지어 바로 이런 인과관계의 초기 정의에서도 인과적 창발성이 나타날 수 있다는 점이다. 그런 이유는 인과관계의 거시적 범위가 인과관계의 미시적 범위보다 훨씬 더 규칙적이지 못하기 때문이 아닐까? 실제로, 미시적 범위의 상태는 흔히 다시 발생하지 않지만, 거시적 범위의 상태는 규칙적으로 다시 발생한다. 또한, 거시적 범위는 실감할 수 있을 정도로 크게 증가하기 때문에, 거시적 범위에서 결과는 자신의 원인과 더 잘 짝을 이룰 수 있다.

데이비드 흄이 제시한 인과관계의 규칙적 설명을 명쾌하

게 적용하는 인과 모형에서 이런 단순한 경우를 검증해보자. 모든 것이 완벽하게 상관관계를 이룬다면 지루하고 흥미롭지 못할 것이므로, 인과 모형에 혼란스러울 수도 있는 정보를 약간 추가해보자. 즉, 한 요소가 다른 요소에 의지하여 존재하는 의존 상태는 확률 측면에서 규정될 것이다. 이런 모든 의미는 원소를 다스리는 진리표가 출력 정보를 산출하기 위해 0과 1 사이의 값을 적용할 수 있다는 점을 뜻한다. A가 {BC}에 정보를 입력하는 인과 모형을 상상해보자. 그런 인과 모형은 확률적 인과 모형이기 때문에 이런 입력 정보는 결국 다른 출력 정보로 이어질 수 있다. 예를 들어, 입력 정보가 A =0이라면, 이런 입력 정보는 출력 정보가 B =0으로 이어질 가능성이 클 것이다. 하지만 이런 경우는 그저 해당 시간의 70퍼센트 정도에 불과하고, 해당 시간의 나머지 30퍼센트 정도는 출력 정보가 B =1로 이어질 것이다. (그리고 C의 경우도 같은 규칙을 따른다.) 각각의 범위에서 이진법의 출력 정보를 제시하는 진리표에 따라 이 시스템의 미시적 범위는 다음 그림의 왼쪽 진리표에 해당하고, 이 시스템의 거시적 범위는 다음 그림의 오른쪽 진리표에 해당한다. 이와 더불어 출력 정보는 확률 측면에서 1이 주어진다. (미시적 범위에서 B와 C는 동일한 메커니즘을 함께 적용한다.)

우리는 미시적 범위의 상태와 거시적 범위의 상태 사이에 짝을 이룬 정보들을 살펴보며 데이비드 흄이 제시한 인과 관계의 규칙적 설명을 적용하는 인과 모형에서 거시적 범위와

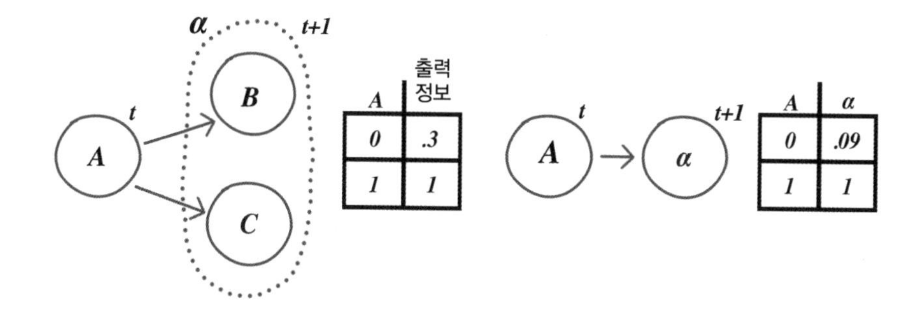

미시적 범위를 비교할 수 있다. 우리가 관찰할 수도 있는 미시적 범위에서 짝을 이룬 정보들을 상상해보자. 다시 말해서, 우리는 A=0을 살펴볼 수도 있지만, B와 C는 지금 그저 독립적으로 출력 정보가 0으로 이어질 가능성이 해당 시간의 70퍼센트에 불과하므로, 우리는 또 다른 상태를 추정하며 A와 B를 살펴볼 수도 있다. A=0과 짝을 이룰 가능성이 가장 높은 출력 정보는 {AB}={00}이며, 이 의미는 A=0이 {AB}={00}과 가장 밀접하게 연관되어 있다는 것을 뜻한다. 하지만 이런 경우는 그저 해당 시간의 49퍼센트에 불과하다. 이를테면 미시적 범위에서 한 상태는 다른 상태를 규칙적으로 뒤따르지 않는다.

하지만 거시적 범위에서는 거의 완벽할 정도로 한 상태가 다른 상태를 규칙적으로 뒤따르고 있다. 이런 이유는 α 그룹이 {BC}의 상태에 의존하기 때문이다. 즉, {BC}의 상태는 {00, 01, 10} 가운데 하나에 해당하는 대신 α=0으로 제시된다. 그러므로 α=0은 A=0과 매우 밀접하게 연관되어 있다. (이런 경우는 해당

시간의 91퍼센트 정도에 이른다. A=0을 고려해볼 때, α=0은 언제나 {BC}가 {00}이나 {01}, {10}에 해당한다는 것을 의미하며, {BC}가 {00}이나 {01}, {10}에 해당하는 경우는 누적 확률에 따라 해당 시간의 91퍼센트 정도에 이르기 때문이다.) 데이비드 흄이 제시한 인과관계의 규칙적 설명에 따르면, 거시적 범위에서 이런 경우는 인과적 창발설의 사례에 해당한다. 거시적 범위는 자신이 수반하는 근본적인 미시적 범위보다 한 요소가 다른 요소를 훨씬 더 규칙적으로 뒤따르기 때문이다.

어쩌면 이런 견해는 데이비드 흄이 제시한 인과관계의 규칙적 설명에 따른 기이한 결과물에 해당할 수도 있다. (이때 우리는 인과관계의 규칙적 설명이 정교하지 못하고 억지 이론을 늘어놓는다는 점을 고려하여 인과관계의 규칙적 설명을 회의적으로 느끼기 시작할 수도 있다.) 하지만 결과적으로는 사실이 아니라고 밝혀진다. 데이비드 흄이 "어디에서든 첫 번째 사물이 존재하지 않았다면, 두 번째 사물이 결코 존재하지 못한다"라고 제시한 인과관계의 또 다른 정의가 존재하기 때문이다.[25] 데이비드 흄이 제시한 이런 정의는 때때로 '인과관계의 반사실적 정의'이라고도 한다. (우리가 수 세기에 걸쳐 논쟁을 일으킨 핵심적인 주요 부분을 단 한 줄로 설명할 수 있었던 그런 시대에 살고 있다고 상상해보자!)

20세기에 가장 영향력이 강한 철학자들 가운데 한 명인 미국 철학자 데이비드 루이스David Lewis는 200년 이상이 지난 후에야 데이비드 흄이 제시한 인과관계의 규칙적 설명을 공식적으로 규정하며 이런 식으로 서술한다. 어떤 사건 c가 사건 e의 원인이고, 사건 c와 e가 발생한다는 점을 고려할 때, 사건 c가 발생하지 않았다면, 사건 e는 발생하지 않았을 것이다.[26][27]

데이비드 루이스가 제시한 인과관계의 정의를 적용한다면, 인과적 창발성에 관한 사례를 다시 한번 더 쉽게 찾아낼 수 있을 것이다. 여기에는 약간 다르게 설정한 또 다른 인과 모형이 존재한다. 이때는 인과 모형에 혼란스러울 수도 있는 정보를 추가하지 않지만, 대신에 불필요한 정보가 중복될 수도 있다. 실제로 우리의 오래된 친구인 AND 게이트가 등장한다.

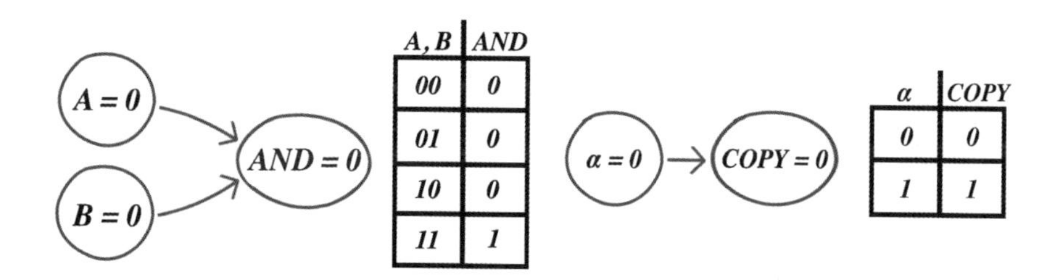

우리는 거시적 범위에서 이 시스템을 다시 설명할 수 있다. 이제 여기서는 입력 정보 {AB}를 α 그룹으로 나타내고, {00, 01, 10} 중 하나에 해당하는 {AB}의 상태는 α =0으로 여겨지지만, {11}은 α =1로 간주된다. 이런 시스템은 AND 게이트를 받아들이는 입력 정보를 바로 복사하는 COPY 게이트로 전환한다. 따라서 α =0이면 COPY =0이 된다. (요소는 실제로 변화되지 않지만, 이런 시스템은 그저 무슨 일이 일어나고 있는지를 다른 방식으로 설명할 뿐이다.) 앞의 경우를 바탕으로 데이비드 흄과 데이비드 루이스가 제시한 인과관계의 정의를 검증해보자. 미시적 범위와 거시적 범위를 비교하기 위해, 우리는 미시적 범위에서 AND = 0이 반사실적으로 {AB} = {00}에 의존하는 경우와 거시적 범위에서 COPY = 0이 반사실적으로 α = 0에 의존하는 경우를 제대로 인식하기를 원한다. 이런 경우들을 평가하려면, 우리는 미시적 범위와 거시적 범위에서 '행동' 연산자를 활용할 수 있다.

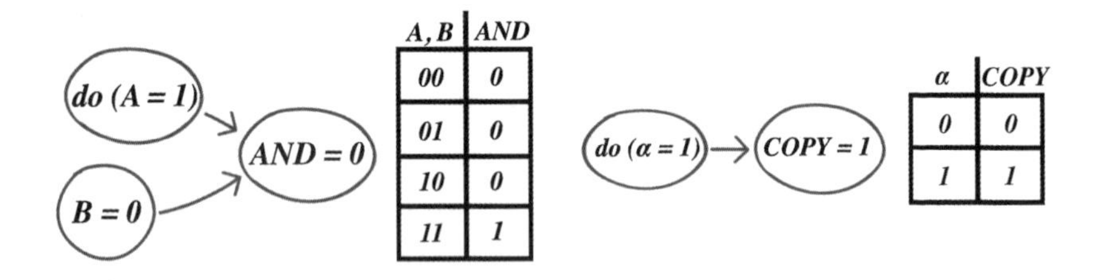

우리는 이런 개입에 따른 결과를 살펴보며, 미시적 범위와 거시적 범위에서 인과관계의 반사실적 정의를 판단할 수 있다. 거시적 범위에서, {AB} = {00}이 아니라면, (예를 들어 {AB} = {10}이라면) 우리는 이전과 마찬가지로 AND = 0이 된다는 점을 확인할 수 있다. 이를테면 AND의 상태가 AND = 0이 된다는 의미는 인과관계의 반사실적 정의에 따라 AND의 상태가 반사실적으로 {AB}에 의존하지 않는다는 점을 뜻한다. 하지만 α = 0이 아니라면, 반드시 α = 1이 되어야 한다. 이런 의미는 결국 COPY = 1

라는 뜻이며, 이전과 다른 결과를 나타낸다. **다시 말해서 심지어 거시적 범위와 미시적 범위가 그저 동일하게 발생하는 사건들을 각기 다르게 설명하더라도,** 거시적 범위에서 COPY = 0은 반사실적으로 α = 0에 의존하지만, 미시적 범위에서 AND = 0은 반사실적으로 {AB} = {00}에 의존하지 않는다. 따라서 미시적 범위는 인과관계의 반사실적 정의를 충족시키지 못하고, 전혀 원인이 되지 못한다. 하지만 거시적 범위는 인과관계의 반사실적 정의를 충족시키고, 원인이 된다. 다시 강조하자면, 거시적 범위는 원인이 되지만, 미시적 범위는 원인이 되지 않기 때문에, 거시적 범위는 인과적 창발성에 관한 단순한 사례에 해당된다.

이런 개념은 매우 추상적인 사례로 보일 수도 있다. 그렇다면 이런 개념이 현실 세계에 맞게 해석될 수 있을까? 이를 확인하려면, 행동이 신경 상태에 따라 발생하는지를 묻는 질문에 이런 개념을 적용해보자. 아마도 이런 개념은 신경 상태에 따른 (가상적인 개입을 통한) 작은 변화가 결과에 차이를 이끌어낼 것이라는 점을 의미할 것이다. 하지만 원자 상태에 따른 (가상적인 개입을 통한) 작은 변화는 행동에 변화를 이끌어내지 않았을 것이다. 그렇다면 원자는 도대체 어떤 면에서 원인이 되었을까? 일부 철학자들은 이와 유사한 사례를 지적하며, 정신 상태가 결과를 위해 반드시 필요하지만 근본적인 물리적 상태는 그렇지 않다는 개념에 명확하게 중점을 두었다. 그러나 더 높은 범위에서 정신 상태가 결과를 위해 반드시 필요하지만 근본적인 물리적 상태는 그렇지 않다는 개념에 주목한 소수의 철학자들은 이런 관찰을 더 폭넓게 이해하는 인과적 창발성으로 일반화하지 못했다.[28 29 30]

인과적 창발성은 심지어 인과관계의 가장 기본적인 정의에서도 확인될 수 없다. 하지만 일반적으로 인과관계의 존재를 결정하는 데 적용하는 인과적 영향력의 기준은 데이비드 흄의 원래 정의보다 더 복잡하며, 흔히 정보 이론을 활용하는 경우가 많다.[31 32 33 34 35] 인과적 창발성 문헌 고찰에 포함된 연구 대부분은 효과적인 정보를 적용하여 수행되었다. 효과적인 정보는 평균적인 개입이 인과 모형에서 얼마나 많은 차이를 만드는지를 측정하는 기준이 된다. 그리고 정보 이론을 적용하여 요소에 임의적으로 개입한 다음, 전송된 정보를 측정하며 산출된다.

나와 나의 공동 저자들은 2013년에 효과적인 정보가 적절한 상황에 따라 거시적 범위에서 상당히 증가할 수 있다는 것을 다시 보여주었다.[36] 우리가 다시 보여준 첫 번째 시스템은 네 가지 요소를 갖추고 있다는 점에서 우리가 살펴본 일부 인과 모형보다 더 복잡했다. 하지만 기본 원칙은 동일하다.

특히 그런 시스템에서 개입의 효과는 미시적 범위에 비해 거시적 범위에서 매우 다양하게 나타난다. 미시적 범위에서 입력 정보는 거의 필요하지 않으며, 또한 그저 특정한 출력 정보를 신뢰할 수 없게 불규칙적으로 이끌어낼 수도 있다. 예를 들어 {AB} = {00}이라면, 행동 연산자({AB} = {01})는 차이가 별로 없

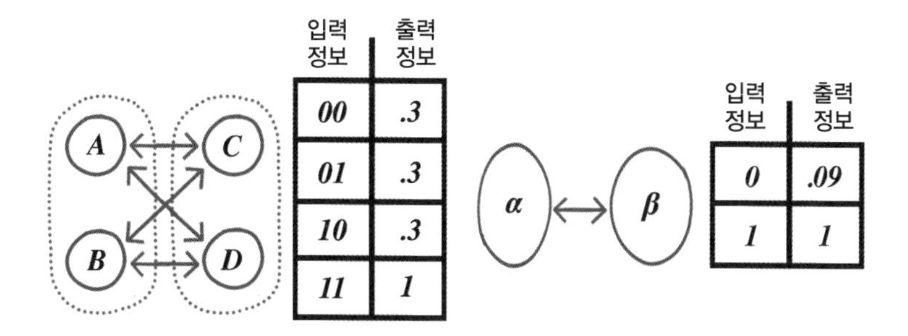

다. 하지만 거시적 범위에서 개입은 매우 다르게 보인다. 이를테면 거시적 범위에서 개입은 출력 정보를 산출하는 데 거의 항상 필요하고, 출력 정보를 신뢰할 수 있게 규칙적으로 이끌어낼 수도 있으며, 행동 연산자(α =0)는 β =0을 이끌어낼 가능성이 매우 높고, β는 반사실적으로 α에 의존한다는 것을 의미한다. 이런 견해는 평균적인 개입에 따라 전송되는 정보에 반영되며, 이런 정보는 효과적인 정보에 해당된다. (미시적 범위에서는 1.15비트이지만, 거시적 범위에서는 1.55비트다.)

우리는 또한 나중에 통합 정보 이론의 핵심적인 기준인 통합 정보를 활용하는 인과적 창발성도 보여주었다.[37] 이런 인과적 창발성은 (적어도 통합 정보 이론에 따라) 의식이 뇌의 거의 즉각적인 쿼크 구름과 반드시 연관되어 있어야 할 필요가 없다고 주장하며, 왜 그러는지를 묻는 원래 질문에 해답을 제시한다.

효과적인 정보가 어떻게 평균적인 개입에 따라 산출되는지를 묻는 질문과 마찬가지로, 단 한 가지 기준에 따른 일부 특정한 질문 때문에 인과적 창발성이 그저 발생할 뿐이라면, 인과적 창발성이 실제 현상인지를 묻는 질문은 매우 회의적으로 느껴질 것이다.[38][39] 하지만 이런 견해는 인과적 창발성에 관한 사례가 아니다. 오히려 인과적 영향력의 수많은 기준이 존재하며, 이런 수많은 기준 중 대부분은 매우 밀접하게 연관되어 있다. (또한, 이런 수많은 기준 중 대부분은 데이비드 흄의 원래 정의와 마찬가지로 아주 오래된 개념을 가장 현대적인 정보로 변형시켜 새롭게 알려준다.) 그리고 인과적 창발성은 그런 기준들 전반에 걸쳐 광범위하게 널리 퍼져 있다. 실제로 나와 나의 공동 저자 렌조 코모라티Renzo Comolatti는 인과관계 분석에 어떤 배경 맥락이 적용되었는지, 또는 얼마나 정확하게 개입이 수행되고 인과관계의 반사실적 정의가 산출되었는지와 관계없이, 인과관계의 12가지 다른 기준을 검증하며, 그런 모든 기준에서 인과적 창발성을 발견했다.[40] 인과적 창발성은 피하는 것이 거의 불가능하다.

우리가 실행한 이런 검증과 발견은 인과적 창발성이 무엇인지에 대한 개념을 변화시킨다. 그렇다고 해서 이것이 오직 물리학의 가장자리에서만 발생하는 다소 희귀하고 색다른 실험적인 상황은 아니다. 지금까지의 인과적 창발성에 관한 사례들은 "더 많을수록 차이가 난다"와 같은 주장에 의존했다.[41] 이는 흥미롭긴 했으나 인과적 창발성에 관해 입증할 수 있는 사례들은 아니었으며 암시적 비유와 더 가까운 행동을 취했다.[42]

인과적 창발성은 거시적 범위에서 잠시 존재하며 다소 이상하고 야릇하게 물리학을 침해하는 새로운 속성들만큼이나 도발적이지 않다. 이는 매우 바람직하고 좋은 현상이다. 인과적 창발성은 마법이 아니라 수학이다. 그리고 매우 흔하다. 그래서 우리는 인과적 창발성을 거의 모든 곳에서 찾아볼 수 있다. 이런 이유 때문에 인과적 창발성은 휴대 전화가 작동하는 방법과 관련된다는 점이 드러난다.

오류를 수정하는 인과적 창발성

미국의 과학 소설가 아이작 아시모프Isaac Asimov의 '파운데이션 3부작Foundation Trilogy'은 '역사 심리학'이라는 환상적인 역사의 과학을 상상한다. '파운데이션 3부작'에 등장하는 주인공인 역사 심리학자 해리 셀던Harry Seldon은 역사 심리학의 연구 성과를 토대로 은하 제국이 불가피하게 멸망하고 인류가 야만의 시대에 들어설 것이라고 예측한다. 아이작 아시모프는 해리 셀던의 예측이 어떻게 오직 종합적인 수준(거시적 범위)에서만 작동하는지를 반복해서 언급한다. 사람들의 개별적인 행동은 모두 종합적인 수준에서 평균을 내긴 하지만, 선천적으로 임의성과 혼란 상태를 갖추고 있어서 예측할 수 없기 때문이다. 즉, 종합적인 수준은 '오류 수정'을 수행한다.

오류 수정에 대한 기술적 정의는 정보 이론에서 비롯된

다. 모든 통신 기술의 기저를 이루는 정보 이론은 미국 수학자이자 컴퓨터 과학자 리처드 해밍Richard Hamming이 발견했다. 리처드 해밍은 미국 수학자이자 컴퓨터 과학자 클로드 섀넌과 더불어 정보 이론의 창시자들 중 한 명이다. (리처드 해밍과 클로드 섀넌은 벨 연구소Bell Labs에서 사무실을 함께 쓰기도 했다.) 심리학적 수준에서도 우리 자신은 항상 오류 수정에 관여한다. 예를 들어 "if I wrie whle droppin leters ther's a gd chanc ou'll stil undertand wat I'm saing"이라는 문장을 심리학적 수준에서 "if I write while dropping letters there's a good chance you'll still understand what I'm saying(내가 글자를 누락하면서 쓴다고 해도, 당신은 여전히 내가 하는 말을 이해할 가능성이 크다)"라는 문장으로 오류를 수정할 수 있다.

정보 이론에서 오류 수정의 개념은 비교적 간단하다. '잡음 채널'을 따라 발생하는 무언가로 통신을 공식화하며 시작한다. 우리가 대화를 나누고 있을 때 드나드는 전화선, 즉 잡음 채널을 상상해보자. 하지만 훨씬 더 간단하게 전체 단어가 아니라 오직 0이나 1만을 전송하는 통신 채널을 상상해보자. 채널에서 잡음은 우리가 전송하려고 시도하는 0을 수신기에 1로 '비트 플립'을 발생시킬 비트 플립 확률로 표시될 수 있다. 또한, 그 반대로 우리가 전송하려고 시도하는 1을 수신기에 0으로 '비트 플립'을 발생시킬 비트 플립 확률로도 표시될 수 있다. 이런 비트 플립 확률은 매우 높을 수 있다. 이를테면 우리가 0110을 전송하려고 시도한다면 수신기에 1101로 비트 플립을 발생시키거나, 혹은 분명히 통신에 문제가 많은 어떤 다른 왜곡된 비트 플립 확률로 표시될 것이라는 점을 의미할 수도 있다.

리처드 해밍이 보여준 것은 불필요한 중복을 이용하는 방식으로 메시지를 부호화하며 이런 잡음을 극복할 수 있다는 것이었다.[43] 간단한 예를 들어보면, 단순하게 1을 전송하지 않고, 1을 의미하도록 111을 전송하거나, 0을 의미하도록 000을 전송할 수 있다. 이에 따라 통신 속도는 더 느려지겠지만, 수신기가 우리가 전송하려고 시도하는 정보를 이해할 확률은 훨씬 더 높아질 것이다. 111이 수신기에 000으로 비트 플립을 발생시킬 비트 플립 확률은 1이 수신기에 0으로 비트 플립을 발생시킬 비트 플립 확률보다 훨씬 더 낮기 때문이다. 그리고 수신기 입장에서는 그런 전략에 따라 출력 정보를 그룹화한다. 다시 말해서 수신기는 {000, 010, 100, 001}을 0으로 취급하고, 그 다음에 {111, 110, 011, 101}을 1로 취급한다. 우리는 때때로 여전히 메시지를 잘 받아들이지 못할 수도 있지만, 전반적으로 통신에서의 오류는 상당히 감소될 것이다.

이런 전략은 이미 우리가 거시적 범위에서 메시지를 분석하고 있는 방법과 매우 흡사하다는 사실에 주목하자! 결국 우리는 미시적 메시지 {000, 001, 010, 011, 100, 101, 110, 111}의 언어로 산출될 수 있는 두 가지 '거시적 메시지' {0, 1}을 가지고 있으므로, 차원 축소할 수 있다. 또한, 수신기가 000 또는 001

또는 010 또는 100에서 0을 받아들일 수 있으므로, 거시적 메시지는 불필요한 중복을 이용할 수 있다.

정보 채널은 그저 (우리가 지금까지 논의해 온 진리표와 마찬가지로) 비트 플립 확률과 관련된 일부 입출력 정보에 불과하기 때문에, 정보 채널과 수학적으로 매우 유사한 인과관계에 동일한 의견을 적용하지 않을 이유가 없다. 실제로 효과적인 정보는 전통적인 정보 이론에서 핵심적인 기준에 매우 가깝기 때문에, 나는 수학의 동일한 많은 부분이 적용된다는 점을 직접적으로 보여줄 수 있었다.[44]

그렇다면 인과관계에서 '오류'가 있다는 것은 무엇을 의미할까? 새 집에 전등 스위치가 두 개 있고, 그 전등 스위치 두 개가 각기 다른 전등에 불을 켠다고 상상해보자. 한 전등 스위치는 자신과 연결된 전등에 불을 켤 때 결정론적으로 오류가 전혀 없다. 이를테면 그 전등 스위치는 항상 자신과 연결된 전등의 불만 켠다. 이런 현상은 오류가 없는 인과관계에 해당된다. 하지만 이제는 비결정론적인 (혹은 '잡음이 많은') 또 다른 전등 스위치를 상상해보자. 비결정론적인 전등 스위치란 오로지 전등 스위치를 올릴 때만 가끔 자신과 연결된 전등에 불을 켠다는 것을 의미한다.

이런 연구 과정에서, 우리는 두 전등 스위치 간에 드러난 차이점을 인과관계가 결정론적인 정도로 공식화했다. 인과관계가 결정론적인 정도를 평가한다는 것은 다음과 같은 문제를 제기한다는 것이다. 전등 스위치를 켠다면, 우리는 그 전등 스위치와 연결된 백열전구에 관해 무엇을 알 수 있을까? 결정론적인 전등 스위치의 경우, 우리는 그저 전등 스위치를 살펴보기만 해도 그 전등 스위치와 연결된 백열전구의 상태를 확실하게 인식할 수 있다. 하지만 비결정론적인 전등 스위치의 경우, 우리는 전등 스위치를 살펴봐도 그 전등 스위치와 연결된 백열전구의 상태를 거의 인식하지 못한다. 이런 견해는 마치 전등 스위치가 자신과 연결된 백열전구에 영향을 미치려고 시도하고 있는 것 같지만, '신호'(원인)가 사라지거나 교환되는 곳에서 '오류'가 발생하고 있다는 것을 의미한다.

이 오류는 단지 인과관계에서 발생하는 두 가지 유형의 오류 중 하나에 불과하다. 다른 유형의 오류는 '퇴화'라고 한다. (또한, 때때로 '불필요한 중복'이라고도 한다.) '퇴화'라는 용어는 많은 다른 유전적 구성이 동일한 표현형을 이끌어내거나, 많은 다른 신경 상태가 동일한 행동을 이끌어내는 생물학에서 비롯된 용어다. 사실 대뇌 피질의 퇴화는 제럴드 에델만이 직접 설명한 부분이다. 흔히 다른 입력 정보가 어떻게 동일한 출력 정보를 이끌어낼 수 있는지를 살펴본다면, 퇴화는 공식화될 수 있다.[45]

이제 백열전구가 전등 스위치 하나가 아닌 두 개에 의해 제어되고, 전등 스위치 두 개 중 하나를 이용하여 백열전구에 불을 켜거나 끌 수 있다고 상상해보자. 그리고 이때의 인과관계는 결정론적이라고 가정하자. 여기에서 '오류'가 발생하는 곳은 처음에 명백하지 않을 수도 있지만, 퇴화에 관하여 생각한다면 쉽게 이해할 수 있다. 다시 말해서 퇴화가 발생하기 때문에 백열전구에 불이 켜진다면, 그런 상황은 두 전등 스위치 중 하나가 올라가 있기 때문일 수도 있거나, 두 전등 스위치가 모두 올라가 있기 때문일 수도 있다. 우리가 출력 정보(백열전구의 상태)에서 인식할 수 있는 모든 것은 두 개의 전등 스위치가 모두 꺼질 수 없으며, 오로지 전등 스위치 한 개로만 백열전구를 제어하는 경우보다, 즉 우리가 백열전구를 살펴보면서 전등 스위치의 상태를 확실하게 인식할 수 있는 경우보다 정보가 더 적다는 것이다. 다시 말해서, 특정한 원인과 관련된 결과에는 오류가 발생할 수 있으며, 이런 오류는 원인과 관련된 결과에 잠재적인 오류가 발생하는 비결정론적인 오류와는 다르다.

결정론과 퇴화는 모두 인과적 영향력에 매우 중요하다. 인과관계의 거의 모든 기준은 결정론과 퇴화의 관계나 조합에 다소 근거를 둔다.[46] 일반적으로 인과적 영향력은 결정론이 증가할 때(결과가 확실하게 원인에서 비롯될 때) 증가하고, 퇴화가 증가할 때(원인이 불필요한 중복을 더 많이 발생시키게 될 때) 감소한다. 원인이 충분성과 필요성에 의존하는 방법과 마찬가지로, 이런 견해는 인과관계를 전통적이고 철학적으로 이해하는 데 훌륭한 정보를 제공한다는 점에 주목하자.

그렇다면 정보 이론에서 오류를 수정하는 코드의 인과적 등가물은 무엇일까? 바로 결정론을 증가시키거나 퇴화를 감소시키는 거시적 범위의 인과 모형이다. 거시적 범위에서 오류 수정이 많을수록, 인과적 영향력은 근본적인 미시적 범위에 비해 더욱더 강해질 것이고, 따라서 인과적 창발성의 정도는 더 커질 것이다.

불확실성이 존재할 때 비밀스럽게 전송하는 메시지가 불필요하게 중복된다는 점을 리처드 해밍이 깨달았다면, 인과적 창발성은 불확실성이 존재할 때 강력한 인과관계를 만들어내는 것이 동일한 수학적 이유로 다중 실현 가능성을 통해 이루어질 수 있다는 점을 깨닫게 된다. 미시적 범위에서는 모든 일이 단 한 번만 일어나기 때문에, 즉 미시적 범위에서는 다중 실현 가능성이 적용될 수 없기 때문에, 정의에 따라 미시적 범위는 오류를 수정하는 이런 속성을 가질 수 없다.

철학자와 과학자들은 때때로 '약한' 창발성과 '강한' 창발성을 식별할 수도 있을 것이다. 이를테면 약한 유형의 창발성은 논란의 여지가 없지만 흥미롭지도 않고, 강한 유형의 창발성은 논란의 여지가 너무 많아서 단지 극소수만이 강한 유형의 창발성이 존재한다고 믿는다.[47 48] 약한 창발성은 일단 거시적 범위가 실제로 예측하거나 이해하는 데 어려움이 있지만, 이론에서 미시적 범위로 축소될 수 없다는 것을 의미한다. 강한 창발성은 환원될 수 없는 새로운 속성들이 거시적 범위에서 추가된다는 것을 의미한다. 그런데 강한 창발성의 의미는 오로지 거시적 범위만이 새로운 물리 법칙을 필요로 하는 것처럼 보인다. 하지만 약한 창발성은 비교적 흥미롭지 않은 반면, 강한 창발성은 매우 흥미롭기 때문에 약한 창발성과 강한 창발성의 이런 의미들은 우리에게 잘못된 선택을 제시할 수 있다!

인과적 창발성은 약한 창발성도 아니고 강한 창발성도 아닌 이들 중간 정도의 창발성을 제공한다. 거시적 범위의 요소와 상태는 정보가 손실되지 않고 근본적인 미시적 범위로 축소될 수 있지만, 거시적 범위의 인과관계는 그렇지 않다는 점에 주목하자. 이와 동시에 '추가적으로' 이런 인과관계는 설명할 수 없거나 이해하기 힘든 것이 아니다. 단지 오류 수정일 뿐이다.

실제로 작동하지만 이론에서는 어떨까?

창발성 이론에서 제공하는 함축적인 의미를 고려해볼 때, 인과적 창발성에 대한 견해에 반대 의견이 다소 존재할 수 있다는 것은 그다지 이상한 일이 아니다. 내 경험에 따르면, 반대 의견을 표출하는 사람들은 필요에 따라 (a) 인과관계의 너무 많은 다른 기준들이 어느 정도 수많은 다른 맥락과 가정에 따라 현상을 보여주기 때문에 매우 어렵게 느껴지는 인과관계의 특정한 기준을 놓고 옥신각신하거나,[49] (b) 거시적 범위의 확률이나 미시적 범위의 반사실적 정의를 적용하면서 미시적 범위의 인과 모형과 거시적 범위의 인과 모형의 차이점을 의도적으로 망각하거나, (예를 들어 실제 미시적 범위가 아닌) 차원 축소하는 미시적 범위를 받아들여야 한다. (모든 요점이 범위가 다른 미시적 범위와 거시적 범위를 비교하거나 대조하는 것에 중점을 두고 있기 때문에, 아무런 의미가 없을 수도 있지만) 이런 모든 반대 의견은 거시적 범위의 인과 모형과 미시적 범위의 인과 모형 사이에서 유출하는 정보로 설명될 수 있다.

하지만 한 가지 심각한 반대 의견은 실제로 창발성 이론 자체의 결과에 해당된다. 창발성 이론에 따르면, 인과적 창발성은 수정할 오류가 없기 때문에 어디에서든 발견될 수 있는 불확실성이 존재하지 않는 경우에 발생할 수 없다. 이런 견해는 자연스럽게 다음과 같은 질문으로 이어진다. 세계 모형의 불확실성은 어디에서 발생할까? 오류는 어디로 향해 갈까?

이런 질문들은 근본적으로 경험적인 질문에 해당된다. 우주는 수많은 다른 방식에 따라 어쩌면 확실하게, 어쩌면 (확률을 통해 작동하며) 불확실하게 밝혀질 수 있다. 실제로는 과학의 거의 모든 곳에서 불확실성이 존재한다. 예를 들어, 생물학에서 무작위성은 브라운 운동이 존재하는 경우에 세포 분자가 존재하는 방법,[50] 또는 이온 통로(이온 채널)의 확률적 특성에서 비롯될 수 있다.[51] 그리고 인과적 창발성은 그저 확률(불확실성)이 어딘가에서 발생하는 조건만을 필요로 한다. 우리는 물리학을 생성하는 일부 간단한 규칙을 찾아내기 위해 스티븐 울프럼의 시도로까지 거슬러 올라갈 수 있다. 이때 스티븐 울프럼이 물리학에 기초가 된다고 다소 생각하며 탐구한 규칙들 대다수는 퇴화(과거에 대한 불확실성)를 포함한다. 실제로 스티븐 울프럼은 이런 퇴화가 물리학 자체의 다양한 반직관적인 측면에 기저를 이룬다고 추측한다.[52]

미시적 범위에서 세상을 바라보고 판단하는 우리의 지식은 불완전하다. 우리는 여전히 일반 상대성 이론과 양자 물리학을 융화시킬 수 없고, 끈 이론이 만물 이론의 가장 유력한 후보로서 기대하는 만큼 역할을 수행하지 못했기 때문에 물리학 자체에는 격차가 계속 남아 있다.[53] 양자 물리학은 확률 분포에 기반을 두고, 어리석게도 기준을 둘러싼 불확실성을 포함하고 있다. 이른바 초결정론[54] 또는 다른 숨겨진 가변적인 이론들과 마찬가지로, 오로지 양자 물리학의 논쟁적인 해석만이 축소할 수 없는 이런 불확실성을 처리하는 것처럼 보인다. 이런 물리학을 지지하는 사람들은 물리학에서 소수 집단에 속하는 것 같다. 게다가 물리학에서는 불확실성이 불가피하게 필요할 수도 있다는 점을 보여주는 중요한 증명이 다소 존재한다.[55][56] 이와 마찬가지로, 과학적 불완전성도 최소한 세계 모형 어딘가에서 불확실성이 필요할 것이다.

그뿐만 아니라, 어떤 개방형 시스템에서도 불확실성이 필연적으로 존재한다. 심지어 태양 광선도 때때로 컴퓨터의 작동을 방해하고, 극미한 잡음을 추가할 수도 있다. 과학자가 컴퓨터의 인과 모형을 만들려고 시도한다면, 컴퓨터의 인과 모형이 태양의 원자 상태 전체를 포함해야 한다고 규정하는 것은 터무니없이 어리석게 느껴질 수 있다. 더 자연스러운 일은 바로 컴퓨터의 인과 모형이 개방형 시스템에 해당하거나, 구성 요소가 흐트러질 수도 있다는 사실을 나타내도록 컴퓨터의 인과 모형 어딘가에서 작은 잡음을 추가하는 것이다. 즉, 개별 인과 모형에서 우주 상태 전체를 포함하려고 시도하기보다 오히려 인과관계를 부분적으로 다루는 것은 자연스러운 일이다. 따라서 잡음은 많다.

열성적인 환원주의자는 모든 인과 모형이 실제로 우주 상태 전체를 포함해야 한다고 계속 강력하게 주장할 수도 있다. (또한, 물리학은 인과관계에서 발생하는 오류의 다른 근원이 어디에도 존재하지 않는다고 추정한다.) 하지만 인과관계의 개념을 완전히 제거하는 이런 극단적인 견해에는 문제점이 생겨날 수도 있다. 비유하자면, 엔트로피(시스템에서 에너지의 흐름을 설명할 때 이용되는 상태 함수–옮긴이 주)는 폐쇄형 시스템에서 항상 증가하지만, 개방형 시스템에서 항상 증가하지는 않는다. 이 지구에서 엔트로피는 결합될 수 있으며, 실제로 우리가 주방을 청소하거나 침대를 정리하거나 음식을 섭취할 때마다 엔트로피가 증가하는 방식으로 생명이 작동한다. 하지만 우주 전체를 살펴본다면, 엔트로피는 항상 증가한다. 엔트로피를 감소시킬 수 있는 능력은 오로지 개방형 시스템에서만 존재한다. 즉, 부분적으로만 존재한다.

이와 마찬가지로, 우주 전체를 전반적으로 살펴본다면, 그저 발생하는 일만 정확하게 확인할 수 있고, 발생할 수 있는 일이나 발생해야 하는 일은 정확하게 확인할 수 없다. (반사실적 정의나 개입은 확인할 수 없다.) 따라서 인과관계 자체는 사라진다. 주데아 펄이 주장한 바에 따르면, 다음과 같다.

> 인과 모형에 우주 전체를 포함하고 싶다면, 개입이 사라지기 때문에, 즉 조종하는 대상과 조종되는 대상이 서로 구별되는 특이성을 상실하기 때문에 인과관계는 사라진다. 하지만 과학자들은 좀처럼 우주 전체를 연구 조사 대상으로 고려하지 않는다. 대부분의 경우에 과학자들은 우주에서 한 조각을 분할하고, 분할한 그 한 조각을 주로 연구 조사에 초점을 맞춘 핵심 조건이라고 주장한다. 그러고 나서 우주의 나머지 조각은 외부나 배경으로 간주하며, 우리가 칭하는 경계 조건으로 요약한다. 핵심 조건과 경계 조건으로 나누는 이런 선택은 우리가 상황을 살펴보는 방식에서 불균형을 만들어내고, 이런 불균형 때문에 우리는 '외부 개입'과 인과관계, 원인과 결과의 방향성에 관하여 설명할 수 있다.[57]

따라서 이 시점에서, 열성적인 환원주의자는 인과관계 자체가 존재하지 않는다고 결론을 내려야 한다. (이를테면 당연히 인과적 창발성도 존재하지 않을 것이다.) 다시 말해서, 우주 어디에서도 결정론이나 퇴화가 존재하지 않는다고 추정하는 것처럼, 그리고 우주 어딘가에서 결정론이나 퇴화가 존재했더라도, 오로지 존재론과 인식론의 가장 급격하고 구체적인 견해만은 우주의 어떤 부분집합도 어떤 진지한 방법에 따라 독립하여 개방형 시스템으로 모형화될 수 없다고 주장하며, 인과관계 자체가 존재하지 않는다는 견해를 공개적으로 지지해야 한다. 그러면 우리는 결국 인과적 창발성의 결론에서 벗어날 수 있다.

설명에 적합한 정상적인 범위

창발성 이론은 형이상학적 결론을 넘어서 과학에 **유용해야** 한다. 그것이 바로 우리가 실제로 인식하고 있는 한 가지 방법이다. 그렇다면 우리는 창발성 이론을 어떻게 적용할 수 있을까? 이 질문에 답변하려면, 우리는 "과학이 어떻게 특정한 범위를 선택했을까?"라는 질문에 답변하고자 하는 10장의 원래 동기로 되돌아가야 한다. 더 구체적으로, 인과적 창발성은 우리가 시스템이 자연스럽게 선택한 범위, 즉 인과적 모형을 형성하기에 훌륭한 시공간적 범위를 설명할 수 있도록 도와준다.

이런 범위는 양방향으로 작동할 수 있다는 점에 주목해야 한다. 창발성 이론은 또한 환원 이론에 해당된다. 단순하게 용어를 바꿔보자! 인과적 환원성은 인과적 창발성의 반대이며, 실제로 환원 이론은 우리에게 언제 그런 환원이 적절한지를 설명해준다. 이 때문에, 시스템을 모형화하는 데 올바른 범위를 찾는 것은 카메라가 초점을 맞추는 것처럼, 다시 말해서 우리가 피사체를 표현하기에 적합한 정상적인 범위를 선택하여 셔터 버튼을 누르면, 카메라 시스템이 초점을 '본격적으로 맞추기 시작'하여 결국 또렷하게 초점을 맞추는 것처럼, 우리가 다양한 범위에서 시스템의 인과적 구조를 살펴보는 것과 매우 흡사하다.

과학자들은 가능한 한 정보를 압축하는 과정을 피하고 싶어 한다는 사실을 기억하자. (즉, 과학자들은 되도록 인과 모형에서 많은 요소와 변수를 적용하기를 원하므로, 정보를 버리는 과정을 피한다.) 하지만 과학자들은 또한 요소나 변수가 서로에게 높은 정도의 인과적 영향력을 미치는 인과 모형도 원한다. 따라서 인과적 창발성 이론은 정상적인 범위에서 명쾌한 정의를 제공한다. 이때 정상적인 범위는 차원 축소하는 측면에서 정보를 최소한으로 교환하도록 가장 많은 오류를 수정하는 거시적 범위를 말한다. 즉, 설명에 적합한 정상적인 범위는 인과 모형의 부분집합들이 서로에게 어느 정도 인과적 영향력을 미치는 측면에서 가장 최소한으로 차원 축소하여 최대한의 정보를 얻는 지점을 말한다.

그런 지점을 찾아내는 과정은 몇 가지 방식으로 실행될 수 있다. 인과관계의 일부 기준들은 (효과적인 정보와 마찬가지로) 차원 축소에 민감하게 반응하는 '규모'와 관련된 용어를 암시적으로 이미 포함하고 있다. 통합된 정보도 마찬가지다. 이런 경우에는 인과 모형을 형성하는 시스템이 설명에 적합한 정상적인 범위를 찾아내기 위해 일단 (범위에 따라 효과적인 정보나 통합된 정보를 최대한으로 찾아내는 것처럼) 인과관계의 기준을 최대화할 수 있다. 인과관계의 일부 기준들이 아직 서로 결합되지 않은 다른 경우에는 인과적 영향력이 정보를 압축하는 과정에 균형을 이룰 수 있다. 시스템이 (차원 축소를 점점 더 무시하고, 시공간적 범위에서 점점 더 높은 단계로 이동하는 등) 차원 축소를 하지 않는 상황과 결국 시스템이 목표에 따라 차원 축소하는 지점으로 되돌아갈 때까지 인과 모형에 인과적 영향력을 미치는 측면에서 차츰 증가하는 정보를 살펴봐야 하는 상황을 상상해보자. 이런 상황은 우리가 차원 축소를 충분하게 실행한다면 설명에 적합한 정상적인 범위에 가까이 접근할 수 있다는 징후를 나타낸다.

오직 천문학적으로 적은 극소수만이 인과적 창발성을 보여주기에 만족할 만한 차원 축소를 하고, 실제로는 흔히 인과적 창발성이 발생하는 범위를 확인하기 위해 발견적 교수법을 적용해야 하는 경우가 많다는 점에 주목하자.[58] 발견적 교수법을 적용한 결과에 따르면, 인과적 창발성이 발생하는 거시적 범위는 기술적 시스템보다 생물학적 시스템에서 더 흔하다.[59] 이런 이유는 생물학적 시스템이 불확실성을 많이 갖추고 있고, 수정해야 할 오류가 존재하기 때문이다. 실제로 1,000개 이상의 분석된 종에 걸쳐, 우리는 진핵생물이 원핵생물보다 더 높은 정도의 인과적 창발성을 보여준다는 점에서, 단백질 상호 작용체(세포 내 다양한 단백질의 결합)에서 발생하는 인과적 창발성이 진화가 계속 진행될수록 증가한다는 암시적인 증거를 수집했다.[60] 이런 증거는 진화가 세포 수준에서 물리적 세계의 극단적인 잡음과 불확실성에 직면하면서도 (화학적 변화율과 유전자 발현 사이의 관계와 같은) 인과관계를 확실하게 구성해야 하는 도전에 직면한다는 사실과 관련이 있을 수도 있다. 현실과 비현실을 넘나들면서 단계적으로 실행하고, 근본적으로 생물학이 직면하는 문제에 해당하는 레고로 시계를 정확하게 조립해야 한다고 상상해보자.

화학이나 생물학, 경제학과 마찬가지로, 과학의 거시적 범위를 재검토한다면, 우리는 이제 물리학의 오류 수정 부호화와 같은 세계에 대한 설명을 실제로 살펴볼 수 있다. 즉, 거시적 범위는 그저 우리가 미시적 범위에서 모든 것을 이해할 수 있는 기억력이나 계산 자원 관리 능력, 관찰력을 갖추고 있지 않기 때문에 유용하지 않다. 사실, 우리는 가능한 한 압축된 정보를 최소화하기를 원한다.

어떤 면에서 과학자들은 가능한 한 시스템에 외재적 관점을 적용하여 특히 "무엇이 무엇을 하는가?"라는 질문을 가장 깊이 이해할 수 있도록 상황을 불러일으키는 대상을 찾는다. 이와 동시에 정보를 너무 많이 압축하는 과정을 피하려고 노력하며, 되도록 규모가 큰 인과 모형을 다루기를 원한다. 설명에 적합한 정상적인 범위에서, 과학자들의 개입은 인과관계를 더 확실하게 구성하고 압축된 정보를 최소화한다. 다시 말해서 인과적 영향력이 정보를 압축하는 과정에 균형을 이루도록 작동한다. 그래서 과학이 어떻게 특정한 범위를 선택했는지를 묻는 질문은 결국 세계의 시공간적 분류 단계에 따른 암묵적인 탐색, 즉 믿을 만한 인과적 영향력을 찾아내려고 시도하는 수백만 명의 과학자들이 수행하는 탐색으로 밝혀진다. 과학자들은 마치 유익한 식량원을 찾아내려고 수색하며 터널 위에서 터널 경로를 개척하는 개미와 매우 흡사하다.

11장

자유의지에 관한 과학적 사례

철학자 윌리엄 제임스는 젊었을 때 심각한 실존적 우울증에 시달리며 3년 동안 거의 병상에 누워 있었다. 그랬던 이유는 윌리엄 제임스가 최소한 부분적으로 자유의지를 믿을 수 없었기 때문이었다. 윌리엄 제임스는 자신이 의지와 목적, 의미를 가졌는지에 대해 의문이 들었다. 윌리엄 제임스가 시달리던 우울증은 자유의지에 관한 질문에 어떻게 해서든 답변할 수 없다고 믿게 된 날에 끝을 맺었다. 어떠한 증거도 없이, 윌리엄 제임스는 자유의지에 관한 질문에 완전히 솔직하게 답변할 수 없다고 깨달았으므로, 자유의지를 믿기로 결정하고, 자신의 일기장에 "자유의지를 향한 나의 첫 번째 행위는 자유의지를 믿는 것이다"라고 훌륭하게 적을 수 있었다.

윌리엄 제임스의 사례는 극단적인 경우이겠지만, 자유의지를 믿는 신념은 행동과 문화에 매우 중요할 것이다. 수많은 연구에 따르면, 자유의지를 믿는 신념은 더 큰 감사와 더 높은 삶의 만족도, 더 적은 스트레스, 더 의미를 갖는 삶의 기록, 의미

있는 목표를 추구하는 더 큰 욕구, 심지어 관계 속에서의 더 많은 헌신, 더 많이 용서하는 성향처럼 모든 유형의 긍정적인 심리적 특성과 연관되어 있다.[1]

그렇다면 자유의지를 믿지 않는다는 것은 어떤 의미일까? 자유의지를 믿는 신념의 원동력은 무엇일까? 생각건대 근본적으로 자유의지를 믿는 신념이란 그야말로 세상을 바라볼 때 외재적 관점을 취한다는 것이다. 세상을 바라볼 때 오로지 세상의 메커니즘과 톱니바퀴만을 살펴보고, 내재적 관점을 적용해야 할 중요한 자리는 살펴보지도 않는다는 것이다. 윌리엄 제임스는 외재적 관점의 질병에 시달리고 있었다.

물론 수많은 사상가가 자유의지가 존재한다고 주장했으며, 자유의지의 개념이 현대 물리 법칙과 양립할 수 있다는 '양립가능주의' 입장을 취하는 경우가 많았다. 하지만 양립가능주의 입장을 취하는 사상가들은 대개 전략적으로 필요한 부분이나 직감적으로 이해하기 쉬운 부분들을 제거한 다음, 잘못된 정의가 사실이라고 보여주는 방식과 마찬가지로 결국 불만족스러운 방식에 따라 자유의지를 규정하는 경우가 많았다. 그렇기 때문에 이런 양립가능주의 입장을 의심하는 현대적인 회의론이 많이 존재한다. 이제는 자유의지에 관하여 고지식하고 비전문적으로 정의를 내리는 방법(우리가 처음에 정의를 내리는 방법)을 필연적으로 바꿔야 할 것이다. 그러면 문제가 발생하지 않는다. 다만 문제가 발생한다면 기존에 자유의지를 놓고 주장을 펼쳤

던 논쟁들이 너무 많이 포기할 것이라는 점이다.[2]

인과적 창발성의 개념은 세상을 외재적 관점으로 설명하는 것을 복잡하게 만들고, 보편적인 환원주의가 거짓이라고 입증한다. 여기에서 우리는 실제로 중요한 가치를 원하는 만큼 자유의지의 정의를 확인할 수 있다. 인과적 창발성은 왜 중요할까? 배제 논쟁은 주로 철학 문헌에 한정되어 있지만, 자유의지를 더 공개적으로 반대하는 많은 논쟁의 이면에는 학문적인 톱날(학문적으로 날카로운 반론–옮긴이 주)이 자리 잡고 있기 때문이다. 우리는 그저 물리학의 궤도를 따라 달리는 기차에 불과하다. 그러므로 자유의지를 갖고 있지 않다는 말을 들어본 적이 있다면, 그런 표현 방식은 최소한 부분적으로 배재 논쟁의 결론을 진술하는 방법에 해당하며, 대중적인 설명 방식으로 단순화된다.

그런 견해가 사실이라면, 우울한 사태가 전개될 것이다. 미국 철학자 제리 포더Jerry Fodor는 이렇게 주장한다. "욕구가 목표 달성에 인과적 책임이 있고, 가려움증이 긁힌 자국에 인과적 책임이 있으며, 신념이 주장에 인과적 책임이 있다는 것이 그야말로 거짓이라면 (…) 말 그대로 그중 아무것도 사실이 아니라면, 실제로 무엇이든 내가 믿는 모든 것은 거짓이고, 세상의 종말로 이어진다."[3]

하지만 배제 논쟁이 자유의지를 더 공개적으로 반대하는 논쟁의 이면에 학문적인 톱날을 갖추고 있는 경우, 우리는 이미 인과적 창발성이 배재 논쟁의 결론을 진지하게 의심하고 있다는 점을 살펴보았다. 거시적 범위가 미시적 범위보다 효과적인 정보를 더 많이 가진 사례를 확인하는 연구를 바탕으로 인과적 창발성을 소개했던 측면에서, 우리는 거시적 범위가 미시적 범위의 인과관계를 배제한다고 주장했다.[4] 즉, 그런 주장은 지적인 유도를 통해 한국계 미국인 현대 철학자 김재권이 주장한 배재 논쟁을 뒤집었다. 우리는 똑같이 발생한 동일한 두 사건을 두 가지 다른 방식으로 설명하도록 지배하는 인과관계를 거시적 범위가 더 잘 표현한다고 인식하고 있기 때문이다. 그렇다면 우리는 무엇을 위해 거시적 범위가 필요할까? 이런 견해에 따르면, 거시적 범위는 실제로 미시적 범위를 강압적으로 밀어내고, 거시적 범위의 사건은 실제로 미시적 범위의 사건을 발생시킨다.

하지만 인과적 창발성이 발생하는 경우에 무슨 일이 일어나고 있는지를 설명하는 존재론적 해석이 많이 존재한다는 점을 인정하는 것은 매우 중요하다. 거시적 범위에서든 미시적 범위에서든 어떤 특정한 범위에서 시스템은 고차원적 사물에서 이끌어낸 저차원적 조각을 제공하고 있다고 설명하는 또 다른 해석이 존재한다. 이 견해에 따르면, 시스템은 어떤 한 가지 특정한 범위를 갖고 있지 않고, 많은 범위에서 동시에 발생한다. 이를테면 어리석게도 털이 없는 우리 유인원은 특정한 범위에서 시스템의 메커니즘을 이끌어낸 다음, 이런 메커니즘이 시스템이라고 생각한다. 그러나 이런 생각이 우리를 반드시 상대주의로 이

끄는 것은 아니다. 어떤 주어진 시스템은 인과적으로 각자 무언가를 추가하여 자연스럽게 설명하는 부분집합을 지니고 있고, 범위에 걸쳐 인과관계를 적절하게 배분하는 방법을 가졌을 수도 있다. 어떤 주어진 거시적 범위에서 발생하는 인과적 창발성이 (효과적인 정보로 측정되는 정보량이) 2비트였다고 상상해보자. 하지만 미시적 범위에서 발생하는 인과적 창발성은 효과적인 정보가 그저 1비트에 불과하다면, 이때는 거시적 범위에서 발생하는 인과적 창발성이 3비트였다는 것을 의미한다. 우리는 전체 인과관계가 3비트라면, 이 중에서 1비트는 낮은 단계인 미시적 범위에서 존재하고, 나머지 2비트는 높은 단계인 거시적 범위에 존재한다고 주장할 수 있다. 누군가는 추측했을 수도 있지만, 이와 같은 책정 방법에는 더 많은 세부 사항이 포함되어 있다.

이런 형이상학적인 두 견해 사이에서 참인지 거짓인지의 진위 여부를 알 수 없다고 보는 불가지론적인 입장을 주장하더라도, 우리 자신이 (또는 우리와 가장 밀접하게 동일시되는 거시적 범위가) 더 이상 축소할 수 없는 방식으로 우리의 행동을 **일으키는** 중요한 원인이 아니라고 설명하는 해석은 존재하지 않는다.

배제 논쟁은 우리가 자유의지를 갖고 있지 않다고 강조하는 가장 일반적인 주장들 바로 뒤편에서 자유의지에 반대하는 유일한 주장에 해당하지 않는다. 하지만 나는 유사한 반증들이 자유의지를 여전히 계속 반대하는 논쟁들을 기다리고 있지 않을까 하는 의심이 든다. 자유의지에 관하여 과학적 정의를 내리려면, 우리는 빈 공간에 그림을 그려야 한다. 자유의지에 관한 많은 정의는 한 가지 논쟁에만 매달리지 않고, 현대 과학이 우리에게 물리적 시스템이 존재한다고 믿도록 합당한 이유를 제시하는 수많은 조건, 즉 실제로 우리의 뇌 자체가 만족할 가능성이 큰 모든 조건에 기반을 두고 있다.

준비 전위!

준비 전위라는 용어는 독일어로 'Bereitschaftspotential'라고 하며, 독일 과학자들이 발견했다고 알려져 있다. 영어로는 'Readiness Potential'이라고 부르는 준비 전위'는 자발적인 근육 운동으로 이어지는 뇌파의 변화를 말하며, 1965년에 발견되었다.[5] 준비 전위는 사람이 어떤 동작을 취하기 전에 뇌에서 어떤 현상이 일어나는지를 보여주는 전기적 신호로서 평균적인 뇌 활동으로 탐지할 수 있다. 준비 전위를 발견했을 당시, 준비 전위는 사람이 의도적으로 어떤 행동을 취할 때 뇌에서 특이하게 나타나는 전기적 신호의 변화로 제시되었다. 미국 신경 과학자 벤저민 리벳Benjamin Libet은 환자들에게 시계를 보게 하고, 자신들이 언제 자발적으로 행동을 취할 결정을 내렸는지를 기억하도록 제안하면서 준비 전위를 활용하는 유명한 실험 연구를 진행했다. 벤저민 리벳이 수행한 실험 연구 결과에 따르면, 준비 전위는 환자들이 행동을 취할 결정을 내렸다는 것을 알아차리기 전에 만들어지기 시작했다.[6] 이 실험에서는 매우 많은 준비 전위가 만들어졌다. 그렇다면 준비 전위는 자유의지를 반증하는 것일까? 의식은 준비 전위와는 다르게 행동을 취할 결정을 내릴 수 있는 '거부권'을 여전히 갖고 있을까?[7]

교과서에 등장하는 많은 신경 과학자가 중대한 주장을 펼쳐 나가듯이, 최근에 진행한 조사 연구는 벤저민 리벳이 발표한 실험 연구 결과에 의심을 품고 의문을 제기했다. 벤저민 리벳이 실험 연구를 잘못 실행하거나 실험 연구 결과를 잘못 발표했다는 것이 아니라, 오히려 더 많은 현대 기술을 적용했다는 것이다. 이를테면 벤저민 리벳이 최소한 준비 전위만을 기반으로 하여 수행한 실험 연구 결과는 의식적으로 행동을 취할 결정을 내리기 전에 뇌 활동이 언제 일어났는지를 설명하기가 훨씬 더 어렵다는 것이다.[8]

어쨌든 자유의지를 반증한다고 여겨지는 벤저민 리벳의 실험 연구 결과는 그저 자유의지의 존재를 반대하며 '이전 사건에 따라 주장'을 펼쳐 나가는 구체적인 사례에 불과하다. 이전 사건에 따른 주장은 이렇다. 과거에 발생한 다른 사건이 우리에게 행동을 일으킨다면, 우리는 우리의 행동을 일으키는 진정한 원인이 아니다.[9] 이런 주장과 관련하여 벤저민 리벳의 실험 연구 결과는 준비 전위를 구체적으로 설명하지 않았으며, 그저 그것의 좋은 사례에 해당할 뿐이다.

하지만 인과적 영향력이 어느 정도로 작동한다면, 우리는 즉시 인과적 영향력과 관련된 문제를 살펴볼 수 있다. 인과적 영향력이 특정한 시공간적 범위에서 최고조에 달할 수도 있다는 점을 인과적 창발성 이론이 보여주는 것처럼, 인과적 영향력은 과거 사건보다 오히려 최근 사건에서 최고조에 다다를 가능성이 크다. 우리가 과거로 더 많이 거슬러 올라갈수록, 과거 사건과 현재 사건 사이에서 나타나는 인과적 영향력은 결정론을 감소시키고, 퇴화를 증가시킨다. 이런 의미는 먼 과거가 가까운 과거보다 더 약한 원인에 해당한다는 것을 뜻한다. 이를테면 먼 과거 사건이 가까운 과거 사건으로 이어지더라도, 먼 과거 사건은 가까운 과거 사건만큼 강력한 (또는 기여하는) 원인에 거의 해당하지 않는다. 행동이 실제로 내부적인 주요 요인이나 외부적인 주요 요인을 바탕으로 발생하는지를 판단하는 경우도 사실 마찬가지일 수 있다.[10] 다시 말해서, 이런 견해에는 존재론적 해석이 많이 존재한다. 존재론적 해석에 따르면, 가까운 사건은 먼 과거 사건이 원인에 전혀 해당하지 않도록 과거 사건을 '선별 검사'할 수 있지 않을까, 아니면 과거 사건을 순차적으로 미리 할당하여 저장하는 자료 구조를 구현할 수 있지 있을까, 아니면 모든 사건이 서로 연관되어 있지 않을까? 어떤 존재론적 해석을 선택하든 간에, 이전 사건을 놓고 주장을 펼쳐 나가는 논증은 결국 무너진다.

때때로 이전 사건을 놓고 주장을 펼쳐 나가는 이런 논증은

'결과 논증'과 마찬가지로 여러 가지 다른 방식에 따라 체계적인 틀이 잡혀 있다. 우리는 우리가 태어나기 전부터 일반화되어 온 자연 법칙이나 물리 법칙을 통제하지 못하기 때문에, 그리고 우리의 행동은 **오로지** 이런 상황의 결과에만 해당하기 때문에, 엄밀히 말하면 우리는 우리의 행동을 일으키는 원인이 아니라는 견해를 기반으로 한다.[11] 다시 말해서 인과관계가 어느 정도로 작동하고 시간이 지나면서 사라진다면, 이런 인과관계는 별문제가 없는 것처럼 보인다. 먼 과거 사건이나 우주가 생성되기 시작할 때부터 일반화되어 온 물리 법칙은 가장 강력한 원인에 해당하지 않을 것이기 때문이다.

이 시점에서 회의론자들은 행동의 원인에 대한 모든 논의를 따로 제쳐두고, 준비 전위가 사람들의 미래 행동을 **예측**하는 데 이용될 수 있다는 견해가 자유의지를 다루는 데 여전히 문제가 많다고 주장할 수도 있다. 하지만 이런 견해는 예측의 한계를 받아들이는 수학적 이해가 어떻게 최근 수십 년 동안 진화해왔는지를 해결하려고 노력하지 않는다.

혼란의 위안

로마 제국이 서서히 몰락의 길로 빠져들면서 결국 멸망하고 중세 암흑시대가 시작할 무렵, 로마 집정관이자 철학자 보이티우스Boethius는 사형 선고를 받고 옥중에서 처형될 날을 기다리면서 중세 고전문학의 기본적인 작품 중 하나가 될《철학의 위안 The Consolation of Philosophy》을 저술했다.

보이티우스는 반역죄로 기소된 동료 정치인을 변호하려고 시도했지만, 결국 동료 정치인과 함께 반역자로 몰리게 되었으며, 끝내 반역자로 추정되는 반역죄 때문에 잔인하게 고문당한 다음 태형을 선고받아 세상을 떠나게 되었다. 하지만 그 이전 서기 523년에 옥중에 있는 동안, 보이티우스는《철학의 위안》을 집필함으로써 선도적이고 지적인 문헌들 중 하나를 남겼다. 또한, 그는 이해할 수 있는 우울증을 이겨내려고 노력하면서 신이 갖춘 전지전능함과 자유의지에 대한 견해를 조합하려고 시도하며 이렇게 서술한다. "영원하고 무한한 존재인 신이 사람들이 실행할 행동뿐만 아니라, 계획과 목적도 예견한다면, 자유의지는 존재할 수 없다."[12]

우리는 이런 논쟁에서 더 현대적인 개념을 적용하여 신을 과학자로 바꿀 수 있다. 이때 과학자는 데이터를 무제한으로 활용하고 측정하는 능력을 갖추고 있으며, (우주 전체에 적용할 수 있는) 일부 특정한 시스템에서 무슨 일이 일어날지를 예측하려고 노력한다. 이제는 과학자 대신에 한 남성, 즉 보이티우스가 옥중에서 예측하는 것을 추정해보자. 보이티우스가 신과 마찬가지로 전지전능함을 갖추었다고 가정했지만, 보이티우스가 미래를 예측할 수 있을지의 여부는 우선 실제로 확실한 상태보다 불확실한 상태가 더 많다. 먼저 우리가 앞에서 논의했듯이, '높은 단계로 상승'할 수 있는 물리학의 최하부에서 사실상 아래로 이동하는 잡음이 존재한다면, 현재 상태에서 미래에 발생할 독특한 상태를 예측하기는 불가능할 것이다. 하지만 이런 경우에도, 신은 (또는 전지전능한 과학자는) 보이티우스가 미래를 적절하게 예측할 수 있는 확률 분포를 제시할 것이다. 그러나 이런 복잡한 문제는 결국 논점과 상관없는 문제가 되기 때문에 한쪽으로 제쳐두고, 가장 결정론적인 우주, 즉 오직 단 한 가지 미래만 가질 수 있는 우주를 간단하게 추정해보자.

심지어 결정론적인 우주에서도 예측으로 이끌어낸 논증이 어떻게 무너지는지를 설명하려면, 우리는 복잡성과 혼돈 이론에 관한 과학적 연구, 즉 다름 아닌 바로 예측 자체에 대한 개념을 의기양양하게 확립한 1980년대 연구로 잠시 거슬러 올라가야 한다. 과학은 시스템 자체가 단순히 결정론적 법칙의 결과에 해당하더라도, 일부 시스템을 쉽게 예측할 수 있는 방법은 존재하지 않는다는 것을 발견했다.

이런 발견은 궁극적으로 규칙성에 한계가 있어서 예상치 못한 일이 발생할 수도 있으며 특정한 사례에서 실제로 어떤 일이 일어나는지를 파악하려면 명시적으로 계산을 수행해야만 가능하다는 '계산적 환원 불가능성'의 특징을 지니고 있다. 이는 컴퓨터 프로그램 측면에서 가장 쉽게 설명할 수 있다. 이를테면 특정한 복잡성을 넘어서는 컴퓨터 프로그램의 경우, 우리가 결과를 예측하는 데 적용할 수 있는 더 짧은 컴퓨터 프로그램이 존재하지 않는다. 우리가 유일하게 수행할 수 있는 단 한 가지는 컴퓨터 프로그램을 실행하고 무슨 일이 일어나는지를 관찰하는 것이다. 스티븐 울프럼은《새로운 종류의 과학A New Kind of Science》에서 계산적 환원 불가능성 때문에 과학이 예측에 관하여 생각하는 방식이 변화하는 현상을 이렇게 규정한다.

> 전통적인 과학에서 일반적으로 추정한 바에 따르면, 시스템에 관하여 확실한 기본 원칙을 성공적으로 찾아낼 수 있다는 것은 궁극적으로 시스템이 어떻게 작동할지를 예측할 수 있는 매우 쉬운 방법이 항상 존재할 것이라는 점을 의미한다. (…) 하지만 이제 계산적 환원 불가능성은 예측에 따라 훨씬 더 근본적인 문제를 이끌어낸다. 이를테면 원칙적으로 일부 특정한 시스템이 어떻게 작동할지를 계산하는 데 필요한 모든 정보를 갖추고 있더라도, 일부 특정한 시스템이 어떻게 작동할지를 실제로 계산할 때는 시스템에 계산적 환원 불가능성이 여전히 존재할 수 있다. 사실, 시스템에 계산적 환원 불가능성이 존재할 때마다 사실상 시스템 자체가 진화하는 만큼 많은 계산 단계를 거의 다 살펴보는 것을 제외하고는 시스템이 어떻게 작동할지를 예측할 수 있는 방법이 존재하지 않는다는 것을 의미한다. (…) 따라서 이런 견해가 의미하는 것은 예측하는 데 활

> 용하는 시스템이 우리가 시스템의 작동을 예측하려고 시도할 수도 있는 모든 유형의 시스템에서 발생하는 계산적 환원 불가능성보다 더 정교한 계산적 환원 불가능성을 발생시키기를 기대할 수 없다는 점이다. 이에 따라 많은 시스템은 체계적으로 예측할 수 없으므로, 시스템이 진화하는 과정을 쉽고 간단하게 설명할 수 있는 일반적인 방법은 존재하지 않으며, 결과적으로 시스템의 작동은 계산적 환원 불가능성의 특징을 지니는 것으로 간주되어야 한다.[13]

스티븐 울프럼은 이런 견해가 자유의지와 관련되어 있다고 스스로 생각하지만, 마지막 순간에는 그런 생각에서 벗어나는 대신 계산적 환원 불가능성을 그저 자유의지를 갖춘 다른 사람들을 인식하기 위한 충분조건으로만 구상한다. 하지만 나는 그런 견해가 인과적 창발성과 결합한다면 최소한 그보다 훨씬 더 많은 정보를 제공한다고 생각한다.

이제 다시 깊게 고려해보자. (옥중에 갇힌 사람처럼) 문제에 갇힌 시스템이 사실 계산 처리 과정으로 환원될 수 없다면, 신은 (또는 우리가 선택한 경우, 전지전능한 과학자는) 곤란한 상황에 처하게 될 것이다. 신과 전지전능한 과학자는 앞으로 무슨 일이 일어날지를 예측할 수 있지만, 오로지 시스템이 기능적 관점에서 원래 시스템과 세부적으로 완전히 동일하게 형성되어야만 앞으로 일어날 일을 예측할 수 있다. 그렇다면 이제는 보이티우스가 자신의 코를 긁는다고 가정해보자. 신은 최상의 원자 수준에서 보이티우스와 방을 재현한 다음, 보이티우스 2세에게 행동(코를 긁는 행동)을 수행하도록 시키고 나서, 보이티우스 2세가 원래 보이티우스(보이티우스 1세)에게 되돌아가 (사적으로, 그렇지 않으면 사건에 영향을 미칠 수 있도록) "하! 당신은 5초 안에 당신의 코를 긁을 것입니다. 그런 당신의 모습은 어쨌든 단순히 자동화된 것처럼 보입니다"라고 큰소리로 외치는 상황을 예측할 수 있다. 이런 예측은 보이티우스가 일반적으로 예측하는 여러 가지 중요한 방식에 따라 매우 다르게 보인다. 먼저, 보이티우스 시스템은 효과적으로 오직 시간 여행의 형태를 통해서만 예측할 수 있는 것 같다. 이를테면 보이티우스 2세는 어떻게든 보이티우스 1세보다 '속도가 더 빨라야' 한다. 즉, 우리가 보이티우스 1세와 보이티우스 2세를 각각 컴퓨터 프로그램으로 생각한다면, 튜링 기계는 보이티우스 2세가 보이티우스 1세보다 더 빠르게 작동해야 한다. 이런 상황은 이미 문제가 매우 많아 보인다. (아마도 우리는 물리적 시스템을 원래 물리적 시스템보다 더 빠르게 작동할 수 없을 것이다.) 이런 견해는 마치 "나는 당신이 어떤 행동을 취할지를 예측할 수 있지만, 단지 내가 시간 여행을 떠날 수 있을 때만 가능하다. 내가 시간 여행을 떠날 수 없다면, 아무리 예측하는 데 도움이 되는 많은 자료를 내 마음대로 적용하더라도, 나는 실제로 당신이 어떤 행동을 취할지를 예측할 수 없다"라고 주장하는 것과 같다. 그래서 자유의지를 반대하는 논쟁을 지지하는 사람들은 '예측'이라는 단어의 의미를 그저 관찰과 시간 여행으로만 축소할 수밖에 없으며, 이런 상황은 확실히 자유의지에 훨씬 더 약한 위협을 가하는 것처럼 보인다. 놀랍게도 이런 견해는 근본적으로 보이티우스가 자유의지에 호의적으로 주장하는 논쟁에 해당한다. 1,500년 전, 보이티우스는 모든 사건이 동시에 발생하므로 신에게는 현재와 미래 사이에 시간적 차이가 존재하지 않는다고 지적했으며, 모든 시간이 신의 입장에서 현재와 같으므로 신이 시간 여행을 떠날 수 있다는 점을 실질적으로 부인했다. 따라서 신은 현재나 미래 중 하나의 시간에만 머물러 있을 수도 없고, 현재와 미래 사이를 오가며 비교할 수도 없다!

하지만 여기서는 보이티우스가 예측하지 못했던 방식으로 자유의지에 반대하는 논쟁을 부인한다. 보이티우스를 똑같이 복제한 보이티우스 2세는 여전히 자유의지를 갖추고 있는 것처럼 보이기 때문이다. 보이티우스 2세가 어떤 행동을 취할지를 예측하려면, 신은 보이티우스 3세가 필요할 것이다. 다시 말해서, 신은 인간을 예측할 수 없고 그저 관찰만 할 수 있게 만든 다음, 인간을 관찰한 후 관찰한 정보를 이용하여 복제 인간이 아닌 원래 인간을 '예측'하기 위해 시간 여행을 떠나며, 인간을 예측할 수 없게 만든 대가로 인간의 행동을 끊임없이 예측해야 하는 무한 후퇴(어떤 사항의 원인이나 조건을 구하고, 다시 그 조건을 구하는 방식으로 무한히 거슬러 올라가는 일 – 옮긴이 주)에 사로

잡혀 있는 것처럼 보인다. 이런 상황은 완전히 피눈물 나는 느낌을 주는 '예측'의 정의에 해당된다. 여기서는 무슨 일이 일어나고 있는지를 전혀 예측할 수 없을 것 같다. 하지만 그 대신에 자유의지는 우리가 결코 제거할 수 없는 환원 불가능성의 특징을 지니며, 오직 더 빠른 실행 시간에서만 일부 새로운 복제 인간에게 이동하는 것처럼 보인다.

시나리오 작가이자 영화감독 알렉스 가랜드Alex Garland가 직접 각본을 쓰고 연출한 TV 미니 시리즈 〈데브스Devs〉는 이런 점을 분명히 보여준다. 〈데브스〉에서 제시하는 '맥거핀MacGuffin(줄거리에서 중요하지 않은 부분을 마치 중요한 부분처럼 위장해서 관객의 주의를 끄는 교묘한 장치 – 옮긴이 주)'은 모든 현실을 완전히 세부적으로 모방해서 만들 수 있는 양자 컴퓨터다. 이 양자 컴퓨터는 자유의지를 갖고 있지 않은 등장인물, 특히 일단 기계를 활용하는 등장인물에게 자신을 모형화하도록 설득한다. 한 장면에서, 화면에 등장하는 배우는 시간적으로 약간 앞서는 경우를 제외하고, 즉시 기계를 활용하여 완벽하게 모형화한 자신과 똑같은 배우를 화면에서 지켜본다. 결과적으로 화면에 등장하는 배우는 자신과 똑같은 배우가 자신 앞에서 비명을 지르고 자신과 똑같이 반응하므로, 공포에 질려 화면을 꺼달라고 비명을 지르는 상황이 발생한다. 화면에 등장하는 배우가 소름 끼치도록 끔찍한 상황에서 깨달은 점은 자신이 그저 눈에 보이지 않은 기차선로를 따라 거침없이 계속 뒤를 이어 생겨나는 모조품에 불과하다는 것이다.

하지만 그런 기계는 실제로 어떻게 작동할 수 있을까? 우리가 스스로 어떤 행동을 취할지를 예측했다면, 우리는 어떤 다른 행동을 취하지 않을까? 자유의지를 부인하는 사람들은 우리가 '따라가고 있는' 미래가 결국 우리를 훨씬 더 먼 미래로 노출시킨다고 주장해야 한다. 따라서 우리가 바라보고 있는 미래는 정확히 우리가 살펴보고 있는 것이므로, 우리의 반응은 반드시 (우리 앞에 있는 누군가와) 똑같아야 한다. (그리고 우리 앞에 있는 누군가는 결국 섬뜩한 모조품에 해당된다.) 그렇다면 이런 견해는 명백하게 환원 불가능성의 특징을 지니지 않을까? 미래를 예측하는 방식에는 작품에 수학적 개념을 적용하여 불가능성을 시각적으로 표현한 네덜란드 판화가 마우리츠 코르넬리스 에셔Maurits Cornelis Escher처럼 무한한 계산적 환원 불가능성으로 끝도 없이 빠져드는 미래를 예측하는 또 다른 방식이 존재해야 하므로, 이런 견해는 기계 자체가 계속 자신을 모방해서 모조품을 만들고 있어야 함을 의미할 것이다.

운명론을 둘러싼 끝없는 논쟁

자유의지를 반대하는 논쟁들은 지금까지도 자유의지를 반증하며 부인해왔지만, 예측이나 인과관계에 관하여 전혀 언급하지 않고 자유의지를 반대하며 논쟁을 펼쳐나가는 것은 실제로 매우 어려운 일이라고 밝혀졌다. 한 가지 가능한 사실은 우리의 행동이 어떤 유형의 논리적 의존성을 통해 운명으로 정해진다는 논쟁, 다시 말해서 예측이나 인과관계에 의존할 필요가 없다는 논쟁에 의지한다는 것이다. (그런 논쟁에 쉽게 빠져들 수 있지만, 그렇게 되지 않도록 스스로 조심해야 한다.)

이런 '운명 논쟁'의 형태는 고대 그리스 철학자 아리스토텔레스의 명제론까지 거슬러 올라가야 한다. 하지만 자유의지에 관한 논리적 운명론의 가장 명백한 사례는 미국 철학자 리처드 테일러Richard Taylor가 발표한 매우 유명한 철학 논문에서 제시되었다.[14] 리처드 테일러는 모든 명제가 참이나 거짓으로 입증되는 것과 마찬가지로, 합리적이고 논리적인 가정들이 자유의지가 불가능하다는 견해를 수반한다고 주장했다.

그러나 합리적이고 논리적인 가정들 가운데 대다수는 상당히 논쟁의 여지가 있다고 지적된 바가 있다.[15] 우리가 (과학적 불완전성이 사실이라는 견해나 물리학 어딘가에서 환원할 수 없는 비결정론이 존재한다는 견해를 수반할 가능성이 큰) 불확실한 세상을 추정한다면, 해상 전투와 같은 미래 사건을 미리 헤아려 짐작하는 예측은 사건이 발생된 시점에서 이미 사실이나 거짓으로 입증되므로, 매우 논리적으로 결과를 수반한다고 주장하는 것이 불합리할 수 있다. 불확실한 세계에서는 (미래 사건을 미리 헤아려 짐작하는 예측과 마찬가지로) 모든 논리적인 진리의 가치가 사실이나 거짓으로 입증되는 시점에서 규정되는 것은 아니다. (실제로, 철학자 테일러는 자체적으로 이런 추정을 거부하는 논쟁을 지지했다.)

또한 미래가 과거를 수반한다는 논리적인 추론이 사실이 아니라면, 그런 논리적인 추론도 마찬가지로 문제가 많아 보인다는 견해에 주목할 만한 가치가 있다. 우리의 행동이 우리의 뇌 상태에 수반되지 않았다면, 이런 상황은 매우 걱정스러울 것이다. 이를테면 우리가 어린 아이를 돌보는 원인이 어린 아이를 사랑하기 때문이거나, 우리가 실제로 한 친구와 사이가 멀어진 원인이 통제할 수 없는 친구의 엉뚱한 행동 때문이 아니라, 친구의 엉뚱한 행동에 몹시 못마땅한 우리의 분노 때문이기를 우리 스스로가 바라는 것 같다. 따라서 우리는 그와 반대로 미래가 과거에 의존하지 않는(도출된 확률 분포가 심지어 무작위적으로도 존재하지 않는) 우주가 매력적으로 느껴지지 않기 때문에, 논리적 운명론이 자유의지를 제대로 공격한다는 견해를 이미 회의적으로 받아들여야 할 것이다.

어떤 과학적 발견도 우리가 논리를 해석하는 방법에 영향을 미칠 수 없지만, 해석 자체도 논쟁의 대상이 된다. 이런 견해는 미국 작가 데이비드 포스터 월리스David Foster Wallace가 지적했다. 애머스트대학교 졸업 논문에서, 데이비드 포스터 월리스는 운명 논쟁이 그저 다양한 유형의 가능성으로 불거진 의미론적 융합에만 근거한다는 점을 보여주었다.[16]

논리적 운명론은 자유의지를 반대하는 가장 철학적이고 가장 추상적인 논쟁에 해당하므로, 논쟁의 여지가 가장 많다. 또한, 매우 복잡하고 과학과 너무 동떨어져 있기에, 나는 운명 논쟁이 영원히 계속되리라고 상상할 수 있다. 어느 시점에서 우리는 안락의자에 앉아 있는 철학자들의 연구실을 뒤로하고 떠나야 한다.

자유의지란 무엇일까?

논리적 운명론에 관한 사례는 따로 제쳐놓고, 우리가 지금까지 대체적으로 살펴본 다른 조건들을 적용한다면 자유의지에 관한 과학적 정의를 어떻게 구현해야 할지를 개략적으로 설명할 수 있다. 적절하게 설명하는 수준에서 자유의지에 관한 과학적 정의는 먼 과거 상태보다 최근의 내부적 상태가 인과적으로 더 관련되어 있으며, 계산적 환원 불가능성의 특징을 지니고 있는 인과적 창발성이 중요한 역할을 하게 된다는 것을 의미한다. 우리가 확실하게 인식할 수 없지만, 내가 보기에 인간의 뇌는 특히 우리가 근본적으로 불확실한 세계에서 살고 있다는 조건을 만족시킬 가능성이 매우 크다. 과학적 불완전성에 관한 결론은 추측에 근거하고 있지만, 우리가 실제로 불확실한 세계에서 살고 있다는 견해를 수반할 것이다.

대다수 사상가들은 불확실성이 어떻게든 근본적으로 자유의지를 수반한다고 지적하지만, 또 다른 대다수 사상가들은 불확실성이 자체적으로 어쩔 수 없이 자유의지를 수반하는 것은 아니라고 지적하며 대응해왔다. 그리고 오로지 불확실성만으로 자유의지를 확립하는 데 도움이 되지 않는다는 견해는 사실이다. 하지만 우리가 앞에서 살펴보았듯이, 불확실성은 인과적 창발성이나 계산적 환원 불가능성과 같은 속성들이 조합할 때 자유의지에 관한 직관적 정의를 만족시키는 것처럼 보인다는 조건을 수반할 수 있다.

과학이 항상 보편적으로 매우 날카롭고 예리하게 비판만 하는 것은 아니다. 때때로 과학은 가장 소중하게 여기는 개념을 무너뜨리기보다 오히려 지지해준다. 또한, 우리를 억누르기보다 오히려 개선시킨다. 그런 상황을 과학의 위안이라고 칭하자. 우리는 털이 없는 유인원일 수도 있지만, 의식을 둘러싼 역설들이 입증했듯이, 실제로 다소 특별하고 독특하게 의식을 갖추고 있다. 의식을 과학적으로 연구하려면 질적인 부분과 특유한 형이상학적 생태계에 해당하는 양적인 부분이 만나는 혼합 지대를 탐구해야 한다. 하지만 이런 혼합 지대는 과학의 다른 분야들이 적용하는 방식에 따라 우리가 만족할 정도로 해결되지 못하므로, 우리에게 항상 역설적이고 신비로운 해구海口로 남아 있을 가능성이 크다.

또한, 세상을 바라보는 과학적 관점은 필연적으로 불완전하더라도 보편적으로 환원주의적인 특성을 지니고 있는 것도 아니다. 우리가 무엇보다 깊이 이해하는 인과관계와 예측, 계산은 일반적으로 환원에 대한 반증뿐만 아니라, 인과적 창발성에 대한 개념과 더불어 진정한 가치를 지니고 있는 자유의지에 대한 개념도 제공한다.

어쩌면 이런 상황은 내가 여기에서 나만의 주관성을 숨기지 못하고 내재적 관점과 외재적 관점을 혼합하여 책을 저술하는 데 적합할 수도 있다. 작가는 세상에 생각과 모습을 드러내고 고백해야 한다. 나는 작가로서 그에 따른 자유가 아찔하고 무모하다는 것을 깨달았다. 어떤 면에서 그런 자유는 오랫동안 추구해 온 역사적인 꿈, 즉 과학적 세계관에서 후퇴하지 않고 과학적 발견에 확고하게 기반을 두면서 목청껏 크게 소리치는 자유에 해당한다. 아주 오랫동안 작가와 정치인, 시인, 신앙가, 신비주의자, 온갖 유형의 신념을 갖춘 사상가들은 아주 오랫동안 별들의 결점을 궁금하게 여겼다. 우리는 영국 낭만파 시인 퍼시 비시 셸리Percy Bysshe Shelley의 작품《자유에 부치는 송가!Ode to Liberty!》에서 자유를 기대하는 사람들의 희망을 들을 수 있고, 미국 시인이자 작가 마야 안젤루Maya Angelou가 출간한 소설《새장에 갇힌 새가 왜 노래하는지 나는 아네I Know Why the Caged Bird Sings》에서 새장에 갇힌 새가 노래하는 소리를 들을 수 있으며, 모세가 파라오에게 가서 이스라엘 백성을 내보내달라고 울부짖으며 외치는 소리를 들을 수도 있다. 또한, 우리는 역사적으로 위대한 혁명과 진술뿐만 아니라, 조용하고 평범한 일상생활 속에서도 소리를 들을 수 있고, 우리 모두에게 익숙한 유명한 이름만큼이나 실제로 자기 성찰과 호기심으로 가득 찬 대중 속에서도 소리를 들을 수 있다. 우리는 개개인의 작은 행동들 속에서도 소리를 들을 수 있고, 슈퍼마켓에서 시리얼 제품들 중 특정 제품을 구입하고자 결정할 때나 책꽂이에서 특정한 책을 선택할 때도 소리를 들을 수 있으며, 아이들을 대하는 방법을 결정하는 사람들 속에서, 또는 결혼하기로 결정하는 사람들 속에서도 소리를 들을 수 있다. 게다가 우리는 미국 철학자 윌리엄 제임스가 일기장을 덮고 방에서 나와 아침 햇살을 맞으며 산책하기로 결정하는 상황 속에서도 소리를 들을 수 있다.

주

1장. 세상을 바라보는 인간의 두 가지 관점

1. David Chalmers, *The Conscious Mind: In Search of a Fundamental Theory* (Oxford: Oxford University Press, 1997).
2. Christof Koch, *Consciousness: Confessions of a Romantic Reductionist* (Cambridge, MA: MIT Press, 2012).
3. Masafumi Oizumi, Larissa Albantakis, and Giulio Tononi, "From the Phenomenology to the Mechanisms of Consciousness: Integrated Information Theory 3.0," *PLoS Computational Biology* 10, no. 5 (2014): e1003588.

2장. 내재적 관점의 발달

1. Julian Jaynes, *The Origin of Consciousness in the Breakdown of the Bicameral Mind* (Boston: Houghton Mifflin Harcourt, 1976), 69.
2. Weichen Song et al., "A Selection Pressure Landscape for 870 Human Polygenic Traits," *Nature Human Behaviour* 5, no. 12 (2021): 1731–1743.
3. Ned Block, "Review of Julian Jaynes, Origin of Consciousness in the Breakdown of the Bicameral Mind," *Boston Globe*, March 6, 1977, https://philpapers.org/archive/BLOROJ-2.pdf.
4. Bill Rowe, "Retrospective: Julian Jaynes and the Origin of Consciousness in the Breakdown of the Bicameral Mind," *American Journal of Psychology* 125, no. 3 (2012): 369–381.
5. Scott Alexander, "Book Review: The Origin of Consciousness in the Breakdown of the Bicameral Mind," *Slate Star Codex*, June 1, 2020, https://slatestarcodex.com/2020/06/01/book-review-origin-of-consciousness-in-the-breakdown-of-the-bicameral-mind/.
6. James W. Moore, "'They Were Noble Automatons Who Knew Not What They

Did': Volition in Jaynes' The Origin of Consciousness in the Breakdown of the Bicameral Mind," *Frontiers in Psychology* 12 (2021).

7. Heinz Wimmer and Josef Perner, "Beliefs About Beliefs: Representation and Constraining Function of Wrong Beliefs in Young Children's Understanding of Deception," *Cognition* 13, no. 1 (1983): 103–128.
8. Rowe, "Retrospective: Julian Jaynes."
9. Bruno Snell, *The Discovery of the Mind*, trans. Thomas G. Rosenmeyer (Cambridge, MA: Harvard University Press, 1953).
10. Thomas Nagel, *The View from Nowhere* (Oxford: Oxford University Press, 1989).
11. A. Erman, *The Literature of the Ancient Egyptians: Poems, Narratives, and Manuals of Instruction from the Third and Second Millenia B.C.* (New York: Benjamin Blom, Inc., 1927), 109.
12. G. Robins, *Proportion and Style in Ancient Egyptian Art* (Austin: University of Texas Press, 1994).
13. G. Richter, *Art and Human Consciousness* (Hudson, NY: Steiner Books, 1985), 126.
14. W. Simpson, W. (ed.), *The Literature of Ancient Egypt* (New Haven, CT: Yale University Press, 2003), 179.
15. M. Lichtheim (ed.), *Ancient Egyptian Literature, Volume I: The Old and Middle Kingdoms* (Berkeley: University of California Press, 1973), 92.
16. Ibid., 17.
17. Ibid., 18–27.
18. R. I. M. Dunbar, *Grooming, Gossip, and the Evolution of Language* (Cambridge, MA: Harvard University Press, 1998).
19. N. Block, "On a Confusion About a Function of Consciousness," *Behavioral and Brain Sciences* 18, no. 2 (1995): 227–247.
20. A. Erman, *Life in Ancient Egypt* (London, 1894), 389.
21. M. Lichtheim (ed.), *Ancient Egyptian Literature, Volume II: The New Kingdom* (Berkeley: University of California Press, 2006), 192.
22. Jaynes, *Origin of Consciousness*, 72.
23. Ibid., 272.
24. G. Lessing, *Laocoon: An Essay on the Limits of Painting and Poetry* (1766), xv.

25. F. Yates, *The Art of Memory* (London: Routledge and Kegan Paul, 1966), 1-3.
26. J. Foer, *Moonwalking with Einstein: The Art and Science of Remembering Everything* (New York: Penguin, 2012).
27. Snell, *Discovery of the Mind*, 125.
28. Ibid., 250.
29. Cicero, in *The Letters of Cicero: The Whole Extant Correspondence in Chronological Order, in Four Volumes*, trans. Evelyn Shirley Shuckburgh (London: Bell and Sons, 1908), 207.
30. Yates, *The Art of Memory*, 4.
31. J. Atkins, "Euripides's Orestes and the Concept of Conscience in Greek Philosophy," *Journal of the History of Ideas* 75, no. 1 (2014): 1–22.
32. C. Valerius Catullus, "Poem 85," *Carmina*, trans. Leonard C. Smithers (Perseus Project).
33. O. Brockett and F. Hildy, *History of Theater* (Boston: Pearson Education Limited, 2014).
34. C. Wickham, *The Inheritance of Rome: Illuminating the Dark Ages 400–1000* (New York: Penguin Books, 2010).
35. B. Ward-Perkins, *The Fall of Rome and the End of Civilisation* (Oxford: Oxford University Press, 2006), 164.
36. Kristina Milnor, *Graffiti and the Literary Landscape in Roman Pompeii* (Oxford: Oxford University Press, 2014).
37. Lockett, "Embodiment, Metaphor, and the Mind in Old English Narrative," in *The Emergence of Mind: Representations of Consciousness in Narrative Discourse in English*, ed. D. Herman (Lincoln: University of Nebraska Press, 2011).
38. J. Sedivy, "Why Doesn't Ancient Fiction Talk About Feelings?," *Nautilus* 47 (2017).
39. E. Gardiner, *Visions of Heaven and Hell Before Dante* (New York: Italica Press, 1989), 57-65.
40. L. Zunshine, *Why We Read Fiction: Theory of Mind and the Novel* (Columbus: Ohio State University Press, 2006).
41. M. Cervantes, *Don Quixote*, trans. John Ormsby (London: Smith, Elder, 1885), 1-33.

42. George Eliot, *Middlemarch*, in D. Herman (ed.), *The Emergence of Mind: Representations of Consciousness in Narrative Discourse in English* (Lincoln: University of Nebraska Press, 2011), 26.
43. I. Watt, *The Rise of the Novel* (Berkeley: University of California Press, 2001).
44. V. Woolf, "Modern Fiction," in *The Common Reader* (New York: Harcourt, Brace & Company, 1925), 150-158.
45. Zunshine, *Why We Read Fiction.*
46. D. Cohn, *Transparent Minds: Narrative Modes for Presenting Consciousness in Fiction* (Princeton, NJ: Princeton University Press, 1978).
47. A. Palmer, *Social Minds in the Novel* (Columbus: Ohio State University Press, 2010).
48. T. Wolfe, *Hooking Up* (New York: Macmillan, 2000), 169.
49. E. P. Hoel, "Fiction in the Age of Screens," *New Atlantis* (2016), 93–109.
50. X. Chen et al., "The Role of Personality and Subjective Exposure Experiences in Posttraumatic Stress Disorder and Depression Symptoms Among Children Following Wenchuan Earthquake," *Scientific Reports* 7, no. 1 (2017): 1–9.
51. A. Russell (ed.), "Autographs and Signatures," in *The Guinness Book of Records 1987* (Stamford, CT: Guinness Books, 1986).
52. F. Petrie, *Egyptian Tales, Volume 1: Translated from the Papyri* (London: Methuen & Co., 1899), 81-92.
53. Homer, *The Odyssey with an English Translation by A. T. Murray, Ph.D.* (Cambridge, MA: Harvard University Press, 1919), 250-258.
54. J. Joyce, *Ulysses* (Ware, UK: Wordsworth Editions, 2010), 283.

3장. 외재적 관점의 발달

1. Henri Poincaré, *Science and Hypothesis* (New York: The Science Press, 1905).
2. Arthur Miller, "Henri Poincaré: The Unlikely Link Between Einstein and Picasso," *Guardian*, July 17, 2012, https://www.theguardian.com/science/blog/2012/jul/17/henri-poincare-einstein-picasso.
3. Rajarshi Ghosh, "Book Review: Einstein, Picasso: Space, Time and the Beauty That Causes Havoc," *Einstein Quarterly Journal of Biology and Medicine* 19 (2002): 45–46.

4. David C. Lindberg, *The Beginnings of Western Science: The European Scientific Tradition in Philosophical, Religious, and Institutional Context, Prehistory to AD 1450* (Chicago: University of Chicago Press, 2007).
5. Will Durant, *Our Oriental Heritage: The Story of Civilization, Volume I* (New York: Simon & Schuster, 1954), 179.
6. Lindberg, *The Beginnings of Western Science.*
7. Bertrand Russell, *History of Western Philosophy* (New York: Simon & Schuster, 2007).
8. Peter Dear, *Revolutionizing the Sciences: European Knowledge and Its Ambitions, 1500–1700* (Princeton, NJ: Princeton University Press, 2001).
9. Sylvia Berryman, "Democritus," in *The Stanford Encyclopedia of Philosophy*, December 2, 2016, https://plato.stanford.edu/archives/win2016/entries/democritus/.
10. Dear, *Revolutionizing the Sciences.*
11. M. de Voltaire, *The Works of Voltaire, Vol. XII (Age of Louis XIV)* (New York: E. R. DuMont, 1751), https://oll.libertyfund.org/title/fleming-the-works-of-voltaire-vol-xii-age-of-louis-xiv.
12. Joel Mokyr, *A Culture of Growth: The Origins of the Modern Economy* (Princeton, NJ: Princeton University Press, 2016).
13. Dena Goodman, "Enlightenment Salons: The Convergence of Female and Philosophic Ambitions," *Eighteenth-Century Studies* 22, no. 3 (1989): 329–50, https://doi.org/10.2307/2738891.
14. David Graeber and David Wengrow, *The Dawn of Everything: A New History of Humanity* (London: Penguin UK, 2021).
15. Sean Carroll, "Beyond Falsifiability: Normal Science in a Multiverse," in *Why Trust a Theory? Epistemology of Fundamental Physics*, ed. Radin Dardashti, Richard Dawid, and Karim Thébault (Cambridge, UK: Cambridge University Press, 2019), 300–314.
16. Galileo Galilei, "The Assayer," in *Discoveries and Opinions of Galileo*, trans. Stillman Drake (New York: Doubleday & Co., 1957), 237–238, https://www.princeton.edu/~hos/h291/assayer.htm.
17. Philip Goff, *Galileo's Error: Foundations for a New Science of Consciousness* (New York: Pantheon Books, 2019).

18. B. L. Keeley, "The Early History of the Quale and Its Relation to the Senses," in *The Routledge Companion to Philosophy of Psychology* (London: Routledge, 2019), 71–89.
19. David Chalmers, *The Conscious Mind: In Search of a Theory of Conscious Experience* (Oxford: Oxford University Press, 1996).
20. Goff, *Galileo's Error*, 21.

4장. 혁명이 필요한 신경 과학

1. John Mark Taylor, "Mirror Neurons After a Quarter Century: New Light, New Cracks," *Harvard University* blog, July 25, 2016, https://sitn.hms.harvard.edu/flash/2016/mirror-neurons-quarter-century-new-light-new-cracks/.
2. G. di Pellegrino et al., "Understanding Motor Events: A Neurophysiological Study," *Experimental Brain Research* 91, no. 1 (1992): 176–180.
3. Vilayanur Ramachandran, "Mirror Neurons and Imitation Learning as the Driving Force Behind the Great Leap Forward in Human Evolution," *Edge*, May 31, 2000 https://www.edge.org/conversation/vilayanur_ramachandran-mirror-neurons-and-imitation-learning-as-the-driving-force.
4. Vittorio Caggiano et al., "View-Based Encoding of Actions in Mirror Neurons of Area F5 in Macaque Premotor Cortex," *Current Biology* 21, no. 2 (2011): 144–148.
5. Vittorio Caggiano et al., "Mirror Neurons Encode the Subjective Value of an Observed Action," *Proceedings of the National Academy of Sciences* 109, no. 29 (2012): 11848–11853.
6. James M. Kilner and Roger N. Lemon, "What We Know Currently About Mirror Neurons,"*Current Biology* 23 (2013): R1057–R1062.
7. Lindsay M. Oberman, Jaime A. Pineda, and Vilayanur S. Ramachandran, "The Human Mirror Neuron System: A Link Between Action Observation and Social Skills," *Social Cognitive and Affective Neuroscience* 2, no. 1 (2007): 62–66.
8. Suresh D. Muthukumaraswamy and Blake W. Johnson, "Primary Motor Cortex Activation During Action Observation Revealed by Wavelet Analysis of the EEG," *Clinical Neurophysiology* 115, no. 8 (2004): 1760–1766.

9. Riccardo Viaro et al., "Neurons of Rat Motor Cortex Become Active During Both Grasping Execution and Grasping Observation," *Current Biology* 31, no. 19 (2021): 4405–4412.
10. Maria Carrillo et al., "Emotional Mirror Neurons in the Rat's Anterior Cingulate Cortex," *Current Biology* 29, no. 8 (2019): 1301–1312.
11. Richard Mooney, "Auditory-Vocal Mirroring in Songbirds, "*Philosophical Transactions of the Royal Society B: Biological Sciences* 369, no. 1644 (2014): 20130179.
12. Lindsay M. Oberman,and Vilayanur S. Ramachandran, "The Simulating Social Mind: The Role of the Mirror Neuron System and Simulation in the Social and Communicative Deficits of Autism Spectrum Disorders," *Psychological Bulletin* 133, no. 2 (2007): 310.
13. Antonia F. de C. Hamilton, "Reflecting on the Mirror Neuron System in Autism: A Systematic Review of Current Theories," *Developmental Cognitive Neuroscience* 3 (2013): 91–105.
14. Ilan Dinstein et al., "Normal Movement Selectivity in Autism," *Neuron* 66, no. 3 (2010): 461–469.
15. Gregory Hickok, *The Myth of Mirror Neurons: The Real Neuroscience of Communication and Cognition* (New York: W. W. Norton & Company, 2014).
16. Richard Cook and Geoffrey Bird, "Do Mirror Neurons Really Mirror and Do They Really Code for Action Goals?," *Cortex* 49, no. 10 (2013): 2944–2945.
17. Joanna Moncrieff et al., "The Serotonin Theory of Depression: A Systematic Umbrella Review of the Evidence," *Molecular Psychiatry* (2022): 1–14.
18. Daniel Cressey, "Psychopharmacology in Crisis,"*Nature*, June 14, 2011, https://doi.org/10.1038/news.2011.367.
19. Ned Pagliarulo, "Pfizer Pulls Back from Neuroscience, Ending Research," *BioPharma Dive*, https://www.biopharmadive.com/news/pfizer-ends-neuroscience-alzheimers-research-cuts-300-jobs/514210/.
20. Andrew Dunn, "Amgen Exits Neuroscience R&D as Pharma Pulls Back from the Field," *BioPharma Dive*, October 30, 2019, https://www.biopharmadive.com/news/amgen-exits-neuroscience-rd-as-pharma-pulls-back-from-field/566157/.
21. Jacob Bell, "Big Pharma Backed Away from Brain Drugs. Is a Return in Sight?"

BioPharma Dive, January 29, 2020, https://www.biopharmadive.com/news/pharma-neuroscience-retreat-return-brain-drugs/570250/.

22. Klaus-Peter Lesch et al., "Association of Anxiety-Related Traits with a Polymorphism in the Serotonin Transporter Gene Regulatory Region," *Science* 274, no. 5292 (1996): 1527–1531.
23. David Dobbs, "The Science of Success," *Atlantic*, December 2009, https://www.theatlantic.com/magazine/archive/2009/12/the-science-of-success/307761/.
24. Dave Davies, "Is Your Child an Orchid or a Dandelion? Unlocking the Science of Sensitive Kids," NPR, March 4, 2019, https://www.npr.org/sections/health-shots/2019/03/04/699979387/is-your-child-an-orchid-or-a-dandelion-unlocking-the-science-of-sensitive-kids?t=1647970124742.
25. Richard Border et al., "No Support for Historical Candidate Gene or Candidate Gene-By-Interaction Hypotheses for Major Depression Across Multiple Large Samples," *American Journal of Psychiatry* 176, no. 5 (2019): 376–387.
26. Scott Alexander, "5-HTTLPR: A Pointed Review," *Slate Star Codex*, May 5, 2019, https://slatestarcodex.com/2019/05/07/5-httlpr-a-pointed-review/.
27. John P. A. Ioannidis, "Why Most Published Research Findings Are False," *PLOS Medicine* 2, no. 8 (2005): e124, https://doi.org/10.1371/journal.pmed.0020124.
28. C. Glenn Begley and Lee M. Ellis, "Raise Standards for Preclinical Cancer Research,"*Nature* 483, no. 7391 (2012): 531–533.
29. Timothy M. Errington et al., "Investigating the Replicability of Preclinical Cancer Biology," *Elife* 10 (2021): e71601.
30. Open Science Collaboration, "Estimating the Reproducibility of Psychological Science,"*Science* 349, no. 6251 (2015): aac4716.
31. Colin F. Camerer et al., "Evaluating the Replicability of Social Science Experiments in Nature and Science Between 2010 and 2015,"*Nature Human Behaviour* 2, no. 9 (2018): 637–644.
32. Roy F. Baumeister, Ellen Bratslavsky, Mark Muraven, and Dianne M. Tice, "Ego Depletion: Is the Active Self a Limited Resource?," in *Self-Regulation and Self-Control* (London: Routledge, 2018), 6–44.

33. Kathleen D. Vohs, Nicole L. Mead, and Miranda R. Goode, "The Psychological Consequences of Money," *Science* 314, no. 5802 (2006): 1154–1156.
34. Philip G. Zimbardo, "The Mind Is a Formidable Jailer: A Pirandellian Prison," *New York Times*, April 8, 1973, https://www.nytimes.com/1973/04/08/archives/a-pirandellian-prison-the-mind-is-a-formidable-jailer.html.
35. Thibault Le Texier, "Debunking the Stanford Prison Experiment," *American Psychologist* 74, no. 7 (2019): 823.
36. Doug Rohrer, Harold Pashler, and Christine R. Harris, "Discrepant Data and Improbable Results: An Examination of Vohs, Mead, and Goode (2006)," *Basic and Applied Social Psychology* 41, no. 4 (2019): 263–271.
37. Miguel A. Vadillo, "Ego Depletion May Disappear by 2020," *Social Psychology* 50, no. 5–6 (2019): 282.
38. Justin Kruger and David Dunning, "Unskilled and Unaware of It: How Difficulties in Recognizing One's Own Incompetence Lead to Inflated Self -Assessments," *Journal of Personality and Social Psychology* 77, no. 6 (1999): 1121.
39. Edward Nuhfer et al., "How Random Noise and a Graphical Convention Subverted Behavioral Scientists' Explanations of Self-Assessment Data: Numeracy Underlies Better Alternatives," *Numeracy: Advancing Education in Quantitative Literacy* 10, no. 1 (2017).
40. Gilles E. Gignac and Marcin Zajenkowski, "The Dunning-Kruger Effect Is (Mostly) a Statistical Artefact: Valid Approaches to Testing the Hypothesis with Individual Differences Data," *Intelligence* 80 (2020): 101449.
41. Gang Chen, Paul A. Taylor, and Robert W. Cox, "Is the Statistic Value All We Should Care About in Neuroimaging?," *Neuroimage* 147 (2017): 952–959.
42. Craig M. Bennett, Michael B. Miller, and George L. Wolford, "Neural Correlates of Interspecies Perspective Taking in the Post-Mortem Atlantic Salmon: An Argument for Multiple Comparisons Correction," *Neuroimage* 47, Supplement 1 (2009): S125.
43. A. Tlaie et al., "Does the Brain Care About Averages? A Simple Test," *bioRxiv* (2022), 1.
44. Marc-Andre Schulz et al, "Performance Reserves in Brain-Imaging-Based Phenotype Prediction," *bioRxiv* (2022).

45. Scott Marek et al., "Reproducible Brain-Wide Association Studies Require Thousands of Individuals," *Nature* 603, no. 7902 (2022): 654–660.
46. Dan D. Stettler et al., "Axons and Synaptic Boutons Are Highly Dynamic in Adult Visual Cortex," *Neuron* 49, no. 6 (2006): 877–887.
47. Rodrigo Quian Quiroga, Itzhak Fried, and Christof Koch, "Brain Cells for Grandmother," *Scientific American* 308, no. 2 (2013): 30–35.
48. Daniel Deitch, Alon Rubin, and Yaniv Ziv, "Representational Drift in the Mouse Visual Cortex," *Current Biology* 31, no. 19 (2021): 4327–4339.
49. Kyle Aitken, Marina Garrett, Shawn Olsen, and Stefan Mihalas, "The Geometry of Representational Drift in Natural and Artificial Neural Networks," *PLOS Computational Biology* 18, no. 11 (2022): e1010716.
50. Andrew Gelman and Eric Loken, "The Garden of Forking Paths: Why Multiple Comparisons Can Be a Problem, Even When There is No 'Fishing Expedition' or 'p-hacking' and the Research Hypothesis Was Posited Ahead of Time," *Department of Statistics, Columbia University* 348 (2013): 1–17.
51. Dorothy Bishop, "Rein in the Four Horsemen of Irreproducibility," *Nature* 568, no. 7753 (2019).
52. Eric Jonas and Konrad Paul Kording, "Could a Neuroscientist Understand a Microprocessor?," *PLoS Computational Biology*13, no. 1 (2017): e1005268.
53. Davide Castelvecchi, "Can We Open the Black Box of AI?," *Nature News* 538, no. 7623 (2016): 20.
54. Stephen Thornton, "Karl Popper," in *The Stanford Encyclopedia of Philosophy* (Winter 2022 Edition), September 12, 2022, https://plato.stanford.edu/archives/win2022/entries/popper.
55. Thomas Kuhn, *The Structure of Scientific Revolutions* (Chicago: University of Chicago Press, 1962).
56. Imre Lakatos, "Falsification and the Methodology of Scientific Research Programs," in *Criticism and the Growth of Knowledge*, ed. Imre Lakatos and Alan Musgrave (Cambridge, UK: Cambridge University Press, 1970), 91–196.
57. Alan Musgrave and Charles Pigden, "Imre Lakatos," *The Stanford Encyclopedia of Philosophy* (Summer 2021 Edition), April 26, 2021, https://plato.stanford.edu/archives/sum2021/entries/lakatos.
58. Kuhn, *The Structure of Scientific Revolutions*, 67.

59. Christopher W. Tyler, "Peripheral Color Demo," *i-Perception* 6, no. 6 (2015): 2041669515613671.
60. Denis G. Pelli and Katharine A. Tillman, "The Uncrowded Window of Object Recognition," *Nature Neuroscience* 11, no. 10 (2008): 1129–1135.
61. Lisandro N. Kaunitz, Elise G. Rowe, and Naotsugu Tsuchiya, "Large Capacity of Conscious Access for Incidental Memories in Natural Scenes," *Psychological Science* 27, no. 9 (2016): 1266–1277.
62. Catherine Tallon-Baudry, "The Topological Space of Subjective Experience," *Trends in Cognitive Sciences* 26, no. 12 (2022): 1068–1069.
63. Andrew Haun and Giulio Tononi, "Why Does Space Feel the Way It Does? Towards a Principled Account of Spatial Experience," *Entropy* 21, no. 12 (2019): 1160.
64. Giulio Tononi, "An Information Integration Theory of Consciousness," *BMC Neuroscience* 5, no. 1 (2004): 1–22.
65. Theodosius Dobzhansky, "Nothing in Biology Makes Sense Except in the Light of Evolution," *American Biology Teacher* 75, no. 2 (2013): 87–91.

5장. 의식 연구의 두 가지 접근 방식

1. Francis Crick, *The Astonishing Hypothesis: The Scientific Search for the Soul* (New York: Charles Scribner's Sons, 1994).
2. Francis Crick and Christof Koch, "Towards a Neurobiological Theory of Consciousness," *Seminars in the Neurosciences* 2 (1990): 263–275.
3. Gerald M. Edelman, *Neural Darwinism: The Theory of Neuronal Group Selection* (New York: Basic Books, 1987).
4. Gerald M. Edelman, *The Remembered Present: A Biological Theory of Consciousness* (New York: Basic Books, 1989).
5. Francis Crick, "Neural Edelmanism," *Trends in Neurosciences* 12, no. 7 (1989): 240–248.
6. Naotsugu Tsuchiya, Melanie Wilke, Stefan Frässle, and Victor F. Lamme, "No-Report Paradigms: Extracting the True Neural Correlates of Consciousness," *Trends in Cognitive Sciences* 19, no. 12 (2015): 757–770.
7. Hakwan C. Lau and Richard E. Passingham, "Relative Blindsight in Normal

Observers and the Neural Correlate of Visual Consciousness," *Proceedings of the National Academy of Sciences* 103, no. 49 (2006): 18763–18768.

8. James D. Watson and Francis Crick, "Molecular Structure of Nucleic Acids: A Structure for Deoxyribose Nucleic Acid," *Nature* 171, no. 4356 (1953): 737–738.
9. Michael Wenzel et al., "Reduced Repertoire of Cortical Microstates and Neuronal Ensembles in Medically Induced Loss of Consciousness," *Cell Systems* 8, no. 5 (2019): 467–474.
10. Simone Sarasso et al., "Consciousness and Complexity: A Consilience of Evidence," *Neuroscience of Consciousness* 7, no. 2 (2021): 1–24.
11. Itay Yaron, Lucia Melloni, Michael Pitts, and Liad Mudrik, "The ConTraSt Database for Analysing and Comparing Empirical Studies of Consciousness Theories," *Nature Human Behaviour* 6, no. 4 (2022): 593–604.
12. Anil K. Seth, "Darwin's Neuroscientist: Gerald M. Edelman, 1929–2014," *Frontiers in Psychology* 5 (2014): 896.
13. David Hellerstein, "Plotting a Theory of the Brain," *New York Times*, May 22, 1988, https://www.nytimes.com/1988/05/22/magazine/plotting-a-theory-of-the-brain.html.
14. Johannes Kleiner and Erik Hoel, "Falsification and Consciousness," *Neuroscience of Consciousness* 2021, no. 1 (2021): niab001.
15. Bernard J. Baars, *A Cognitive Theory of Consciousness* (Cambridge, UK: Cambridge University Press, 1989).
16. Stanislas Dehaene, Michel Kerszberg, and Jean-Pierre Changeux, "A Neuronal Model of a Global Workspace in Effortful Cognitive Tasks," *Proceedings of the National Academy of Sciences* 95, no. 24 (1998): 14529–14534.
17. Lenore Blum and Manuel Blum, "A Theory of Consciousness from a Theoretical Computer Science Perspective: Insights from the Conscious Turing Machine," *Proceedings of the National Academy of Sciences* 119, no. 21 (2022): e2115934119.
18. Giulio Tononi, "An Information Integration Theory of Consciousness," *BMC Neuroscience* 5, no. 1 (2004): 1–22.
19. Carl Zimmer, "Sizing Up Consciousness by Its Bits," *New York Times*, Septem-

ber 20, 2010, https://www.nytimes.com/2010/09/21/science/21consciousness.html.

20. Adenauer G. Casali et al., "A Theoretically Based Index of Consciousness Independent of Sensory Processing and Behavior," *Science Translational Medicine* 5, no. 198 (2013): 198ra105–198ra105.
21. Evan S. Lutkenhoff et al., "Subcortical Atrophy Correlates with the Perturbational Complexity Index in Patients with Disorders of Consciousness," *Brain Stimulation* 13, no. 5 (2020): 1426–1435.
22. Catherine Duclos et al., "Brain Responses to Propofol in Advance of Recovery from Coma and Disorders of Consciousness: A Preliminary Study," *American Journal of Respiratory and Critical Care Medicine* 205, no. 2 (2022): 171–182.

6장. 현상학적 의식 이론

1. Louisa S. Cook, *Geometrical Psychology, Or, The Science of Representation: An Abstract of the Theories and Diagrams of BW Betts* (George Redway, 1887), https://ia903404.us.archive.org/31/items/geometricalpsych00cook/geometricalpsych00cook.pdf.
2. Ibid., 9
3. Ibid., 12
4. Ibid., 92
5. Morton Hunt, *The Story of Psychology* (New York: Anchor, 2007), 147.
6. Edward Bradford Titchener, *Lectures on the Elementary Psychology of Feeling and Attention* (London: Macmillan, 1908).
7. Cook, *Geometrical Psychology*, 15
8. Ibid.
9. Tononi, "An Information Integration Theory of Consciousness."
10. Giulio Tononi and Gerald M. Edelman, "Consciousness and Complexity," *Science* 282, no. 5395 (1998): 1846–1851.
11. Giulio Tononi, "Consciousness as Integrated Information: A Provisional Manifesto," *Biological Bulletin* 215, no. 3 (2008): 216–242.
12. Erik Hoel, *The World Makers*, unpublished.
13. Max Tegmark, "Improved Measures of Integrated Information," *PLoS Computational Biology* 12, no. 11 (2016): e1005123.

14. Matteo Grasso, Larissa Albantakis, Jonathan P. Lang, and Giulio Tononi, "Causal Reductionism and Causal Structures," *Nature Neuroscience* 24, no. 10 (2021): 1348–1355.
15. Sabine Hossenfelder, *Existential Physics: A Scientist's Guide to Life's Biggest Questions* (New York: Viking, 2022), 82.
16. William James, *The Principles of Psychology Volume I* (New York: Henry Holt, 1918), 160, https://mindsplain.com/wp-content/uploads/2020/08/The-Principles-of-Psychology-I-by-William-James_.pdf.
17. Elizaveta Levina and Peter Bickel, "The Earth Mover's Distance Is the Mallows Distance: Some Insights from Statistics," *Proceedings Eighth IEEE International Conference on Computer Vision, ICCV 2001* 2 (2001): 251–256.
18. Cook, *Geometrical Psychology*, 16
19. Daniel C. Dennett, *Consciousness Explained* (Boston: Back Bay Books, 1991).
20. Herman Melville, *Moby-Dick; Or, The Whale* (New York: Harper & Brothers, 1851), 369, https://en.wikisource.org/wiki/Moby-Dick_(1851)_US_edition.
21. Matt Visser, "Acoustic Black Holes: Horizons, Ergospheres and Hawking Radiation," *Classical and Quantum Gravity* 15, no. 6 (1998): 1767.
22. Melvyn A. Goodale and A. David Milner, "Separate Visual Pathways for Perception and Action," *Trends in Neurosciences* 15, no. 1 (1992): 20–25.
23. Tim Bayne, "On the Axiomatic Foundations of the Integrated Information Theory of Consciousness," *Neuroscience of Consciousness* 2018, no. 1 (2018): niy007, 2.
24. Larissa Albantakis, Leonardo Barbosa, Graham Findlay, Matteo Grasso, Andrew M. Haun, William Marshall, William GP Mayner et al. "Integrated information (IIT) 4.0: Formulating the properties of phenomenal existence in physical terms." arXiv preprint arXiv:2211.14787 (2022).
25. Sean Carroll, "Beyond Falsifiability: Normal Science in a Multiverse," in *Why Trust a Theory? Epistemology of Fundamental Physics*, ed. Radin Dardashti, Richard Dawid, and Karim Thébault (Cambridge, UK: Cambridge University Press, 2019), 300–314.
26. Bernard J. Baars, "Global Workspace Theory of Consciousness: Toward a Cognitive Neuroscience of Human Experience," *Progress in Brain Research* 150 (2005): 45–53.

27. Kleiner and Hoel, "Falsification and Consciousness."

28. Adrien Doerig, Aaron Schurger, Kathryn Hess, and Michael H. Herzog, "The Unfolding Argument: Why IIT and other Causal Structure Theories Cannot Explain Consciousness," *Consciousness and Cognition* 72 (2019): 49–59.

29. Anton Maximilian Schäfer and Hans Georg Zimmermann, "Recurrent Neural Networks Are Universal Approximators," in *International Conference on Artificial Neural Networks* (Berlin: Springer, 2006), 632–640.

30. Kurt Hornik, Maxwell Stinchcombe, and Halbert White, "Multilayer Feedforward Networks Are Universal Approximators," *Neural Networks* 2, no. 5 (1989): 359–366.

31. Jake R. Hanson and Sara I. Walker, "Integrated Information Theory and Isomorphic Feed-Forward Philosophical Zombies," *Entropy* 21, no. 11 (2019): 1073.

32. Johannes Kleiner, "Brain States Matter: A Reply to the Unfolding Argument," *Consciousness and Cognition* 85 (2020): 102981.

33. Kleiner and Hoel, "Falsification and Consciousness."

34. Alan Turing, "On Computable Numbers, with an Application to the Entscheidungsproblem: A Correction," *Proceedings of the London Mathematical Society* 2, no. 1 (1938): 544–546.

35. Stephen Wolfram, "Cellular Automata as Models of Complexity," *Nature* 311, no. 5985 (1984): 419–424.

36. Christof Koch, *The Feeling of Life Itself: Why Consciousness Is Widespread But Can't Be Computed* (Cambridge, MA: MIT Press, 2019).

37. Marcus Hutter, "A Gentle Introduction to the Universal Algorithmic Agent {AIXI}," in *Artificial General Intelligence*, ed. Ben Goertzel and Cassio Pennachin (Berlin: Springer, 2003).

38. George Musser, "Schrodinger's Zombie: Adam Brown at the 6th FQXi Meeting," *FQXi Blog*, September 6, https://fqxi.org/community/forum/topic/3345.

39. Larissa Albantakis, "Unfolding the Substitution Argument," *Conscious(-ness) Realist*, September 14, 2020, https://www.consciousnessrealist.com/unfolding-argument-commentary.

40. Scott Aaronson, "Why I Am Not an Integrated Information Theorist (Or,

the Unconscious Expander)," *Shtetl Optimized: The Blog of Scott Aaronson*, https://scottaaronson.blog/?p=1799.

41. Thomas Metzinger, *Being No One: The Self-Model Theory of Subjectivity* (Cambridge, MA: MIT Press, 2004).
42. Hakwan Lau and David Rosenthal, "Empirical Support for Higher-Order Theories of Conscious Awareness," *Trends in Cognitive Sciences* 15, no. 8 (2011): 365–373.
43. Michael S. A. Graziano and Taylor W. Webb, "The Attention Schema Theory: A Mechanistic Account of Subjective Awareness," *Frontiers in Psychology* (2015): 500.
44. Aaronson, "Why I Am Not an Integrated Information Theorist."
45. Matteo Grasso, Andrew M. Haun, and Giulio Tononi. "Of Maps and Grids," *Neuroscience of Consciousness*, no. 2 (2021): niab022.
46. Baars, "Global Workspace Theory of Consciousness."
47. Graziano and Webb, "The Attention Schema Theory."
48. Dennett, *Consciousness Explained.*
49. Nitasha Tiku, "The Google Engineer Who Thinks the Company's AI Has Come to Life," *New York Times*, June 11, 2022, https://www.washingtonpost.com/technology/2022/06/11/google-ai-lamda-blake-lemoine/.
50. Robert Miles, Twitter post, June 12, 2022, https://twitter.com/robertskmiles/status/1536039724162469889.
51. Rohit Krishnan, Twitter post, June 12, 2022, https://twitter.com/krishnanrohit/status/1536050803055656961.
52. Emily M. Bender, Timnit Gebru, Angelina McMillan-Major, and Shmargaret Shmitchell, "On the Dangers of Stochastic Parrots: Can Language Models Be Too Big?," *Proceedings of the 2021 ACM Conference on Fairness, Accountability, and Transparency* (2021): 610–623.
53. Tiku, "The Google Engineer Who Thinks the Company's AI Has Come to Life."
54. Blake Lemoine, Twitter post, June 13, 2022, https://twitter.com/cajundiscordian/status/1536503474308907010?lang=en.
55. Gilbert Ryle, *The Concept of Mind* (Chicago: University of Chicago Press, 1949).

7장. 좀비 데카르트 이야기

1. David Chalmers, *The Conscious Mind: In Search of a Theory of Conscious Experience* (Oxford: Oxford University Press, 1996).
2. Richard Dawkins, *The Selfish Gene* (Oxford: Oxford University Press, 1976).
3. Joseph Levine, "Materialism and Qualia: The Explanatory Gap," *Pacific Philosophical Quarterly* 64, no. 4 (1983): 354–361.
4. Frank Jackson, "What Mary Didn't Know," *Journal of Philosophy* 83, no. 5 (1986): 291–295.
5. Saul A. Kripke, "Naming and Necessity," in *Semantics of Natural Language* (Dordrecht, Netherlands: Springer, 1972), 253–355.
6. Thomas Nagel, "What Is It Like to Be a Bat?" *Philosophical Review* 83, no. 4 (1974): 435–450.
7. Daniel C. Dennett, *Intuition Pumps and Other Tools for Thinking* (New York: W. W. Norton & Company, 2013).
8. David Chalmers, "Does Conceivability Entail Possibility?" *Conceivability and Possibility* 145 (2002): 200.
9. Ned Block and Robert Stalnaker, "Conceptual Analysis, Dualism, and the Explanatory Gap," *Philosophical Review* 108, no. 1 (1999): 1–46.
10. Eric Marcus, "Why Zombies Are Inconceivable," *Australasian Journal of Philosophy* 82, no. 3 (2004): 477–490.
11. David Chalmers, "The Two-Dimensional Argument Against Materialism," in *The Oxford Handbook of the Philosophy of Mind*, ed. B. McLaughlin (Oxford: Oxford University Press, 2006).
12. Todd C. Moody, "Conversations with Zombies," *Journal of Consciousness Studies* 1, no. 2 (1994): 196–200.
13. Robert Kirk, *Zombies and Consciousness* (Oxford: Clarendon Press, 2005).
14. Nigel J. T. Thomas, "Zombie Killer. Toward a Science of Consciousness," in *Toward a Science of Consciousness II: The Second Tucson Discussions and Debates*, ed. S. R. Hameroff, A. W. Kaszniak, and A. C. Scott (Cambridge, MA: MIT Press, 1998), 171–177.
15. David Chalmers, "The Content and Epistemology of Phenomenal Belief," *Consciousness: New Philosophical Perspectives* 220 (2003): 271.
16. Katalin Balog, "Conceivability Arguments or the Revenge of the Zombies,"

The Paideia Archive: Twentieth World Congress of Philosophy 35 (1998): 34–45.
17. David Chalmers, "The Content and Epistemology of Phenomenal Belief."
18. René Descartes, "Meditations on First Philosophy," in *The Philosophical Works of Descartes,* trans. Elizabeth S. Haldane (Cambridge, UK: Cambridge University Press, 1978).
19. René Descartes, "Discourse on the Method," Project Gutenberg eBook, trans. John Veitch, 1995, https://www.gutenberg.org/files/59/59-h/59-h.htm.
20. Julietta Rose, "Is Chalmers's Zombie Argument Self-Refuting? And How," *Binghamton Journal of Philosophy* 1, no. 1 (2013): 105–132.

8장. 공주와 철학자

1. Jonathan Bennett, "Correspondence Between René Descartes and Princess Elisabeth of Bohemia," 2009, https://www.earlymoderntexts.com/assets/pdfs/descartes1643_1.pdf.
2. Ibid., 1.
3. Ibid., 2–4.
4. Ibid., 4.
5. Ibid., 7.
6. Ibid., 8.
7. Erik-Jan Bos, "Princess Elizabeth of Bohemia and Descartes' Letters (1650–1665)," *Historia Mathematica* 37, no. 3 (2010): 485–502.
8. Ibid., 9.

9장. 의식과 과학적 불완전성

1. Alan Turing, "Computing Machinery and Intelligence" *Mind* 49 (1950): 433–460, https://redirect.cs.umbc.edu/courses/471/papers/turing.pdf, 6.
2. Stephen Wolfram, "A Class of Models with the Potential to Represent Fundamental Physics," arXiv preprint 2004.08210 (2020).
3. Jolly Mathen, "On the Inherent Incompleteness of Scientific Theories," *Activitas Nervosa Superior* 53, no. 1 (2011): 44–100.

4. Thomas Nagel, *The View from Nowhere* (Oxford: Oxford University Press, 1989).
5. Thomas Breuer, "The Impossibility of Accurate State Self-Measurements," *Philosophy of Science* 62, no. 2 (1995): 197–214.
6. Karl Svozil, *Physical (A) Causality: Determinism, Randomness and Uncaused Events* (Cham: Springer Nature, 2018).
7. Lawrence M. Krauss, *A Universe from Nothing: Why There Is Something Rather Than Nothing* (New York: Simon & Schuster, 2012).
8. Jim Holt, *Why Does the World Exist? An Existential Detective Story* (New York: W. W. Norton & Company, 2012).
9. John Horgan, *The End of Science: Facing the Limits of Knowledge in the Twilight of the Scientific Age* (New York: Basic Books, 2015).
10. Stephen W. Hawking, *A Brief History of Time: From the Big Bang to Black Holes* (New York: Bantam Books, 1988).
11. Stephen Hawking, "Gödel and the End of Physics," March 8, 2002, http://yclept.ucdavis.edu/course/215c.S17/TEX/GodelAndEndOfPhysics.pdf.
12. John C. Sommerer and Edward Ott, "Intermingled Basins of Attraction: Uncomputability in a Simple Physical System," *Physics Letters* A214, no. 5–6 (1996): 243–251.
13. Jens Eisert, Markus P. Müller, and Christian Gogolin, "Quantum Measurement Occurrence Is Undecidable," *Physical Review Letters* 108, no. 26 (2012): 260501.
14. Alex Churchill, Stella Biderman, and Austin Herrick, "Magic: The Gathering Is Turing Complete," arXiv preprint1904.09828 (2019).
15. Toby Cubitt, David Perez-Garcia, and Michael M. Wolf, "Undecidability of the Spectral Gap," *Nature* 528 (2015): 207–211.
16. Toby S. Cubitt, "A Note on the Second Spectral Gap Incompleteness Theorem," arXiv preprint 2105.09854 (2021), 8.
17. Douglas Hofstadter, *Gödel, Escher, Bach* (New York: Basic Books, 1979).
18. Douglas Hofstadter, *I Am a Strange Loop* (New York: Basic Books, 2007).
19. Roger Penrose, *The Emperor's New Mind* (Oxford: Oxford University Press, 1989).

20. David J. Chalmers, "Minds, Machines, and Mathematics," *Psyche* 2, no. 9 (1995): 117–118.
21. John R. Lucas, "Minds, Machines and Gödel," *Philosophy* 36, no. 137 (1961): 112–127.
22. Roger Penrose, *Shadows of the Mind: A Search for the Missing Science of Consciousness* (Oxford: Oxford University Press, 1994).
23. Paul Benacerraf, "God, the Devil, and Gödel," *Monist* 51, no. 1 (1967): 9–32.
24. Panu Raattkainen, "On the Philosophical Relevance of Godel's Incompleteness Theorems," *Revue Internationale de Philosophie* 4 (2005): 513–534.
25. Friedrich A. Hayek, *The Sensory Order: An Inquiry into the Foundations of Theoretical Psychology* (Chicago: University of Chicago Press, 1999), 194.
26. Ludwig Van den Hauwe, "Hayek, Gödel, and the Case for Methodological Dualism," *Journal of Economic Methodology* 18, no. 4 (2011): 387–407, 395.
27. Colin McGinn, *The Mysterious Flame: Conscious Minds in a Material World* (New York: Basic Books, 1999).
28. Colin McGinn, "Can We Solve the Mind-Body Problem?," *Mind* 98, no. 391 (1989): 349–366, 353.

10장. 과학은 어떻게 특정한 범위를 선택했을까

1. Richard Klavans and Kevin W. Boyack, "Toward a Consensus Map of Science," *Journal of the American Society for Information Science and Technology* 60, no. 3 (2009): 455–476.
2. David H. Hubel and Torsten N. Wiesel, "Receptive Fields, Binocular Interaction and Functional Architecture in the Cat's Visual Cortex," *Journal of Physiology* 160, no. 1 (1962): 106.
3. Vernon B. Mountcastle, "The Columnar Organization of the Neocortex," *Brain: A Journal of Neurology* 120, no. 4 (1997): 701–722.
4. Daniel P. Buxhoeveden and Manuel F. Casanova, "The Minicolumn Hypothesis in Neuroscience," *Brain* 125, no. 5 (2002): 935–951.
5. Apostolos P. Georgopoulos, Andrew B. Schwartz, and Ronald E. Kettner, "Neuronal Population Coding of Movement Direction," *Science* 233, no. 4771 (1986): 1416–1419.

6. Jerry A. Fodor, "Special Sciences (Or: The Disunity of Science as a Working Hypothesis)," *Synthese* 28, no. 2 (1974): 97–115.
7. Erik Hoel, "Agent Above, Atom Below: How Agents Causally Emerge from Their Underlying Microphysics," in *Wandering Towards a Goal*, ed. Anthony Aguirre, Brendan Foster, Zeeya Merali (Cham: Springer, 2018), 63–76.
8. Richard Gallagher and Tim Appenzeller, "Beyond Reductionism," *Science* 284, no. 5411 (1999): 79–79.
9. Jaegwon Kim, *Mind in a Physical World: An Essay on the Mind-Body Problem and Mental Causation* (Cambridge, MA: MIT Press, 1998).
10. Ned Block, "Do Causal Powers Drain Away?," *Philosophy and Phenomenological Research* 67, no. 1 (2003): 133–150.
11. Thomas D. Bontly, "The Supervenience Argument Generalizes," *Philosophical Studies* 109, no. 1 (2002): 75–96.
12. Ismail Zaitoun, Karen M. Downs, Guilherme J. M. Rosa, and Hasan Khatib, "Upregulation of Imprinted Genes in Mice: An Insight into the Intensity of Gene Expression and the Evolution of Genomic Imprinting," *Epigenetics* 5, no. 2 (2010): 149–158.
13. Karl Deisseroth, "Optogenetics," *Nature Methods* 8, no. 1 (2011): 26–29.
14. Simone Sarasso et al., "Consciousness and Complexity During Unresponsiveness Induced by Propofol, Xenon, and Ketamine," *Current Biology* 25, no. 23 (2015): 3099–3105.
15. Carlo Rago, Bert Vogelstein, and Fred Bunz, "Genetic Knockouts And Knock-ins In Human Somatic Cells," *Nature Protocols* 2, no. 11 (2007): 2734–2746.
16. Jason Grossman and Fiona J. Mackenzie, "The Randomized Controlled Trial: Gold Standard, or Merely Standard?," *Perspectives in Biology and Medicine* 48, no. 4 (2005): 516–534.
17. Nabil Guelzim, Samuele Bottani, Paul Bourgine, and François Képès, "Topological and Causal Structure of the Yeast Transcriptional Regulatory Network." *Nature Genetics* 31, no. 1 (2002): 60–63.
18. Marinka Zitnik, Rok Sosič, Marcus W. Feldman, and Jure Leskovec, "Evolution of Resilience in Protein Interactomes Across the Tree of Life," *Proceedings of the National Academy of Sciences* 116, no. 10 (2019): 4426–4433.

19. Judea Pearl, *Causality: Models, Reasoning, and Inference* (Cambridge, UK: Cambridge University Press, 2009).
20. Ibid., 415.
21. Judea Pearl and Dana Mackenzie, *The Book of Why: The New Science of Cause and Effect* (New York: Basic Books, 2018).
22. Nancy Cartwright, *The Dappled World: A Study of the Boundaries of Science* (Cambridge, UK: Cambridge University Press, 1999).
23. Murray Gell-Mann, "What Is Complexity?" *Complexity* 1 (1995): 16–19.
24. David Hume, *An Enquiry Concerning Human Understanding*, ed. Jonathan Bennett (2017), 38, https://www.earlymoderntexts.com/assets/pdfs/hume1748.pdf.
25. Ibid.
26. David Lewis, "Causation," *Journal of Philosophy* 70, no. 17 (1974): 556–567.
27. David Lewis, *Philosophical Papers Volume I* (Oxford: Oxford University Press, 1983).
28. Stephen Yablo, "Mental Causation," *Philosophical Review* 101, no. 2 (1992): 245–280.
29. Christian List and Peter Menzies, "Nonreductive Physicalism and the Limits of the Exclusion Principle," *Journal of Philosophy* 106, no. 9 (2009): 475–502.
30. Christian List, "Free Will, Determinism, and the Possibility of Doing Otherwise," *Noûs* 48, no. 1 (2014): 156–178.
31. Christopher Hitchcock, "Probabilistic Causation," in *The Stanford Encyclopedia of Philosophy* (Spring 2021 Edition), https://plato.stanford.edu/archives/spr2021/entries/causation-probabilistic.
32. Larissa Albantakis, William Marshall, Erik Hoel, and Giulio Tononi, "What Caused What? A Quantitative Account of Actual Causation Using Dynamical Causal Networks," *Entropy* 21, no. 5 (2019): 459.
33. Fernando E. Rosas et al., "Reconciling Emergences: An Information-Theoretic Approach to Identify Causal Emergence in Multivariate Data," *PLoS Computational Biology* 16, no. 12 (2020): e1008289.
34. Thomas F. Varley and Erik Hoel, "Emergence as the Conversion of Information: A Unifying Theory," *Philosophical Transactions of the Royal Society A*380, no. 2227 (2022): 20210150.

35. Pedro A. M. Mediano et al., "Greater Than the Parts: A Review of the Information Decomposition Approach to Causal Emergence," *Philosophical Transactions of the Royal Society A*380, no. 2227 (2022): 20210246.
36. Erik P. Hoel, Larissa Albantakis, and Giulio Tononi, "Quantifying Causal Emergence Shows That Macro Can Beat Micro," *Proceedings of the National Academy of Sciences* 110, no. 49 (2013): 19790–19795.
37. Erik P. Hoel, Larissa Albantakis, William Marshall, and Giulio Tononi, "Can the Macro Beat the Micro? Integrated Information Across Spatiotemporal Scales," *Neuroscience of Consciousness*, no. 1 (2016).
38. Scott Aaronson, "Higher Level Causation Exists (But I Wish It Didn't)," *Shtetl Optimized: The Blog of Scott Aaronson*, https://scottaaronson.blog/?p=3294.
39. Frederick Eberhardt and Lin Lin Lee, "Causal Emergence: When Distortions in a Map Obscure the Territory," *Philosophies* 7 , no. 2 (2022): 30.
40. Renzo Comolatti and Erik Hoel, "Causal Emergence Is Widespread Across Measures of Causation," arXiv preprint 2202.01854 (2022).
41. P. W. Anderson, "More Is Different: Broken Symmetry and the Nature of the Hierarchical Structure of Science," *Science* 177, no. 4047 (1972): 393–396.
42. Steven Strogatz, et al., "Fifty Years of 'More Is Different,'" *Nature Reviews Physics* 4, no. 8 (2022): 508–510.
43. Richard W. Hamming, "Error Detecting and Error Correcting Codes," *Bell System Technical Journal* 29, no. 2 (1950): 147–160.
44. Erik Hoel, "When the Map Is Better Than the Territory," *Entropy* 19, no. 5 (2017): 188.
45. Giulio Tononi, Olaf Sporns, and Gerald M. Edelman, "Measures of Degeneracy and Redundancy in Biological Networks," *Proceedings of the National Academy of Sciences* 96, no. 6 (1999): 3257–3262.
46. Comolatti and Hoel, "Causal Emergence Is Widespread Across Measures of Causation."
47. Paul C. W. Davies, "Emergent Biological Principles and the Computational Properties of the Universe," arXiv preprint astro-ph/0408014 (2004).
48. David J. Chalmers, "Strong and Weak Emergence," in *The Re-emergence of Emergence* (2006), 244–256.

49. Comolatti and Hoel, "Causal Emergence Is Widespread Across Measures of Causation."
50. A. Einstein, "Investigations on the Theory of the Brownian Movement," *Annalen der Physik* 17 (1905): 549.
51. David Colquhoun and A. G. Hawkes, "On the Stochastic Properties of Single Ion Channels," *Proceedings of the Royal Society of London, Series B, Biological Sciences* 211, no. 1183 (1981): 205–235.
52. Stephen Wolfram, "A Class of Models with the Potential to Represent Fundamental Physics," arXiv preprint 2004.08210 (2020).
53. Lee Smolin, *The Trouble with Physics: The Rise of String Theory, the Fall of a Science, and What Comes Next* (Boston: Houghton Mifflin Company, 2007).
54. S. Hossenfelder and T. Palmer, "Rethinking Superdeterminism," *Frontiers in Physics* 8 (2020): 139.
55. David H. Wolpert, "Physical Limits of Inference,"*Physica D: Nonlinear Phenomena* 237, no. 9 (2008): 1257–1281.
56. John Conway and Simon Kochen, "The Strong Free Will Theorem," *Notices of the AMS* 56, no. 2 (2009): 226–232.
57. Pearl, *Causality: Models, Reasoning, and Inference*, 420.
58. Ross Griebenow, Brennan Klein, and Erik Hoel, "Finding the Right Scale of a Network: Efficient Identification of Causal Emergence Through Spectral Clustering," arXiv preprint 1908.07565 (2019).
59. Brennan Klein and Erik Hoel, "The Emergence of Informative Higher Scales in Complex Networks," *Complexity* 2020 (2020).
60. Brennan Klein et al., "Evolution and Emergence: Higher Order Information Structure in Protein Interactomes Across the Tree of Life," *Integrative Biology* 13, no. 12 (2021): 283–294.

11장. 자유의지에 관한 과학적 사례

1. A. Will Crescioni et al., "Subjective Correlates and Consequences of Belief in Free Will," *Philosophical Psychology* 29, no. 1 (2016): 41–63.
2. Daniel C. Dennett, *Elbow Room, New Edition: The Varieties of Free Will Worth Wanting* (Cambridge, MA: MIT Press, 2015).

3. Jerry Fodor, "Making Mind Matter More," *Philosophical Topics* 17: 59–80, 77.
4. Erik P. Hoel, Larissa Albantakis, and Giulio Tononi, "Quantifying Causal Emergence Shows That Macro Can Beat Micro," *Proceedings of the National Academy of Sciences* 110, no. 49 (2013): 19790–19795.
5. Hans H. Kornhuber and Lüder Deecke, "Hirnpotentialänderungen bei Willkürbewegungen und passiven Bewegungen des Menschen: Bereitschaftspotential und reafferente Potentiale," *Pflüger's Archiv für die Gesamte Physiologie des Menschen und der Tiere* 284, no. 1 (1965): 1–17.
6. Benjamin Libet, "Unconscious Cerebral Initiative and the Role of Conscious Will in Voluntary Action," *Behavioral and Brain Sciences* 8, no. 4 (1985): 529–539.
7. Benjamin Libet, "Do We Have Free Will?" *Journal of Consciousness Studies* 6, no. 8–9 (1999): 47–57.
8. Aaron Schurger, Jacobo D. Sitt, and Stanislas Dehaene, "An Accumulator Model for Spontaneous Neural Activity Prior to Self-Initiated Movement," *Proceedings of the National Academy of Sciences* 109, no. 42 (2012): E2904–E2913.
9. Galen Strawson, "The Impossibility of Moral Responsibility," *Philosophical Studies: An International Journal for Philosophy in the Analytic Tradition* 75, no. 1/2 (1994): 5–24.
10. Larissa Albantakis, Francesco Massari, Maggie Beheler-Amass, and Giulio Tononi. "A Macro Agent and Its Actions," in *Top-Down Causation and Emergence* (Cham: Springer, 2021), 135–155.
11. Peter Van Inwagen, An Essay on Free Will (Oxford: Clarendon Press, 1983).
12. *The Consolation of Philosophy of Boethius*, trans. H. R. James, https://www.gutenberg.org/files/14328/14328.txt.
13. Stephen Wolfram, *A New Kind of Science* (Champaign, IL: Wolfram Media, 2002), 739–741, https://www.wolframscience.com/nks/.
14. Richard Taylor, "Fatalism," *Philosophical Review* 71 (1962): 56–66.
15. John T. Saunders, "Fatalism and the Logic of 'Ability,'" *Analysis* 24, no. 1 (1963): 24–24.
16. David F. Wallace, *Fate, Time, and Language* (New York: Columbia University Press, 2011).

감사의 글

이 책을 집필하는 여정 동안 처음부터 끝까지 항상 내 곁을 지키며 나를 응원해준 소중한 아내에게 진심으로 가장 큰 감사의 마음을 전한다. 또한, 원고를 부분적으로 정성 들여 피드백해준 나의 첫 번째 독자 분들, 특히 아닐 세스Anil Seth와 헤다 하셀 뫼르히Hedda Hassel Mørch, 브레넌 클라인Brennan Klein, 토마스 발리Thomas Varley에게 감사드린다. 더불어 2장을 연구하는 데 도움을 준 알렉스 크리들Alex Criddle과 4장을 연구하도록 도와준 리버티 세베르스Liberty Severs에게도 특별히 감사한 마음을 전한다. 내가 고려하고 있는 모든 프로젝트 중에서 특히 이 책을 작업하도록 내게 격려해준 나의 에이전트 수잔 골롬브Susan Golomb에게도 감사드리며, 이 책이 훌륭하게 완성될 수 있도록 참을성 있게 기다리고 도와준 사이먼 앤 슈스터Simon & Schuster 출판사의 편집장 벤 로에넨Ben Loehnen에게도 감사한 마음을 전한다.

세계 너머의 세계

초판 1쇄 인쇄 2024년 7월 8일
초판 1쇄 발행 2024년 7월 24일

지은이 에릭 호엘
옮긴이 윤혜영
펴낸이 유정연

이사 김귀분
책임편집 조현주 **기획편집** 신성식 유리슬아 서옥수 황서연 정유진 **디자인** 안수진 기경란
마케팅 반지영 박중혁 하유정 **제작** 임정호 **경영지원** 박소영

펴낸곳 흐름출판(주) **출판등록** 제313-2003-199호(2003년 5월 28일)
주소 서울시 마포구 월드컵북로5길 48-9(서교동)
전화 (02)325-4944 **팩스** (02)325-4945 **이메일** book@hbooks.co.kr
홈페이지 http://www.hbooks.co.kr **블로그** blog.naver.com/nextwave7
출력 · 인쇄 · 제본 (주)상지사 **용지** 월드페이퍼(주) **후가공** (주)이지앤비(특허 제10-1081185호)

ISBN 978-89-6596-638-8 03400